대기과학의 기본과 실습

윤 일 희

경북대학교출판부

머 리 말

대기과학을 강의하면서 언제나 어려움을 겪게 되는 부분은 적절한 실험과 실습에 관한 교과서가 부족하다는 것이다. 특히 실험은 기상 현상을 실험실에서 재현해야 하기 때문에 더욱 더 어려움이 많다. 이러한 현실에서 엮은이는 용기를 내어 대기과학에 대한 기본지식을 습득하고 그것의 이해를 돕기 위한 실습서를 집필하게 되었다.

이 책은 대기과학에 관심을 두고 있는 전공자와 비전공자 모두를 대상으로 삼았다. 특히 지구과학교육과, 대기과학과, 천문대기과학과, 대기환경학과, 환경과학과 학생들에게는 도움이 되리라 생각한다. 또한 지구과학 교사나 과학 고등학교 학생들에게도 필요하다고 생각된다.

이 책은 대학의 학기를 고려하여 모두 15장으로 구성되어 있다. 이를 구체적으로 열거하면 차원과 단위, 대기권, 지구와 태양과의 위치 관계, 태양복사에너지, 지표면 에너지 수지, 기온, 대기 중의 수증기량, 포화와 대기안정도, 구름과 강수, 기압, 바람, 기단과 전선, 태풍과 장마, 기상관측·분석·예보, 세계 기후이다. 이 책의 특징은 각 장마다 대기과학의 기본적인 현상을 설명하고 그 내용을 실습하도록 구성한 데 있다. 마지막에는 복습 및 토의란을 마련하였다.

좋은 책은 저자와 독자 모두가 만드는 것이라 생각된다. 좋은 아이디어나 잘못된 점은 항상 지적하여 더 좋은 책으로 태어나도록 해주시길 바란다. 이 책을 만드는 데 많은 도움을 준 김희종 씨의 노고에 감사드린다.

2006년
경북대 교수 윤일희

개정판을 내면서

　오늘날 인류는 과거 어느 때보다 대기의 역동성에 직면하고 있다. 특히 2011년의 겨울, 한반도에는 예년에 볼 수 없었던 한파가 발생하였다. 이러한 면에서 대기과학의 중요성은 커지고 있다고 할 수 있겠다.

　대기과학을 강의하면서 언제나 부족함을 느낀 부분은 적절한 실험과 실습에 관한 내용이었다. 특히 실험은 기상 현상들을 실험실에서 재현해야 하기 때문에 더욱 더 제한적이고 어려움이 많다. 또한 실습도 적절한 자료를 준비해야 하는 필요성이 있다.

　지난 5년 동안 강의를 하면서 2006년에 출간된 교재의 개정의 필요성을 느끼게 되었다. 이 책은 대학의 학기를 고려하여 총 15장으로 구성하였다. 즉 과학측정, 대기권, 지구와 태양과의 위치 관계, 태양 복사 에너지, 지표면 에너지 수지, 기온, 대기 중의 수증기량, 단열변화와 대기안정도, 구름과 강수, 기압, 바람, 기단과 전선, 태풍과 장마, 기상관측, 분석 및 예보, 세계 기후이다. 이 책의 특징은 각 장마다 대기과학의 기본적인 현상을 설명하고 이를 학생 스스로 이해하여 그 내용을 실습하도록 구성한 것에 있다. 마지막에는 복습 및 토의란을 마련하였으며, 과학자 탐방을 통해서 대기과학자들의 업적을 간단히 살펴보도록 하였다.

　짧은 기간 동안 출판에 힘을 기울이신 경북대학교출판부 관계자들에게 감사를 표하고 싶다.

2011년 2월
경북대 교수 윤일희
ihyoon@knu.ac.kr

차　　례

머리말

참고문헌

제1장 과학측정

1.1 목 적

과학자들이 과학기기들을 사용하는 이유, 차원과 측정 단위, 과학표기법, 백분율 오차에 대해서 알아보고자 한다.

1.2 관측과 측정

과학자들의 임무 중의 많은 부분은 자연 세계의 관측(observation)을 수행하는 것이 포함된다. 관측은 인간의 오감 중의 하나를 사용하여 간단히 이루어질 수 있다. 오감은 보고, 만지고, 냄새를 맡고, 맛을 보고, 듣는 것이다. 오늘날 과학자들은 과학기기(scientific instrument)들을 사용하여 그들 자신의 감각들을 확장한다. 측기들은 인간의 감각들을 확장하도록 고안되었고 자연 세계를 정확하게 측정하도록 하는 도구이다. 과학기기들에는 간단한 자(scale)에서부터 복잡한 위성 또는 전파 망원경까지 존재한다. 측정(measurement)은 과학의 중요한 부분이다. 왜냐하면 측정은 관찰을 보다 정확하게 이루어지도록 하기 때문이다.

또한 정확한 측정은 지구의 독특한 물리적인 또는 화학적인 성질들을 확인하는 데 중요하다. 오늘날 과학자들은 자연 세계를 관찰하는 데 도움을 주는 4가지 기본적인 측정을 사용한다. 즉, 길이, 질량, 시간과 에너지이다. 길이(length)는 2개의 고정점들 사이의 거리이다. 질량(mass)은 물체 내의 물질의 양을 재는 측정치이다. 지구상에서 물체의 질량은 물체의 무게(weight)를 결정하기 위해서 측정된다. 비록 무게가 질량을 측정하는 데 사용될 수 있지만, 질량과 무게는 항상 일치하지 않는다. 왜냐하면 무게는 바로 물체 질량에 대한 중력의 이끌림을 측정하는 것이기 때문이다. 그러므로 지구에서 물체의 무게와 달에서의 물체의 무게는 다르게 측정되지만 질량은 동일하다. 시간(time)은 전진적인 이동 즉 2가지 사건들 사이의 임의의 간격이다. 에너지(energy)는 물질의 전하로써 측정된다. 전하는 양의 전하 또는 음의 전하를 가진다. 또한 에너지는 운동 에너지(kinetic energy)로 불리는 물질의 이동의 측정치이다. 일반적인 에너지 측정에는 물질의 열 또는 온도가 포함된다.

1.3 차 원

대기의 운동을 지배하는 기본 법칙들은 동일한 차원(dimension)으로 이루어진다. 즉, 기본 법칙을 나타내는 방정식의 모든 항들은 동일한 물리 차원을 가져야 한다. 기본 차원은 길이[L], 질량[M], 시간[T], 열역학적 온도[K]로 구성된다. 다른 차원은 이러한 기본 차원들을 서로 곱하고 나눈 항으로 표현 할 수 있다. 예를 들면 속도의 차원[LT^{-1}]은 길이 차원[L]을 시간 차원[T]으로 나누면 된다. 운동 법칙을 표현하는 항들의 규모를 측정하고 비교하기 위하여 기본 차원에 대해서 측정 단위를 정의해야 한다.

1.4 측정 단위의 역사

역사를 통하여 여러 가지 측정 단위들이 존재하였다. 그리스의 철학자 에라토스테네스 (Eratosthenes, 275 BCE~195 BCE)에 의해 사용된 길이 단위인 스타디움(stadium)이 한 예이다. 최초의 길이를 재고 무게를 다는 시스템은 기원전 약 3,500년에 고대 이집트 와 바빌론에서 개발되었다. 옛날 측정시스템의 일부는 아직도 사용되고 있다. 예를 들면 시간의 단위를 들 수 있다. 알렉산드리아에 살고 있던 그리스의 천문학자인 클라우디우 스 프톨레마이오스(Claudius Ptolemy, 100~160)는 바빌로니아인들이 1시간을 60분으로, 1분을 60초로 나누는 60진법을 받아들였다. 이들 시간 단위들의 이름은 라틴어 단어 "partes minutae primae"와 "pates minutae secundae"으로 만들어졌다. 이들 용어들이 "minute"와 "second"의 어원이다. 현대 과학에서 미터 시스템(10진법)이 사용된다. 프랑 스어 "Le Système International d'Unités"에서 온 약어인 SI 단위계는 1799년 프랑스 혁명 동안 다양한 측정 단위를 표준화하기 위해 프랑스에서 처음으로 채택되었다. 이 SI 단위계가 국제단위계로 통용되고 있다. 여기에서 길이의 단위는 meter(m), 시간의 단위 는 second(s), 질량의 단위는 kilogram(kg), 온도의 단위는 K 또는 ℃가 사용된다. 원래 1 m의 표준 거리는 파리를 지나는 자오선을 따라 북극과 적도 사이의 거리의 천만분의 1로 정의된다. 1 kg은 4 ℃에서 최대 밀도를 가지는 1 liter(L)의 액체 수의 질량이다. 미국의 대통령인 토머스 제퍼슨(Thomas Jefferson, 1743~1826)과 알렉산더 해밀턴(Alexander Hamilton, 1755~1804)은 화폐 시스템에는 미터 시스템을 채택시켰으나 측정시스템에는 실패하였다. 왜냐하면 프랑스 혁명의 시스템을 사용하는 것에 대한 반대가 너무 강하였고 영국 시스템이 식민지 시대로부터 그대로 남아 있었기 때문이다. 따라서 미국에서는 길이는 마일(mile), 야드(yard), 피트(feet), 인치(inch)를 사용하고, 무게는 파운드(pound)와 온스(once), 체적은 갤런(gallon), 쿼트(quart), 파인트(pint) 등을 사용한다. 영국 단위계와 SI 단위계를 서로 환산하면 다음과 같다. 1 m = 39.37 in., 또는 1 in. = 2.54 cm, 1 kg = 2.2 lb, 또는 1 lb = 0.45 kg, 1 gal. = 0.0038 m^3 = 3.785 L.

1.5 국제단위계

현재 사용되고 있는 측정 단위계를 국제단위계(SI 단위계)라 한다. 이 국제단위계는 우리가 흔히 '미터법'이라고 부르며 사용하던 단위계를 현대화한 것이다. SI 단위계는 기본 단위와 유도 단위의 두 가지 부류로 분류된다.

1.5.1 기본 단위

기본 단위는 독립된 차원을 가지는 것으로 간주되는 일곱 개의 명확하게 정의된 단위들로서 국제단위계를 형성하는 바탕이 된다. 즉 미터, 킬로그램, 초, 켈빈, 암페어, 몰, 칸델라의 7개 단위가 그것이다([표 1-1]). 이들을 정의하면 다음과 같다.

길이의 단위인 m는 진공에서 빛이 1/299,792,458초 동안 진행한 경로의 길이다. 따라서 빛의 속력은 정확히 299,792,458 m/s이다.

질량의 단위인 kg은 국제 킬로그램원기의 질량과 같다. 여기서, 질량의 단위라고 강조한 것은 그간 흔히 중량(무게)의 뜻과 혼동되어서 사용되어 왔기 때문에 이를 중지시키고 질량을 뜻함을 명백히 하기 위한 것이다.

시간의 단위 s는 세슘 133원자(^{133}Cs)의 바닥상태에 있는 두 초미세 준위 간의 전이에 대응하는 복사선 9,192,631,770 주기의 지속 시간이다.

전류의 단위 A(암페어)는 무한히 길고 무시할 수 있을 만큼 작은 원형 단면적을 가진 두 개의 평행한 직선 도체가 진공 중에서 1m 간격으로 유지될 때, 두 도체 사이에 매 m당 2 × 10^{-7} 뉴턴(N)의 힘을 생기게 하는 일정한 전류이다.

열역학적 온도의 단위인 K(켈빈)은 열역학적 온도의 단위로 물의 삼중점의 열역학적 온도의 1/273.16이다. 물질량의 단위인 mol(몰)은 탄소 12의 0.012킬로그램에 있는 원자의 개수와 같은 수의 구성요소를 포함한 어떤 계의 물질량이다. 몰을 사용할 때에는 구성 요소를 반드시 명시해야 하며 이 구성요소는 원자, 분자, 이온, 전자, 기타 입자 또는 이 입자들의 특정한 집합체가 될 수 있다.

광도의 단위인 cd(칸델라)는 주파수 5.40×10^{14} 헤르츠인 단색광을 방출하는 광원의 복사도가 어떤 주어진 방향으로 매 스테라디안당 1/683 W(와트)일 때 이 방향에 대한 광도이다.

[표 1-1] 기본 단위

특 성	이 름	기 호
길이	미터	m
질량	킬로그램	kg
시간	초	s
열역학적 온도	켈빈	K
전류	암페어	A
물질량	몰	mol
광도	칸델라	cd

1.5.2 유도 단위

유도 단위는 기본 단위의 곱 또는 나눔으로 만들어진 단위이다. 유도 단위의 표현에는 기본단위 외의 다른 인자가 나타나지 않기 때문에 SI 단위가 일관성을 갖게 되고, 또한 계산할 때 다른 환산인자를 필요로 하지 않는다. 이 유도 단위 중 21개에는 편의상 특별한 명칭과 기호가 주어져 있다([표 1-2]). 경우에 따라 많은 유도단위가 만들어질 수 있으며 이들은 기본 단위로만 표현된 경우([표 1-3]), 그리고 특별한 명칭을 가진 유도 단위를 사용한 경우([표 1-4])로 분류할 수 있다.

[표 1-2] 특별한 이름을 갖는 유도 단위

특 성	이 름	기 호
평면각	라디안(radian)	rad
입체각	스테라디안(steradian)	sr
진동수, 주파수	헤르츠(hertz)	$Hz(s^{-1})$
힘	뉴턴(newton)	$N(m \cdot kg \cdot s^{-2})$
압력, 응력	파스칼(pascal)	$Pa(N/m^2)$
에너지, 일, 열량	줄(joule)	$J(N \cdot m)$
일률, 전력	와트(watt)	$W(J/s)$
전하량	쿨롬(coulomb)	$C(A \cdot s)$
전위, 전압, 기전력	볼트(volt)	$V(J/C, W/A)$
전기용량	패럿(farad)	$F(C/V)$
전기저항	옴(ohm)	$\Omega(V/A)$
전기전도도	지멘스(siemens)	$s(\Omega^{-1}, A/V)$
자기력선속	웨버(weber)	$Wb(V \cdot s)$
자기력선속밀도	테슬라(tesla)	$T(Wb/m^2)$
인덕턴스	헨리(henry)	$H(Wb/A)$
섭씨온도	섭씨도(degree celsius)	℃(K)
광선속	루멘(lumen)	$lm(cd \cdot sr)$
조명도	럭스(lux)	$lx(lm/m^2)$
방사능	베크렐(becqurel)	$Bq(s^{-1})$
흡수선량, 비에너지투여	그레이(gray)	$Gy(J/kg)$
선량당량, 선량당량지수	시버트(sievert)	$Sv(J/kg)$

1.5.3 SI 접두어

수치값이 실용적으로 사용되는 범위 내에 있기 위해서 SI 단위를 10의 배수와 약수로 사용하는 것이 편리하다. 배수와 약수를 표시하기 위해 접두어를 사용한다([표 1-5]). [표 1-5]의 접두어들은 질량의 단위(킬로그램)를 제외하고는 기본 또는 유도 단위와 결합된다. 질량의 단위는 원래 그 명칭에 접두어가 포함되어 있기 때문에 킬로그램이 아닌 그램에 접두어를 붙여 질량의 10의 배수와 약수를 만든다.

[표 1-3] 기본 단위로 표시된 유도 단위

특 성	이 름	기 호
넓이	제곱미터	m^2
부피	세제곱미터	m^3
속력, 속도	미터 매 초	m/s
가속도	미터 매 초 제곱	m/s^2
파동수	역 미터	m^{-1}
밀도, 질량밀도	킬로그램 매 세제곱미터	kg/m^3
비 부피	세제곱미터 매 킬로그램	m^3/kg
전류밀도	암페어 매 제곱미터	A/m^2
자기장의 세기	암페어 매 미터	A/m
(물질량의) 농도	몰 매 세제곱미터	mol/m^3
휘도	칸델라 매 제곱미터	cd/m^2

[표 1-4] 특별한 명칭으로 표시된 SI 유도단위

특 성	이 름	기 호
힘의 모멘트	뉴턴 미터	$N \cdot m (m^2 \cdot kg \cdot s^{-2})$
표면장력	뉴턴 매 미터	$N/m (kg \cdot s^{-2})$
열용량, 엔트로피	줄 매 켈빈	$J/K (m^2 \cdot kg \cdot s^{-2} \cdot K^{-1})$
전기장의 세기	볼트 매 미터	$V/m (m \cdot kg \cdot s^{-3} \cdot A^{-1})$
각속도	라디안 매 초	rad/s
각가속도	라디안 매 초 제곱	rad/s^2
복사도	와트 매 스테라디안	W/sr

[표 1-5] SI 접두어

곱할 인자	접두어	기 호
10^{24}	요타(yotta)	Y
10^{21}	제타(zetta)	Z
10^{18}	엑사(exa)	E
10^{15}	페타(peta)	P
10^{12}	테라(tera)	T
10^9	기가(giga)	G
10^6	메가(mega)	M
10^3	킬로(kilo)	k
10^2	헥토(hecto)	h

곱할 인자	접두어	기호
10^1	데카(deka)	da
10^{-1}	데시(deci)	d
10^{-2}	센티(centi)	c
10^{-3}	밀리(milli)	m
10^{-6}	마이크로(micro)	μ
10^{-9}	나노(nano)	n
10^{-12}	피코(pico)	p
10^{-15}	펨토(femto)	f
10^{-18}	아토(atto)	a
10^{-21}	젭토(xepto)	z
10^{-24}	욕토(yocto)	y

1.5.4 SI 단위의 사용법

(1) SI 단위 기호의 사용법

언어에 따라 단위 명칭은 다를지라도, 단위기호는 국제적으로 공통이며 같은 방법으로 사용한다.

1) 본문의 활자체와는 관계없이, 단위 기호는 로마체(직립체)로 쓰며, 양의 기호는 이탤릭체(Italic)로 쓴다. 단위기호는 일반적으로 소문자이나, 다만 단위의 명칭이 고유명사에서 유래하였으면 기호의 첫 글자는 대문자이다. 타자로 칠 경우 단위의 기호와 혼동이 될 염려가 있으면 양의 기호에 밑줄을 긋는다.

[예 1(양)] m 또는 m (질량), t 또는 t (시간)
[예 2(단위)]   kg, s, K, Pa, GHz, 등

2) 단위기호는 복수의 경우에도 변하지 않으며, 마침표 등 다른 기호나 다른 문자를 첨가해서는 안 된다. 다만 문장의 끝에 오는 마침표는 예외이다.

[예 1]   kg이며 Kg이 아님 (비록 문장의 시작이라도)
[예 2]   5 s이며 5 sec 또는 5 secs 등은 아님
[예 3]   게이지(gauge) 압력을 표시할 때 600 kPa (gauge)이며, 600kPag가 아님

  3) 어떤 양을 수치와 단위기호로 나타낼 때 그 사이를 한 칸 띄어 사용해야 한다. 다만 평면각의 도, 분, 초의 기호와 수치 사이는 띄우지 않는다.

    [예 1] 35 mm이며, 35mm가 아니다.
    [예 2] 32 ℃이며 32℃가 아니다.
    [예 3] 2.37 lm이며 2.37lm(2.37lumens)가 아니다.
    [예 4] 25°, 25°23′, 25°23′27″ 등이 옳다.
    [예 5] 10 %이며, 10%가 아니다.

(2) SI 단위의 곱하기와 나누기

  1) 두 개 이상의 단위의 곱은 다음 방법 중 어느 하나로 표시할 수 있다. 기호 사이의 빈 칸 없이 Nm도 가능하나 이때는 접두어와 혼동이 없게 하여야 한다. 즉, mN은 millinewton이며 meter newton이 아니어야 한다.

    [예 1] N·m 또는 N m

  2) 한 단위를 다른 단위로 나누어서 이루어진 유도단위는 다음 방법 중의 하나로 표시할 수 있다.

    [예 1] m/s 또는 $m \cdot s^{-1}$
    사선(/) 다음에 두개 이상의 단위가 올 때는 반드시 괄호로 표시한다.

  3) 단위기호와 단위명칭을 같은 식에 혼합하여 사용하지 않는다.

    [예 1(옳음)] joules per kilogram 또는 $J \cdot kg^{-1}$
    [예 2(틀림)] joules/kilogram 또는 joules/kg 또는 $joules \cdot kg^{-1}$

(3) SI 접두어의 사용법

  1) 일반적으로 접두어는 크기정도(orders of magnitude)를 나타내는 데 적합하도록 되

어야 한다. 따라서 유효숫자가 아닌 영(0)들을 없애고, 계산할 때 10의 멱수로 나타내는 대신에 접두어를 적절하게 사용할 수 있다.

[예 1] 12,300 mm는 12.3 m가 된다.
[예 2] 12.3×10^3 m는 12.3 km가 된다.
[예 3] 0.00123 mm는 1.23 µm가 된다.

2) 어떤 양을 한 단위와 수치로 나타낼 때 보통 수치가 0.1과 1,000 사이에 오도록 접두어를 선택한다. 다만 넓이나 부피를 나타낼 때는 헥토, 데카, 데시, 센티 등의 단위가 필요하다.

[예 1] 제곱헥토미터(hm^2), 세제곱센티미터(cm^3)
[예 2] 같은 종류의 양의 값이 실린 표에서나 주어진 문맥에서 그 값을 비교하거나 논의할 때에는 0.1에서 1,000의 범위를 벗어나도 같은 단위를 사용하는 것이 좋다.
[예 3] 어떤 양을 특정한 분야에서 쓸 때 관례적으로 특정한 배수가 사용된다.
[예 4] 기계공학도면에서는 그 값이 0.1에서 1,000 mm의 범위를 많이 벗어나도 mm를 사용한다.

3) 복합단위의 배수를 형성할 때 한 개의 접두어를 사용하여야 한다. 이때 접두어는 통상적으로 분자에 있는 단위에 붙여야 되는데, 다만 한 가지 예외의 경우는 kg이 분모에 올 경우이다.

[예 1] V/m이며 mV/mm는 아니다.
[예 2] MJ/kg이며 kJ/g는 아니다.

4) 두 개나 그 이상의 접두어를 나란히 붙여 쓰는 복합 접두어는 사용할 수 없다. 만일 현재 사용하는 접두어의 범위를 벗어나는 값이 있으면, 이때는 기본단위와 10의 멱수로 표시해야 한다.

[예 1] 1 nm이며 1 mµm는 아니다.
[예 2] 1 pF이며 1 µµF는 아니다.

5) 접두어를 가진 단위에 붙는 지수는 그 단위의 배수나 분수 전체에 적용되는 것이다.

[예 1] $1 \text{ cm}^3 = (10^{-2} \text{ m})^3 = 10^{-6} \text{ m}^3$

[예 2] $1 \text{ ns}^{-1} = (10^{-9} \text{ s})^{-1} = 10^9 \text{ s}^{-1}$

[예 3] $1 \text{ mm}^2/\text{s} = (10^{-3} \text{ m})^2/\text{s} = 10^{-6} \text{ m}^2/\text{s}$

(4) SI 단위 명칭의 사용법

영어 명칭을 사용할 필요가 있을 때가 있는데 이때 몇 가지 유의하여야 할 점은 다음과 같다.

1) 단위 명칭은 보통명사와 같이 취급하여 소문자로 쓴다. 다만 문장의 시작이나 제목 등 문법상 필요한 경우는 대문자로 쓴다. 예를 들면, 3 newtons이며 3 Newtons가 아니다.

2) 일반적으로 영어 문법에 따라 복수형태가 사용된다. 예를 들면, henry의 복수는 henries로 쓴다. lux, hertz, siemens는 불규칙 복수형태로 단수와 복수가 같다.

3) 접두어와 단위명칭 사이는 한 칸 띄지도 않고 연자 부호 (hyphen) '-'을 쓰지도 않는다. 예를 들면, kilometer이며 kilo-meter가 아니고, megohm, kilohm, hectare의 세 가지 경우는 접두어 끝에 있는 모음이 생략된다. 이 외의 모든 단위명칭은 모음으로 시작되어도 두 모음을 모두 써야 하며 발음도 모두 해야 한다.

1.6 과학표기법

과학측정값은 보통 과학표기법(scientific notation) 또는 지수표기법(exponential notation)으로 불리는 형태로 기록된다. 이것은 극단적으로 크거나 매우 작은 숫자들을 아주 간단하게 표기하도록 한다. 과학표기법은 다음과 같은 방법으로 써진다. 즉, $N \times 10^e$. 여기서 N은 1과 10 사이의 숫자이고 e는 10의 양 또는 음의 멱지수이다. 지수는 10의 오른쪽 또는 왼쪽 위에 숫자로서 표시한다. 만약 지수가 양의 숫자라면, 1보다 훨씬 큰 숫자들을 표시하는 데 사용된다. 예를 들면, 4.5×10^6은 4,500,000의 숫자를 과학표기법으로 표시한 것이다. 만약 지수가 음의 숫자라면, 1보다 훨씬 작은 숫자들을 표시하는데 사용된다. 예를 들면, 2×10^{-3}은 0.002의 숫자를 과학표기법으로 표시한 것이다.

1.7 백분율 오차

  과학측정의 또 다른 중요한 양상은 백분율 편차(percent deviation), 즉 백분율 오차(percent error)로도 알려지는 개념이다. 백분율 편차는 측정값과 실제값과의 차이로 측정하는 것이다. 이것은 과학자들이 수행한 관측들이 어떻게 좋은 측정을 수행했는지를 판가름 하는 데 도움을 준다. 인간 오차 또는 잘못된 측정은 부정확한 측정을 만들 수 있는 일정한 변수이다. 백분율 편차를 계산하는 것에는 다음과 같은 수식이 포함된다. 백분율 편차 = (실제값과 측정값 사이의 차이)/실제값) × 100. 예를 들어, 만약 여러분이 광물 샘플의 질량을 35 g으로 결정하였고, 실제값이 40 g이라면, 백분율 편차는 다음과 같이 계산된다. 백분율 편차 = ((40 g−35 g)/40 g) × 100 = 12.5 %. 과학반의 측정이 완전히 정확하지 않았다. 그러므로 백분율 편차를 계산하는 것이 여러분의 측정이 어떻게 잘 되었는지를 밝히는 데 도움을 준다. 자동차의 속도계(speedometer)와 같이 측정에 사용되는 도구는 일반적으로 약 3 %의 오차가 난다. 이것은 자동차 속력이 실제 속력보다 3 % 더 빠르거나 더 느리다는 의미이다. 정확한 측정은 보통 3 % 미만의 백분율 오차가 난다.

* 과학자 탐방 *

에라토스테네스(Eratosthenes of Cyrene, 275 BCE~195 BCE)

고대 그리스의 과학자·철학자. 에라토스테네스는 공통기원이전 275년 고대 그리스 구레네 (Cyrene)에서 출생하였다. 공통기원이전 244년경에 아테네에서 이집트로 옮겨 공통기원이전 235년에 알렉산드리아의 왕실 부속 학술연구소의 도서관장이 되었다. 저서 《지리학(*Geographica*)》 (3권)에는 지리학사, 수리 지리학, 각국 지리지와 지도 작성의 자료가 포함되어 있다. 지리상의 위치를 위도·경도로 표시한 것은 그가 처음인 것으로 알려져 있다. 또 별의 목록을 포함한 논문도 썼고, 역사학이나 언어학에 관한 저술도 남겼다.

기원전 230년 어느 날, 그리스 철학자인 에라토스테네스는 어느 여행자로부터 시에네 (Syene : 현재 이집트의 아스완 댐 지역)에서는 하지인 6월 22일 정오에 태양이 정확히 머리 위에 위치한다는 것을 전해 들었다. 알렉산드리아(Alexandria)에서도 유사한 측정을 얻기 위해서 에라토스테네스는 반구 그릇의 밑바닥에 세워진 작은 막대를 사용하였다. 알렉산드리아의 한 여름 낮, 막대는 그림자를 드리웠고 그 길이는 구의 둘레의 1/50으로 측정되었다. 에라토스테네스는 그 결과가 잘못되었다고 생각했다. 여러 가지를 고려한 후, 에라토스테네스는 시에네와 알렉산드리아(그림에 S와 A로 표시된 지점)에 평행하게 비치는 햇빛이 연직축과 이루는 각도의 차이는 지구의 곡률에 의해서 발생한다는 정확한 결론을 도출하였다.

에라토스테네스는 시에네가 알렉산드리아의 남쪽 5,000 stades(그리스의 길이 단위)에 위치하고 있음을 알았다. 불행하게도 오늘날 5,000 stades의 정확한 길이를 아는 사람은 아무도 없다. 아마도 1 stadium은 약 1/6 km 정도가 될 것이다. 왜냐하면 알렉산드리아와 시에네 사이의 현재 거리가 약 800 km가 되기 때문이다. 따라서 에라토스테네스는 만약 지구의 둘레의 1/50이 5,000 stades라면, 지구 둘레는 5000 stades × 50 = 250,000 stades = 41,667 km가 된다고 계산하였다. 실제 적도의 지구 둘레 값은 40,000 km 이다. 에라토스테네스의 결과는 정확하였다. 그럼에도 불구하고, 그 결과는 고대 사람들에게는 너무 큰 값이었기 때문에 1522년 포르투갈의 탐험가 마젤란(Ferdinand Magellan, 1480~1521)의 항해 이전까지 증명되지 못하였다.

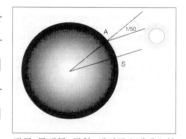

지구 둘레를 구한 에라토스테네스의 실험

실습일자	년 월 일	학과 번	성 명	

실 습 보 고 서

【실 습 문 제】

1. 기본 차원은 길이[L], 질량[M], 시간[T], 열역학적 온도[K]로 구성된다.
   아래 물리량들의 차원과 단위를 표시하시오.

      (1)   힘   : 〔   〕 (   )

      (2)   일   : 〔   〕 (   )

      (3) 면 적 : 〔   〕 (   )

      (4) 체 적 : 〔   〕 (   )

      (5) 속 도 : 〔   〕 (   )

      (6) 압 력 : 〔   〕 (   )

      (7) 일 률 : 〔   〕 (   )

      (8) 부 력 : 〔   〕 (   )

      (9) 에 너 지 : 〔   〕 (   )

      (10) 가 속 도 : 〔   〕 (   )

      (11) 모 멘 트 : 〔   〕 (   )

      (12) 표면장력 : 〔   〕 (   )

2. 만유인력 법칙과 뉴턴의 운동 법칙으로부터 중력 가속도는 결정될 수 있다. 지구 반지름이 6,372 km로 주어질 때, 해수면(고도 0 km)과 해발고도 100 km에서의 중력 가속도를 결정하시오. 단, 만유인력 상수 G는 6.67×10^{-11} N m^2 kg^{-2}이고 지구 질량 M은 5.969×10^{24} kg이다.

3. 아래의 경우에서 SI 단위의 사용이 바르게 된 경우는 T, 바르게 사용되지 않은 경우
   에는 F로 _____에 표시하고 수정하시오.

   (1) 2 KG _____   (2) 3 m _____

   (3) 4 °K _____   (4) 5 secs _____

   (5) 6 ℃ _____   (6) 15°23′ _____

   (7) 7 J/kg _____   (8) 8 nm _____

   (9) 9 Newtons _____   (10) 10 mV/mm _____

   (11) 12 MJ/kg _____   (12) 14 m㎛ _____

4. p − F/A란 징의를 이용하고 아래 주어진 값을 사용하여 해면 기압을 hPa 단위로 계
   산하시오.

   | 수은 밀도 : 1.36×10^4 kg/m³, 중력 가속도 : 9.8 m/s², 대기권의 높이 : 760 mmHg |

5. 지구와 태양은 약 150,000,000 km 떨어져 있다. 이 값과 동일하게 과학표기법으로 표
   시하시오.

6. 암석의 질량이 55 g으로 측정되었지만 실제 질량은 60 g이다. 암석의 질량의 백분율
   오차는 얼마인가?

【복습과 토의】

1. 차원과 단위에 대해 각각 설명하시오.

2. 국제단위계의 구조에 대해 설명하시오.

3. 질량과 무게의 차이점에 대해 설명하시오.

▷ 유용한 단위 변환표 ◁

길이

1 cm = 0.39 in(인치)

1 m = 3.281 ft(피트)

      = 39.37 in

1 km = 0.62 mi(마일)

1 in = 2.54 cm

1 ft = 30.48 cm

      = 0.305 m

1 mi = 1.61 km

질량 / 무게

1 g = 0.035 oz(온스)

1 kg = 2.2 lb(파운드)

1 oz = 28.35 g

1 lb = 0.454 kg

속도

1 m/s = 2.24 mi/h

        = 3.60 km/h

1 mi/h = 0.45 m/s

        = 1.61 km/h

온도

$℃ = (℉ - 32)/1.8$

$ = K - 273.15$

$℉ = 1.8(℃) + 32$

$K = ℃ + 273.15$

에너지

1 J = 0.239 cal

1 cal = 4.186 J

제2장 대기권

2.1 목 적

대기권의 구성 성분과 연직 구조에 대하여 알아보고자 한다.

2.2 대기권이란?

대기권은 지구를 둘러싸고 있는 공기층으로 정의된다. 대기는 중력에 의해서 지구에 묶여 있으며, 지구가 회전함에 따라 지구와 함께 움직인다. 또한 이들은 지표면에 대한 상대 운동, 즉 순환에 의해서 자체적으로 움직이기도 한다. 이런 대기 대순환과 이들 내에 내재되어 있는 수많은 작은 규모의 운동들은 전 지구적인 에너지 평형을 위하여 열적으로 과잉된 지역(열대)에서 부족한 지역(한대)으로 에너지가 수송되도록 해준다.

대기권은 고도에 따라 서로 상이한 성질과 특성들을 가지고 있다. 즉 지표면에서부터 고도가 증가함에 따라 기온, 기압, 밀도, 대기 조성들이 변한다. 80 km 이하의 공기층은 구성 성분이 일정한 혼합 기체들로 되어 있고(균질권), 80 km 이상의 공기층에서는 특이한 기체들로 주로 구성되어 있다(비균질권). 상부 대기권에는 대기가 강하게 이온화된 지역(전리권), 자력이 현저하게 나타나는 지역(자기권), 복사 입자들을 붙잡아 두고 있는 지역(반 알렌 복사대), 그리고 지구 중력으로부터 벗어나 우주 공간으로 탈출하는 분자들로 되어 있는 지역(외기권)들이 존재한다. 이러한 차이점을 근거로 하여 대기권은 여러 기층으로 구분되고 있다. 대기권은 연직적인 기온 변화에 의해서 대류권, 성층권, 중간권, 열권으로 구분된다. 연직적인 구성 성분의 변화에 의해서는 균질권과 비균질권으로 구분되며, 비균질권은 또한 여러 공기층으로 더욱 세분된다. 이들 외의 조건으로 구분하면 전리권, 자기권, 화학권, 그리고 외기권 등으로 나타난다.

대기권의 끝은 어디까지일까? 이것의 답은 대기권을 어떻게 정의하는가에 달려 있다. 1) 대기권을 밀도만으로 정의한다면, 고도 31.2 km까지만 유효하다. 왜냐하면 이 고도에서의 밀도가 지표면 밀도의 1 % 정도에 불과하기 때문이다. 2) 지구 중력에 붙잡혀 있는 기체들로 대기권을 정의한다면 그 고도는 약 9,600 km까지 확장된다. 3) 지구 중력에 붙잡혀 있는 복사 입자들이 존재하는 공간까지를 대기권이라 정의한다면, 그 끝은 25,600 km이다. 4) 지구 자기장에 의해서 영향을 받는 하전 입자들까지도 고려한다면 대기권의 최종 고도는 태양을 마주 보는 쪽에서는 약 56,000 km로 생각할 수 있다.

2.3 대기권의 구성 성분

그리스의 철학자 아리스토텔레스(Aristotle, 384 BCE~322 BCE) 시대에는 공기가 지구를 구성하고 있는 4가지 기본 물질 중 하나라고 생각했다. 오늘날에도 때로는 공기는 어떤 특정한 기체라고 잘못 사용되고 있다.

지구를 둘러싸고 있는 공기층(대기권)은 각각의 여러 기체(영구기체와 변량기체)들과 대기 중에 부유하고 있는 고체상의 입자들과 액체상의 작은 물방울 즉 에어로졸의 혼합물로 되어 있다. 공기의 구성 성분은 시간과 공간에 따라 항상 변하나, 부유입자, 수증기, 여러 변량 기체들을 대기권에서 제외시키면 지표면에서 고도 80 km까지는 대단히 안정한 상태를 나타내고 있다. 이러한 공기를 건조 공기 또는 청정 공기라 한다. [표 2-1]에서 보면 질소와 산소가 전체의 99 %를 차지하고 있다. 그리고 대기권의 나머지 1 %는 불활성 기체인 아르곤이 거의 차지하고 있다.

[표 2-1] 건조 공기 내 주요 기체들의 체적 백분율과 농도

영구 기체				변량 기체		
기체	기호	%(건조 공기)	기체(입자)	기호	%	ppm
질소	N_2	78.08	수증기	H_2O	0~4	
산소	O_2	20.95	이산화탄소	CO_2	0.038	308
아르곤	Ar	0.93	메탄	CH_4	0.00017	1.7
네온	N_2	0.0018	아산화질소	N_2O	0.00003	0.3
헬륨	He	0.0005	오존	O_3	0.000004	0.04
수소	H_2	0.00006	입자(먼지,검댕 등)		0.000001	0.01~0.15
제논	Xe	0.000009	클로로플루오르카본(CFCs)		0.00000002	0.0002

　대기권의 대부분을 차지하고 있는 이런 구성원소들은 - 이산화탄소를 제외하면 - 날씨 현상과는 거의 무관하다. 이산화탄소는 대기 중에 아주 미량이 존재하지만 기상학적으로는 매우 중요한 성분이다. 이산화탄소는 인간과 동물의 호흡작용과 식물의 증산작용, 산불과 화산활동과 같은 자연현상에 의해 대기권에 배출된다. 하지만 난방과 발전 등을 위한 화석연료(석탄과 석유) 사용과 같은 인간 활동에 의해서도 배출된다.

　이산화탄소 농도는 매년 2 ppm 정도 서서히 증가하고 있는데, 이는 화석연료, 즉 석탄과 석유, 천연가스의 소비증가 때문이다. 대기 중 CO_2의 농도 측정은 1958년부터 거의 연속적으로 몇 개 지점(예를 들면 하와이의 마우나로아와 남극)에서만 이루어지고 있다. 이것은 미국 캘리포니아 주 라호야에 소재한 UC 샌디에이고 소속 스크립스 해양 연구소(the Scripps Institute of Oceanography)의 지구화학자인 찰스 데이비드 킬링(Charles David Keeling, 1928~2005) 교수의 헌신적인 노력 덕분이다. 킬링의 연구는 산업 발생원으로부터 멀리 떨어져 있는 지역의 대기 중에 존재하는 CO_2의 농도변화 기록을 제공하도록 기획되었다. 태평양 중앙에 위치하고 있는 하와이 산 정상은 북반구인 경우 이상적인 기준선으로 제공된다. 또한 남극에 설치되어 있는 미국 연구소는 남반구에 대해서 비슷한 자료를 제공한다. 마우나로아에서 매일 측정되는 CO_2의 농도를 1주일 평균한 값으로 내보내는 킬링의 자료를 〈그림 2-1〉에 제시하였다.

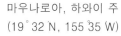

마우나로아, 하와이 주
(19˚32΄N, 155˚35΄W)

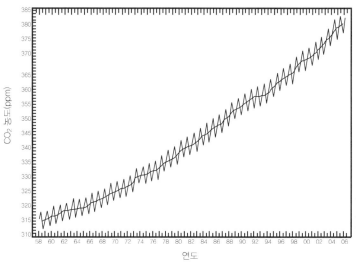

〈그림 2-1〉
1958년부터 미국 하와이 주 마우나로아에서 관측된 월평균 CO_2의 농도변화

배출된 이산화탄소의 약 50 % 정도는 대기권에 잔존한다. 나머지는 식물의 광합성 작용에 의해서 흡수되기도 하나 대부분 바다에 흡수된다. 이산화탄소는 지구가 방출하는 복사에너지(지구 복사에너지 또는 장파 복사에너지)를 흡수하는 성질을 가지고 있기 때문에 대기권의 하층 기온을 상승시킨다. 이러한 효과를 온실효과 또는 대기효과라 한다. 그러므로 지구 온난화 현상을 초래하는 이산화탄소의 농도 증가는 지구의 기후 변화에 큰 영향을 미칠 것으로 생각된다. 이산화탄소와 마찬가지로, 변량 기체들인 수증기, 부유 분진, 오존 등도 미량이지만 대기권에서 중요한 역할을 한다. 대기권에 존재하는 가변 기체들 중 가장 대표적인 것은 바로 수증기이다. 온난하고 습윤한 열대 지방에서는 체적 대비 4 % 정도 차지하나 사막이나 한대 지방에서는 1 % 미만의 아주 작은 양이 존재한다. 대기 중의 수분은 생명체의 생존에 아주 중요한 역할을 한다.

수증기는 구름과 강수 현상을 일으키는 근원이며 지구 복사에너지뿐만 아니라 일부 태양복사에너지까지도 흡수하는 성질이 있다. 그러므로 이산화탄소와 함께 대기권의 에너지 전달을 조절하는 역할(온실효과)을 하고 있다. 더군다나 물은 기온과 기압에 따라 액체, 기체, 고체로 쉽게 상(phase)이 변하는 유일한 물질이다. 이러한 상의 변화에 의해 잠열의 방출과 흡수가 일어난다.

이산화탄소와 수증기 이외의 온실 기체로는 최근 대기 중 농도가 증가하고 있는 메탄(CH_4), 일산화질소(N_2O), 클로로플루오르카본(CFCs) 등을 들 수 있다. 메탄은 지난 10년간 연간 0.5 % 정도, 일산화질소의 경우 연간 0.25 % 정도씩 늘어나고 있다. CFCs 역시 최근 대기 중 농도가 급증하고 있다. 이는 지구기온을 상승시킬 뿐만 아니라 오존층의 파괴에도 영향을 미치고 있다.

대기 운동으로 인해 부유하는 에어로졸들이 대기권에 많이 존재한다. 크기가 큰 입자들은 무겁기 때문에 오랫동안 대기권 내에 존재하지 않으나, 아주 미세한 입자들은 상당한 기간 동안 대기권 내에 부유하고 있다. 이러한 것을 부유분진이라 한다. 부유분진은 파도에 의해 흩날리는 해염입자, 토양 부식에 의해 생기는 아주 미세한 입자, 연소 시 발생되는 연기와 매연, 바람에 의해 흩날리는 화분과 미생물체 그리고 화산 활동에 의해 분출되는 재와 먼지 등에 의해 발생한다. 배출원 부근의 대기권 하층에서는 이러한 입자들이 수없이 많이 존재하며 상승 기류에 의해서 대기권 상층에서도 나타난다. 이러한 눈에 보이지 않는 입자들 중에서 흡습성을 가진 것들은 응결핵으로 작용하여 구름과 안개 발생에 중요한 역할을 하며, 먼지들은 일사를 흡수하거나 반사하는 역할을 하여 일사량을 감소시키며 또한 시정을 감소시킨다. 대기권 내의 광학적 현상(해뜰 때와 해질 때 나타나는 노을)도 이들 부유분진과 관련이 있다.

오존은 산소 원자로 이루어져 있지만, 우리가 호흡하는 산소 분자와는 동일하지 않다. 이러한 기체는 대기권 내에 아주 적은 양(체적 대비 약 0.000017 %)이 존재한다. 대기권 내의 모든 오존을 지표면에 깔아도 그 두께는 4 mm 정도에 불과하다. 더구나 이들의 분포도 일정하지 않다. 오존의 농도는 지상 10 km에서부터 50 km 사이에서 크게 나타나며 25 km 고도에서 최고 농도가 나타난다. 오존의 농도는 어떤 특정한 고도에서 변한다. 이러한 변화 중 자연적인 변화는 위도, 계절, 일중 시각, 기압 배치에 의해서 나타난다. 화산 폭발과 태양 활동에 의해 농도 변화의 폭이 크게 나타난다. 인위적인 오존 농도의 변화는 주로 프레온 가스 때문이며, 특히 남극 지역에 뚜렷하게 나타난다. 이곳에서는 오존의 농도가 극히 엷은 오존 구멍이 관측되고 있다.

오존은 아주 복잡한 과정을 거쳐 고도 10~50 km 사이에서 형성된다. 이러한 공기층을 오존층이라 한다. 산소 분자는 태양복사에너지를 흡수하면 산소 원자로 쪼개진다. 이 때 산소 분자와 쪼개진 산소 원자가 결합하여 오존이 생성된다. 지구상에 존재하는 생물들에게 이 오존층은 아주 중요한 의미를 가지고 있다. 그 이유는 오존이 생물체에 치명적인 자외선 복사를 흡수하는 성질을 가지고 있기 때문이다. 만약 오존이 이러한 필터역할을 하지 않으면 지구상에 존재하는 모든 생물들이 멸망하게 될 것이다.

2.4 대기권의 연직 구조

2.4.1 관측 역사

대기권의 연직 구조는 처음에는 연(kite), 기구(balloon), 탑(tower)을 사용하여 탐사되어졌다. 현재는 소다(sodar), 라이다(lidar), 레이더(radar), 관측 비행기, 로켓, 인공위성 등과 같은 첨단 장비들이 사용되고 있다.

연을 이용한 최초의 날씨 실험은 1749년 스코틀랜드 글래스고 대학교의 학생이었던 알렉산더 윌슨(Alexander Wilson, 1714~1786)과 토머스 멜빌(Thomas Melville, 1723~1809)에 의해서 이루어졌다. 그들은 상층 공기가 지면 근처의 공기보다 더 한랭한지 아니면 더 온난한지에 대한 의문을 가지고 있었다. 그들의 실험에는 연을 날리는 조정 기계가 사용되었다. 이 실험은 최초의 기구 비행보다 30년 앞선 것이었고 기상기록계를 장착한 비행기에 의한 날씨비행보다는 무려 150년이나 앞선 것이었다.

1783년 6월 5일 프랑스의 작은 시골 마을 앙노네(Annonay)에서 종이 제조업자인 형 조제프 미셸(Joseph Michel Montgolfière, 1740~1810)과 동생 자크 에티앙네(Jacque Etienne Montgolfière, 1745~1799) 몽골피에 형제는 종이로 만든 열 공기(hot-air) 기구를 발명하였다. 1783년 9월 19일 파리의 베르사이유에서 열 공기 기구에 매단 바구니에 닭, 양, 오리 등을 싣고 8분 동안 2.4 km를 비행하는 최초의 무인 비행을 성공하였다. 그리고 1783년 11월 21일에는 이 열 공기 기구에 두 명[1]이 탑승하여 900 m 상공을 20분 동안 비행하는 역사적인 유인 비행이 이루어졌다.

최초의 기상학적인 기구상승은 1783년 12월 1일 프랑스의 물리학자·화학자·기구조종사인 자크 샤를(Jacques Charles, 1746~1823)과 니콜라 루이 로베르(Nicolas-Louis Robert, 1760~1820)와 안 장 로베르(Anne-Jean Robert, 1758~1820) 형제를 동반하고 이루어졌다. 기압계와 온도계를 장착한 수소 기구인 "글로브(Globe)"호를 타고 비행하는 동안 샤를은 높이에 따른 기온의 하강을 기록하였고, 이 자료들은 기온감률값을 최초로 결정하는 데 사용되었다. 보다 더 야심적인 날씨 비행이 미국 의사인 존 제프리스(John Jeffries, 1745~1819)와 프랑스의 기구 조종사인 프랑수아 장 피에르 블랑샤르(François Jean Pierre Blanchard, 1753~1809)에 의해서 잉글랜드에서 이루어졌다. 수소 기구에 의한 이 비행은 런던에서부터 다트포드(Dartford)까지 29 km의 긴 경로를 걸쳐 1시간 동안 진행되었는데, 샤를과 같이 제프리스도 지상에서 11 ℃인 기온이 2.7 km 상공에서는 −2 ℃로 낮아졌음을, 즉 높이에 따라 기온이 감소한다는 것을 관측하였다. 그가 기압이 일정하게 감소한다는 것을 기록하는 동안, 제프리스는 높이에 따라 습도의 변동도 뚜렷하게 나타날 것이라 주목하였다.

1804년 8월 27일, 두 명의 프랑스 과학자인 장 바티스트 비오(Jean-Baptiste Biot, 1774~1862)와 조제프 루이 게이뤼삭(Joseph Louis Gay-Lussac, 1778~1850)은 최초의 과학 르네상스를 위하여 수소로 채운 기구를 타고 올라갔다. 게이뤼삭과 비오는 약 7 km 높이까지 비행하였고 공기의 특성에 관해서 관측하였다. 그들은 비행에 동행한 동물이 높이에 따라 어떤 결과를 보이는지 주의 깊게 관찰하였다. 또한 그들은 분석을 하기 위해 공기 샘플을 채집하였는데, 후일 이것을 분석하여 대기의 조성이 고도 변화에 따라 달라지지 않는다는 결론을 얻었다. 그들의 분석에 의하면 높은 상공에서도 공기 중 질소와 산소의 양은 지상과 동일하였다. 따라서 공기 구성성분의 비율은 높이와 무관하게 항상 일정하다는 것이 처음으로 알려졌다. 3주 동안 게이뤼삭은 혼자서 이런 비행을 반복하며 플라스크에

---

1) 피라들 데 로제(Jean Francois Pilatre de Rozier)와 마르키스 다란드(Marquis D'ardandes)이다.

공기 샘플을 담아 왔다. 또한 그는 어떻게 높이에 따라 온도가 변화하는지도 관측하였다.

1899년과 1902년 사이 프랑스의 과학자인 레옹 테스랑 드 보르(Leon Philippe Teisserenc de Bort, 1855~1913)는 수소를 채운 작은 무인 기구를 사용하여 3년간 연구를 수행하였다. 그는 방위각과 고도각을 측정하기 위해 측량사가 사용하는 기구인 두 대의 경위의(theodolite)로 이들 기구들을 추적하였다. 이런 연구로 테스랑 드 보르는 대기 중 온도는 높이에 따라 변화한다고 결론지었다. 테스랑 드 보르는 온도가 높이에 따라 감소하는 대기의 하층 부분을 대류권(troposphere)이라 명명하였다. 그는 또한 가벼운 기체들의 층들이 존재한다고 예상했던 대기의 상층 부분을 성층권(stratosphere)이라 불렀다.

시간이 지나면서 무인 기구 탐측(sounding)은 상층 대기를 안전하게 측정하기 위한 정규적인 방법으로 자리 잡게 되었다. 표준 측정시스템은 헬륨 또는 수소 기구와 라디오존데(radiosonde)라 불리는 측기로 구성되어 있었다. 라디오존데를 이용한 기상관측법의 개척자로는 러시아의 기상학자인 파벨 몰챠노프(Pavel Aleksandrovich Moltchanov, 1893~1941), 핀란드의 기상학자인 빌호 바이샬라(Vilho Väisälä, 1889~1969), 프랑스의 이드락(M. Idrac)과 로베르 뷰로(Robert Bureau)가 포함된다. 이들 중 이드락과 뷰로는 1927년 3월 풍선에 라디오존데를 메달아 처음으로 공중으로 날렸다. 이런 종류의 라디오존데(code radiosonde)는 성층권까지 상승하여 단파 라디오를 이용, 지상으로 대기 자료들을 전송하였다. 지금도 여전히 구름 속을 통과할 때는 측기를 추적할 수 없지만, 맑은 날씨에서는 경위의(theodolite)를 사용하여 풍선을 추적하면 풍속과 풍향을 얻을 수 있다. 1939년 러시아의 기상학자인 몰챠노프가 최초의 소모성 라디오존데를 고안하고 시험하여 관측에 성공하였다.

제2차 세계대전 무렵에는 측기를 비행기에 실고 가서 낙하시켜 측기가 내려오면서 높이에 따른 기온 변동을 알 수 있도록 하였다. 일기도 상에 기상 변수들을 기입하는데 이들 낙하존데(dropsonde) 자료를 사용하기 위해서는 실제 사용할 수 있는 자료로 복원시켜야만 한다.

제2차 세계대전 후 비교적 경량의 값싼 라디오존데로부터 값이 싼 라디오 원격측정법이 유용해짐에 따라 대기를 정규적으로 탐사하는 것이 가능하게 되었다. 이들 측기로부터 송신되는 라디오 신호는 실시간으로 종이 위에 수신되는 라디오 신호로부터 직접 기입되도록 해야만 한다. 수신된 자료로부터, 유의 기압 고도의 지오퍼텐셜 고도를 계산하는 것이 가능하다. 측기가 개량됨에 따라, 대기 프로파일을 자동으로 기입하는 것이 가능해졌고 후에는 컴퓨터가 중요 지점을 선별하여 자동적으로 TEMP 전문으로 만들도록 한다.

이 전문은 세계기상기구(WMO)에 의해서 국제적으로 통용되도록 고안된 코드이다.

라디오존데는 기압, 기온, 습도를 측정하고 이들 자료를 전파를 통하여 지상 수신소에 전달하면서 30 km까지 상승할 수 있다. 라디오존데는 세계기상기구의 정규 국제 프로그램을 통해 전세계 950개의 관측소에서 하루 두 번씩 올려진다.

라디오존데와 기상 로켓으로 수행된 연구 성과들을 통해 지구 대기는 온도 구조를 기준으로 여러 층으로 나눌 수 있다는 것이 밝혀졌다. 대류권은 대기권에서 가장 낮은 곳에 위치하고, 가장 두께가 얇지만 밀도는 가장 큰 층이다. 그 위의 층인 성층권은 오존층에 의한 태양복사의 흡수 때문에 기온이 증가한다. 대류권과 성층권 사이의 전이층을 대류권 계면(tropopause)이라 한다. 기상학자들은 성층권의 높이를 50 km 정도로 추정하고 있다. 성층권 위의 전이층을 성층권 계면(stratopause)이라 부른다. 또 이 층 위를 중간권(mesosphere)이라 부르며 80 km까지 확장된다. 중간권에서는 높이에 따라 기온이 감소하며 지구로 떨어지는 운석 대부분은 여기에서 타게 된다. 중간권 위의 전이층을 중간권 계면(mesopause)이라 부른다. 그리고 이 위에 있는 층을 열권(thermosphere)이라 부른다. 열권 내에서는 태양 에너지가 기온(즉, 공기 분자들의 운동)을 높인다. 이 고도에서 공기의 밀도는 사실상 영(0)이다. 그러므로 유리관 액체 온도계는 이 높이에서는 작동하지 않는다.

2.4.2 기압의 연직 분포

기압이란 공기의 무게에 의해서 나타나는 단위면적당 힘으로 정의된다. 해수면의 평균 기압은 1,013.15 hPa 정도이다. 고도가 상승하면 공기의 무게가 작아지기 때문에 기압은 감소한다. 만약 대기권에 어떠한 대기 운동도 존재하지 않는다고 가정한다면, 고도에 따른 기압의 변화는 $dp = -\rho g dz$로 표시한다. 즉 고도가 증가하면 기압은 급격히 감소한다. 여기서 dp는 두 고도 사이의 기압차, ρ는 공기의 밀도, g는 중력 가속도, 그리고 dz는 두 고도 사이의 고도차를 나타낸다. 이러한 식을 정역학 방정식이라 한다.

[표 2-2]는 정역학 방정식을 사용하여 선택한 고도의 기압을 해수면 기압의 백분율로 표시한 것이다. 여기서 보면 고도 5.6 km 이하에 공기의 50 %가 존재하며 고도 16 km 이하에서 공기의 90 %가 존재하고 있음을 알 수 있다. 고도 100 km 이상에는 0.00003 % 정도의 공기만이 존재한다. 이러한 고도에서는 공기가 매우 희박하여 지표면상에서 인공적으로 만든 진공상태에서의 밀도보다 적게 나타난다.

[표 2-2] 각 고도별 해수면 기압에 대한 백분율

해발 고도(km)	해수면 기압에 대한 백분율(%)
0.0	100
5.6	50
16.2	10
31.2	1
48.1	0.1
65.1	0.01
79.2	0.001
100.0	0.00003

2.4.3 기온의 연직 분포

20세기 초만 하더라도 우리의 지식은 대기권 하층 일부분에 국한되어 있었다. 상층 공기 연구를 위한 장비라고는 기구와 연밖에 없었기 때문이다. 하지만 이런 열악한 조건 속에서도 고도가 증가함에 따라 기온이 떨어진다는 사실 - 높은 산을 등산하여 본 사람이라면 누구나 경험적으로 알고 있는 것이지만 - 을 확인할 수 있었다.

대기권은 기온의 연직 분포에 따라 4개의 공기층(대류권, 성층권, 중간권, 열권)으로 구분할 수 있다. 제일 아래층을 대류권이라 하는데 여기서는 고도의 증가에 따라 기온이 감소한다. 대류권에서의 기온감률을 환경 감률이라 하며 그 평균값은 6.5 ℃/km이다. 그러나 대류권 하층 지표 부근이나 하강기류가 강한 곳에서는 고도가 증가함에 따라 기온이 상승하는 기온 역전층이 존재하기도 한다. 기온의 하강은 대체적으로 고도 12 km까지 계속된다. 그러나 이러한 대류권의 두께는 어디에서나 동일한 것은 아니다. 열대 지방에서는 대류권 두께가 16 km 이상 되기도 하지만 극지방에서는 9 km 내외에 불과하다. 지표면 온도가 높고 열적 혼합이 강하게 일어나는 적도 부근에서는 대류권의 높이가 확장된다. 그 결과 주변 기온감률이 나타나는 높이도 상승한다. 그러므로 대류권에서 가장 기온이 낮은 곳은 극지방이 아니라 열대 지방의 상공이다.

대기의 모든 기상현상들은 바로 이 대류권에서 발생한다. 이것이 대류권의 가장 큰 특징이다. 폭풍, 강수현상, 구름으로 인한 기상현상 등이 모두 이곳에서 발생하기 때문에 대류권을 종종 날씨권이라 부르기도 한다.

대류권 위에는 성층권이 존재한다. 대류권과 성층권 사이의 경계면을 대류권 계면이라 한다. 대류권 계면에서 성층권 내의 고도 약 20 km까지는 기온이 거의 변하지 않으나 그 이후 고도 50 km까지는 기온이 급격히 증가한다. 이렇게 기온이 높은 이유는 이곳에 모여 있는 오존에 의한 태양복사의 자외선 흡수 때문이다.

성층권 상부에는 대류권과 같이 고도가 증가하면 기온이 하강하는 중간권이 고도 80 km까지 존재하며 기온은 −90 ℃까지 하강한다. 또한 성층권과 중간권 사이의 경계면을 성층권 계면이라 한다. 여기서도 대류 현상은 나타날 경우도 있으나 워낙 공기가 희박하기 때문에 기상 현상은 발생하지 않는다.

고도 80 km 이상 가장 위쪽에 위치하는 공기층을 열권이라 한다. 중간권과 열권 사이의 경계면을 중간권 계면이라 한다. 열권에서는 공기가 분자 상태로는 존재하기 어렵기 때문에 주로 이온 상태나 원자 상태로 존재한다. 그러므로 기온이 급격하게 증가한다. 그러나 열권의 기온이 매우 높긴 하지만, 태양으로부터 보호된 상태에 있는 사람은 반드시 덥다고 느끼지는 않는다. 왜냐하면 열권의 분자수가 너무 적어 노출된 피부 등에 부딪혀 덥다고 느낄 정도의 열을 전달하지 못하기 때문이다. 예를 들면 열권에 존재하는 하나의 공기 분자는 평균 1 km 이상을 이동해야 다른 공기 분자와 충돌할 수 있다.

원자와 분자들이 우주 공간으로 달아나는 곳을 외기권(exosphere)라 한다. 외기권은 지상 500 km 상공에서부터 시작된다.

2.4.4 대기 성분의 연직 분포

대기권은 대기의 화학성분에 따라 2개의 공기층, 즉 균질권과 비균질권으로 구분된다. 일반적으로 고도 80 km까지는 건조 공기의 구성 성분([표 2-1 참조])의 비율이 변화하지 않는다. 이런 층을 균질권이라 한다. 이와 반대로 고도 80 km 이상에는 대기 조성이 일정하지 않다. 이런 층을 비균질권이라 부른다.

고도 100 km까지는 질소가, 고도 170 km까지는 산소 원자가 공기의 주된 성분이 되고, 거기서부터 고도 1,000 km까지는 헬륨이 주성분이 된다. 이보다 더 높은 고도에서는 가장 가벼운 수소가 대부분이다. 이처럼 공기의 조성을 나타내는 데 편리한 것은 공기의 평균 분자량이다.

공기는 여러 기체의 혼합물이므로 대기의 하층에서 질소 78 %, 산소 21 %, 아르곤이 1 %를 차지한다면,

공기의 평균 분자량 = (28×0.78) + (32×0.21) + (40×0.01) = 28.96이다.
N_2의 분자량 O_2의 분자량   Ar의 분자량

그러나 고도 100 km 이상에서는 점차 가벼운 기체가 차지하는 비율이 높아져 고도가 증가하면 공기의 평균 분자량이 점차 감소한다([표 2-3]).

[표 2-3] 각 해발고도에서의 여러 기상요소

고도(km)	기온(K)	기압(hPa)	밀도(kg·m^{-3})	중력가속도(m s^{-2})	평균분자량
0	288.15	1.013×10^3	1.225×10^{-0}	9.807	28.964
5	255.68	5.405×10^2	7.364×10^{-1}	9.791	28.964
10	223.25	2.650×10^2	4.135×10^{-1}	9.776	28.964
15	216.65	1.211×10^2	1.948×10^{-1}	9.761	28.964
20	216.65	5.529×10^1	8.891×10^{-2}	9.745	28.964
25	221.55	2.549×10^1	4.008×10^{-2}	9.730	28.964
30	226.51	1.197×10^1	1.841×10^{-2}	9.715	28.964
35	236.51	5.746×10^0	8.463×10^{-3}	9.700	28.964
40	250.35	2.871×10^0	3.996×10^{-3}	9.684	28.964
45	264.16	1.491×10^0	1.966×10^{-3}	9.669	28.964
50	270.65	7.978×10^{-1}	1.027×10^{-3}	9.654	28.964
60	247.02	2.196×10^{-1}	3.097×10^{-4}	9.624	28.964
70	219.59	5.221×10^{-2}	8.283×10^{-5}	9.594	28.964
80	198.64	1.052×10^{-2}	1.846×10^{-5}	9.564	28.964
90	186.87	1.836×10^{-3}	3.416×10^{-6}	9.535	28.910
100	195.08	3.201×10^{-4}	5.600×10^{-7}	9.505	28.400
110	240.00	7.104×10^{-5}	9.710×10^{-8}	9.476	27.270
120	360.00	2.538×10^{-5}	2.220×10^{-8}	9.447	26.200
150	634.39	4.542×10^{-6}	2.080×10^{-9}	9.360	24.100
200	854.56	8.474×10^{-7}	2.540×10^{-10}	9.218	21.300
300	976.01	8.770×10^{-8}	1.920×10^{-11}	8.943	17.730
400	995.83	1.452×10^{-8}	2.800×10^{-12}	8.680	15.980
600	999.85	8.210×10^{-10}	1.140×10^{-13}	8.188	11.510
1000	1000.00	7.510×10^{-11}	3.560×10^{-15}	7.322	3.940

＊ 과 학 자 탐 방 ＊

찰스 데이비드 킬링(Charles David Keeling, 1928~2005)

미국 지구화학자 · 대기화학자.

찰스 데이비드 킬링은 1928년 4월 20일 미국 펜실베이니아 주 북동부 스크랜튼(Scranton)에서 태어났다. 킬링은 1948년 화학으로 일리노이 대학교에서 학사학위를 받았고 1954년 노드웨스턴 대학교에서 화학으로 박사학위를 취득하였다.

킬링은 1956년 캘리포니아 대학교 샌디에이고 스크립스해양연구소(Scripps Institution of Oceanography)에 들어와 사망할 때까지 해양학 교수로 재임하였다. 킬링은 스크립스 해양연구소에 근무하면서, 1961년부터 1962년까지 스웨덴 스톡홀름 대학교 기상여구소의 구겐하임 펠로(Guggenheim Fellow)로 파견되었다. 그리고 킬링은 1969년부터 1970년까지 독일 하이델베르크 대학교 제2 물리학 연구소의 초빙 교수로 근무하였고, 1979년부터 1980년까지 스위스 베른 대학교의 물리학 연구소에 초빙 교수로 근무하였다.

킬링은 매우 정확한 측정으로 대기 중의 이산화탄소의 자료세트를 만들어 대기 중의 이산화탄소 농도의 증가를 최초로 확인하였다. 현재 이것을 "킬링 곡선(Keeling curve)"이라 부른다. 그의 조사 이전에는, 화석연료의 연소와 여러 산업 활동으로부터 방출된 이산화탄소가 대기 중에 축적될 것인가 아니면 완전히 해양과 육지 상의 식생지역에 흡수될 것인가에 대해서 알지 못하였다. 그는 연소로부터 발생한 이산화탄소 중에서 대기 중에 체류하는 양을 처음으로 명확하게 결정하였다. 대기 중의 이산화탄소의 증가를 나타낸 킬링 기록은 1958년부터 하와이 주 마우나로아와 다른 청정 공기 지역(남극관측소, 알래스카 주 바로우 포인트)에서 측정한 것으로 이들은 전 세계 변화의 연구를 위한 가장 중요한 시계열 자료세트로 많은 사람들이 믿고 있는 것이다.

또한 킬링은 탄소 순환 모델링에 전념하였다. 1996년 킬링은 스크립스해양연구소의 동료들과 함께 대기 중의 이산화탄소에서 북반구 계절 순환의 진폭이 증가하고 있다는 점을 밝혔다. 이는 성장 계절이 더 일찍 시작한다는 결론에 대한 독립적인 지지를 보내는 것으로 아마도 이는 지구 온난화의 반응일 것으로 생각되었다.

실습일자	년 월 일	학과	번	성 명	

실 습 보 고 서

【실습 문제】

1. 아래 물음에 따라 답하시오.

(1) [표 2-3]을 이용하여 아래 그래프에 기온의 연직 분포도를 작성하시오.

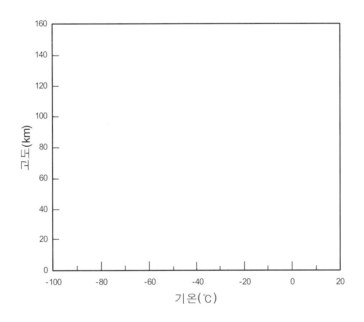

(2) 위의 그림에 대류권 계면, 성층권 계면, 중간권 계면의 위치에 선을 긋고 이들 이름을 기입하시오.

(3) 위의 그림에 4개의 기온의 연직 변화에 의한 기층의 명칭을 써 넣으시오.

(4) 위의 그림에 오존층의 영역을 물결 모양으로 표시하시오.

(5) 위의 그림에 전리층의 영역을 사선으로 표시하시오.

(6) 에베레스트 산, 라디오존데가 상승할 수 있는 고도, 관측 비행기가 비행하는 고도, 로켓이 관측하는 고도 등을 조사하여 그 고도를 위의 그림에 표시하시오.

2. 대기권은 대기의 화학 성분에 따라 2개의 공기층 즉 균질권과 비균질권으로 구분된
   다. 균질권은 일반적으로 고도 80 km까지 대기의 구성성분이 일정한 공기층이며, 이
   와 반대로 고도 80 km 이상에는 대기 조성이 일정하지 않은 공기층을 비균질권이라
   한다. 고도 100 km까지는 질소가 주성분, 고도 170 km까지는 산소 원자가 공기의 주
   된 성분이 되고, 더욱이 고도 1,000 km까지는 헬륨이 주성분이 된다. 이보다 더 높은
   고도에서부터 9,600 km까지는 가장 가벼운 수소가 대부분을 차지하고 있다.

   위의 내용을 참조하여 아래 물음에 답하시오.

(1) 아래 그림에 균질권과 비균질권을 구분하시오.

(2) 균질권을 사선으로 표시하시오.

(3) 비균질권 내를 가벼운 기체들이 주성분인 공기층으로 나누고 이들 기체를 아래 그림
   에 표시하시오.

(4) [표 2-3]의 평균 분자량과 비교·설명하시오.

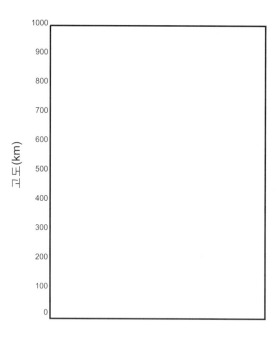

3. [표 2-2]를 참조하여 아래 표를 작성하고 아래 물음에 답하시오.

해발고도(km)	상층에 존재하는 대기(%)	하층에 존재하는 대기(%)
33.6		
28.0		
22.4		
16.8		
11.2		
5.6		
해수면	100 %	0 %

(1) 제트 여객기는 해발고도 약 11.2 km 상공으로 비행한다. 제트 여객기 위의 대기의 양은 약 몇 %인가?

(2) 백두산 정상(약 2.74 km) 아래에 존재하는 대기의 양은 몇 %인가?

(3) 킬리만자로 산 정상(약 5.9 km) 위에 존재하는 대기의 양은 몇 %인가? 이런 경우 정상의 기압은 얼마인가? (단 해수면 기압을 1,000 hPa로 가정한다.)

4. 문제3에서 작성한 표를 이용하여 아래 그래프를 작성하시오.

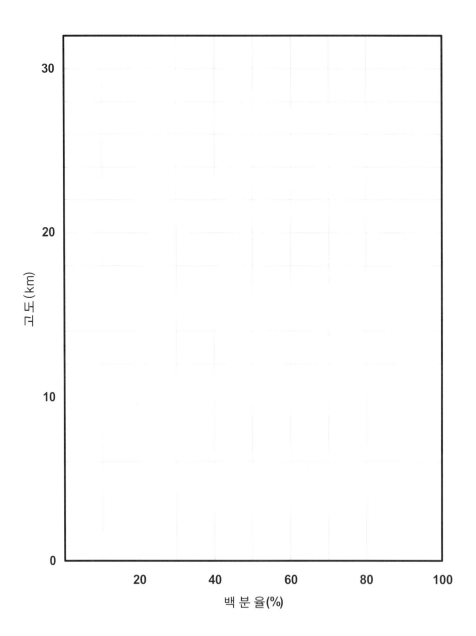

5. 기압과 밀도와의 관계에 대해서 아래 물음에 답하시오.

(1) [표 2-4]의 고도에 따른 기압과 밀도 자료를 면밀히 검토하여 고도가 증가함에 따라 나타나는 기압과 밀도의 감소율에 대해서 설명하시오.

(2) [표 2-4]의 기압과 밀도 자료를 아래 그래프에 기입하시오. 그린 선들이 고도가 증가함에 따라 기압과 밀도가 감소하는가? 그리고 위의 (1)에서 설명한 사실과 일치하는가?

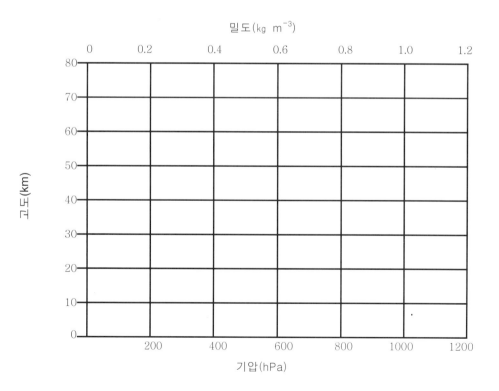

(3) [표 2-4]를 이용하여 아래 물음에 답하시오(계산과정을 정확하게 나타낼 것).

1) 1,000 m 고도에서의 기압과 해수면 기압과 비교하시오. 몇 %가 감소하였는가?

2) 1,000 m 고도에서의 밀도와 해수면 밀도와 비교하시오. 몇 %가 감소하였는가?

3) 위의 두 감률을 비교하여 두 개 중 어느 것이 1,000 m 고도까지 급격하게 감소하는가?

4) 10,000 m 고도의 기압과 해수면 기압과 비교하시오. 몇 %가 감소하였는가?

5) 10,000 m 고도의 밀도와 해수면 밀도와 비교하시오. 몇 %가 감소하였는가?

6) 위의 두 감률을 비교하여 두 개 중 어느 것이 10,000 m 고도까지 더 감소하는가?

[표 2-4] 대기권의 기압과 밀도의 연직분포

해발고도(m)	기압(hPa)	밀도($kg\ m^{-3}$)
0	1013.25	1.2250
100	1001.20	1.2133
200	989.45	1.2017
300	977.72	1.1001
400	966.11	1.1786
500	954.60	1.1473
600	943.21	1.1560
700	931.93	1.1448
800	920.76	1.1336
900	909.70	1.1226
1000	898.74	1.1116
2000	794.95	1.0065
3000	701.08	.90912
4000	616.40	.81913
5000	540.19	.73612
6000	471.81	.65970
7000	410.60	.58950
8000	355.99	.52517
9000	307.42	.46635
10,000	264.36	.41271
20,000	54.748	.088035
30,000	11.714	.01812
40,000	2.7752	.0038510
50,000	.75944	.00097752
60,000	.20314	.00028832
70,000	.046342	.000074243
80,000	.0088627	.000015701

【복습과 토의】

1. 위도와 계절에 따라 변하는 대류권 계면 높이의 변동에 대해서 설명하시오.

2. 대기 조성에 대해서 설명하고 주요 기체들의 체적당 백분율을 제시하시오.

3. 물이 대기권에서 하는 중요한 역할을 무엇인가?

4. 대기권 내의 이산화탄소의 역할을 설명하고 이들의 배출 원에는 어떤 것이 있는가? 또한 이들의 농도 변화가 대기권 내의 변화에 어떠한 역할을 하는가?

5. 대기권에서 오존(O_3)의 역할은 무엇인가? 오존 양에 영향을 주는 것은 무엇인가? 대기권 내에서 오존 양이 감소하거나 증가한다면 어떤 결과가 초래될까?

제3장 지구와 태양과의 위치 관계

3.1 목 적

지구가 받는 태양복사에너지의 양을 결정하는 데 필요한 지구와 태양 사이의 기본적인 관계를 설명하고자 한다.

3.2 개 관

기온, 기압, 바람, 습도, 강수량, 구름 양, 시정 등은 지구의 각 지점들의 일기와 기후를 기술하는 기본 요소들이다. 이러한 요소들은 지구와 태양 사이의 기본적이고 물리적인 관계에 의해서 변화한다. 이러한 관계의 이해는 곧 대기의 물리과정, 일기상황과 기후 조건들의 규명에 필수적이다. 태양은 대기와 해양의 순환을 일으키며, 풍화, 침식, 운반, 퇴적 등의 지질학적 현상을 발생시키고 그리고 생물권내에서 생명체의 생명을 유지시키고 성장을 돕는 데 필요한 에너지의 거의 대부분을 제공한다.

지구는 약 365일의 주기로 타원 궤도를 그리면서 태양 주위를 공전을 하고 있다. 또한 지구는 24시간을 주기로 자전한다. 여기서 중요한 점은 지구의 적도면이 공전 궤도면과 23.5°의 각을 이루고 있다는 것이다. 따라서 6월 21일경(하지)에는 태양이 북위 23.5°의 북회귀선상에 있다. 다시 말하면 하지에 북위 23.5°지점에서는 정오의 태양 남중각이 90°이다. 반대로 12월 22일경(동지)에 태양은 남위 23.5°의 남회귀선 상에 있다. 또한 3월 21일경(춘분)과 9월 23일경(추분)에는 적도 상에 위치한다(〈그림 3-1〉).

태양 광선이 적도면과 이루는 각을 태양의 적위라고 한다. 적위는 하지에 23.5°, 동지에 -23.5°, 춘분과 추분에는 0°이다. 적위의 변화는 태양복사에너지의 강도를 변화시켜 계절을 나타나게 하고 낮과 밤의 길이를 결정한다.

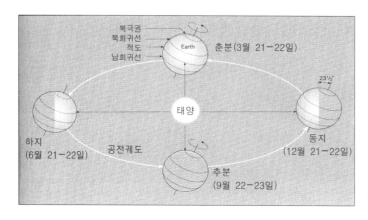

<그림 3-1> 지구의 공전 궤도, 천문학적 계절, 낮의 길이(밝은 부분)

지표면이 받는 태양복사에너지의 양은 태양 광선과 지표면이 이루는 각(태양고도각)에 의해서 결정된다. 이러한 각은 어떤 주어진 장소에서 일년 내내 변할 뿐 아니라 하루 중에도 변한다. 또한 이 각은 동일한 날 또는 동일한 시간인 경우에도 각 위도에 따라 다르게 나타난다(<그림 3-2> 참조). 이러한 사실은 어떤 장소와 시각에서 받는 태양복사에너지의 양을 결정하는 데 매우 중요하다. 그러므로 여기에서는 지구와 태양의 위치 관계와 태양고도각에 대해 알아보고자 한다.

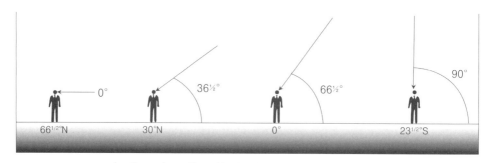

<그림 3-2> 12월 22일 위도에 따른 태양고도각의 변화

3.3 태양고도각

태양 광선이 지표면과 이루는 각(태양고도각)은 단위 지표면이 받는 태양복사에너지의 양을 결정하는 중요한 역할을 한다. 지표면에서의 접선과 태양 광선이 이루는 각이 직각에 가까우면 가까울수록 에너지의 강도는 더욱 강해진다. 또한 태양고도각은 항해 중에 위도를 알아내는 데도 유용하게 사용된다.

3.3.1 태양의 남중고도각을 결정하는 방법

정오에 태양이 지평선(또는 수평선)상에 얼마나 높이 올라올 수 있는가를 결정하는 방법은 아래의 두 단계로 구할 수 있다. 첫째 단계는 관측자와 태양의 적위 사이의 호를 위도각으로 구한다(즉 이 값은 관측자의 천정각과 동일하다). 만약 관측자의 위치와 적위가 동일한 반구 내에 존재하면 그들 사이의 호는 두 값의 차로 구할 수 있다. 만약 관측자의 위치와 적위가 다른 반구에 존재하면 그들 사이의 호는 두 값의 합으로 나타난다. 둘째 단계는 90°에서 이미 구한 호의 값을 빼면 태양의 남중고도각이 결정된다. 이것을 수식으로 표현하면, 관측자의 위도와 적위가 동일한 반구 내에 위치할 경우에는

$$h = 90 - (\phi - \delta) \tag{3-1}$$

로 표시되며, 관측자의 위도와 적위가 다른 반구 내에 위치할 경우에는

$$h = 90 - (\phi + \delta) \tag{3-2}$$

로 표시된다. 여기서 h는 태양 남중고도각, ϕ와 δ는 각각 관측자의 위치(위도)와 적위의 절대값들을 나타낸다.

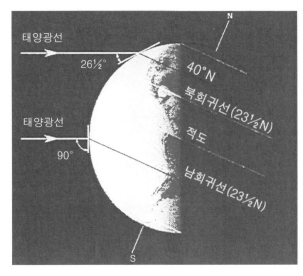

〈그림 3-3〉 12월 22일 40° N에서의 남중고도각

〈그림 3-3〉에서 관측자가 40°N에 위치하고 있고 이때 적위가 23.5°S라 할 경우 태양의 남중고도각은 다음과 같은 방법으로 구해진다.

첫째 단계 :	둘째 단계 :
40°N	90°
+ 23.5°S	− 63.5°
───────	───────
63.5°(위도각의 호. 즉 천정각)	26.5°(태양의 남중고도각)

만약 위의 식들을 사용한다면, 관측자의 위치와 적위가 다른 반구에 있기 때문에 식 (3-2)를 사용해야 한다. 여기서 φ = 40°N, δ = 23.5°S를 대입하면 h = 90 − (40 + 23.5) = 26.5°로 계산된다.

3.3.2 어떤 지점의 위도를 결정하는 방법

앞서 언급한 바와 같이, 항해 중 어떤 지점의 위도는 태양의 적위와 그 지점의 태양 남중고도각을 알면 쉽게 구할 수 있다. 태양의 남중고도각은 육분의로 직접 관측할 수 있으며, 그 날의 적위는 책력에서 찾으면 알 수 있다. 어떤 지점의 위도를 결정하기 위해, 첫째 단계로서 90°에서 태양의 남중고도각을 빼면 곧 관측자의 천정각이 구해지고, 둘째 단계로서 만약 관측자의 천정각과 적위 모두가 동일한 반구 내에 위치하면 천정각에서 적위를 빼고, 다른 반구 내에 위치하면 천정각과 적위를 더하면 된다.

〈그림 3-3〉에서 어떤 지점의 태양의 남중고도각이 26.5°이고 적위가 23.5°S이라 할 때 이 지점의 위도는 아래와 같이 구해진다.

첫째 단계	둘째 단계
90°	63.5°
− 26.5°	23.5°
───────	───────
63.5°(천정각)	40°N(위도)

천정각과 적위가 모두 동일 반구에 위치하기 때문에 적위는 천정각으로부터 **빼야** 한다. 남중고도각과 적위가 동일 반구 내에 존재하는 경우를 북위라 하며, 그 반대를 남위로 표시한다. 만약 앞서 언급한 식들을 사용하려 한다면, 식 (3-1)과 식 (3-2)를 위도의 식으로 다시 정리하면 된다. 위도를 구하는 식은 남중고도각과 적위가 동일 반구 내에 존재하기 때문에 식 (3-2)를 사용하면 ϕ = 90 - h - δ로 된다. 여기서 h = 26.5°, δ = 23.5°을 대입하면 ϕ = 40°로 계산된다. 남중고도각과 적위가 동일 반구 내에 존재하는 경우를 북위라 하며, 그 반대는 남위로 표시한다.

3.3.3 적위를 결정하는 방법

지점이나 분점에서는 적위를 잘 알고 있지만, 어떤 임의의 날의 적위는 어떻게 알 수 있을까? 태양 적위는 식 (3-3)으로 추정할 수 있다.

$$\delta = 23.5 \times \sin(DN) \tag{3-3}$$

여기서 DN은 가장 가까운 분점에서부터의 날수로 °로 표시된다. 춘분과 추분 사이에는 '+(또는 N)'로 DN을 표시하고 추분에서 춘분사이에는 '-(또는 S)'로 표시한다.

예제 1 4월 20일인 경우
     DN = 30° (3월 21일로부터의 날수)
     δ = 23.5 × sin(30°) = 23.5 × (0.5) = + 11.75°(춘분과 추분 사이에 있으므로)

예제 2 12월 9일인 경우
     DN = 78° (9월 22일로부터의 날수)
     δ = 23.5 × sin(78°) = -22.90°(추분과 춘분 사이에 있으므로)

---

* 과 학 자 탐 방 *

장 리셰(Jean Richer, 1630~1696)

프랑스 수학자, 천문학자.

장 리셰는 1630년 프랑스에서 태어나 1696년 파리에서 사망하였다. 장 리셰의 교육에 관한 내용은 전혀 알려지지 않고 있다. 그러나 그는 이탈리아 태생 프랑스 천문학자인 조반니 도메니코 카시니(Giovanni Domenico Cassini, 1625~1712)의 조수로서 알려지고 있다. 1666년, 로열 과학 아카데미(Académie Royale of the Sciences)가 결성됨에 따라 회원이 된 그는 천문학자란 지위를 가지게 되었다. 그러나 1670년 과학 아카데미에 의해서 수학자란 지위가 부여되었다. 이후 그는 여생을 과학 아카데미를 위한 연구에 대부분의 시간을 보냈다.

1670년 춘·추분 날 일어나는 조석의 높이를 측정하기 위해서 과학 아카데미는 장 리셰를 라 로첼레(La Rochelle)로 파견하였다. 또한 1670년 그는 프랑스가 지배하던 캐나다로 항해를 하였다. 항해 중에 그는 네덜란드 물리학자인 크리스티안 호이헨스(Christiaan Huygens, 1629~1695)가 제작한 두 개의 진자시계를 실험하는 업무를 부여받았다. 경도를 측정하는 데는 정확한 시계가 중요하였다. 그러나 항해 도중 폭풍우를 만나 호이헨스의 시계가 멈추게 되었다.

귀국하자마자 리셰는 호이헨스와 과학 아카데미에 시계의 실패에 관한 보고서를 제출하였다. 호이헨스는 리셰의 무능력을 힐난하였지만, 이것은 확실히 사실이 아니었다. 리셰는 항해 중에 매우 중요한 관측을 많이 하였고, 호이헨스 진자시계에 관한 문제는 확실히 그의 잘못이 아니었다.

1671년 프랑스 정부는 리셰를 프랑스령 기아나(Guyana)의 카이엔(Cayenne)으로 탐험을 보냈다. 그의 첫 번째 임무는 화성까지의 거리를 계산하기 위해서 화성의 시차(parallax)를 측정하여 파리에서 프랑스 천문학자인 아베 장 피카르(Abbé Jean Picard, 1620~1682)가 관측한 시차와 비교하는 것이었다. 그 결과 파리에서보다 카이엔에서 화성의 시차가 2.8 mm 더 짧다는 것을 발견하였다. 이 자료는 태양계의 규모를 계산할 수 있게 해주었고 최초로 정확한 결과를 얻을 수 있게 하였다.

실습일자	년 월 일	학과	번	성 명	

실 습 보 고 서

【실 습 문 제】

1. 태양이 왼쪽에 위치하고 있다고 가정하고 3월 21일과 6월 21일에 대해서 아래 물음에 답하시오.

(1) 〈그림 3-4〉와 〈그림 3-5〉에 주어진 날의 자전축을 북극이 위에 위치하도록 그려 넣으시오.

(2) 〈그림 3-4〉와 〈그림 3-5〉에 적도, 남·북회귀선, 남·북위권을 점선으로 표시하시오.

(3) 〈그림 3-4〉와 〈그림 3-5〉에 정오 무렵 태양 광선이 지평면과 수직으로 만나는 곳을 점을 찍고 V로 표시하시오.

(4) 〈그림 3-4〉와 〈그림 3-5〉에 정오 무렵 태양 광선과 접선 방향의 지표면과 만나는 곳을 T자로 표시하시오.

(5) 〈그림 3-4〉와 〈그림 3-5〉에 관측자 위도에 따른 태양고도각을 작도하시오.

1) 3월 21일인 경우

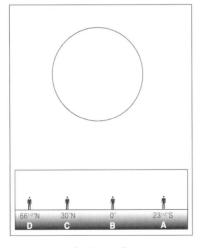

〈그림 3-4〉

2) 6월 21일인 경우

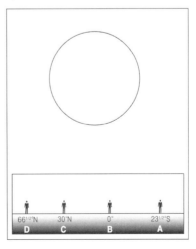

〈그림 3-5〉

2. 아래 그림들에 표시된 평행선은 각각 주어진 날들에 지구로 들어오는 태양광선이다.
   각각의 원들은 북극 상공에서 내려다 본 위도선이다. 아래 물음에 답하시오.
 (1) 각각 주어진 날들에 태양 광선이 비추는 지표면(낮인 부분)을 표시하시오.
 (2) 각각 주어진 날들에 태양 광선이 비추지 않는 지표면(밤인 부분)을 표시하시오.

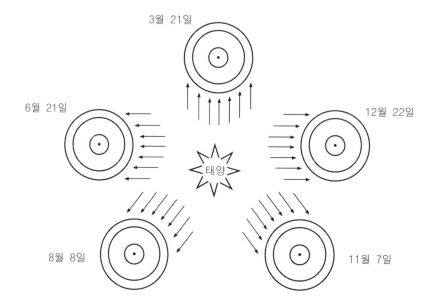

3. 아래 지점들에서의 태양의 남중 고도각의 연교차는 얼마인가?
 (1) 남·북극점   : _____
 (2) 남·북위 30°: _____
 (3) 적도 지방   : _____

4. 식 (3-3)을 이용하여 아래의 경우에 적위를 계산하시오. (위치 변경)
(1) 3월 21일 :
(2) 6월 21일 :
(3) 9월 22일 :
(4) 당신의 생일 날 :
(5) 오늘 날짜 :
(6) 12월 25일 :

5. 아래 그림을 이용하여 다음 물음들에 대해서 답하시오. 여기서 그림 안에 그려진 선들
   은 실제로는 원임을 명심하시오.

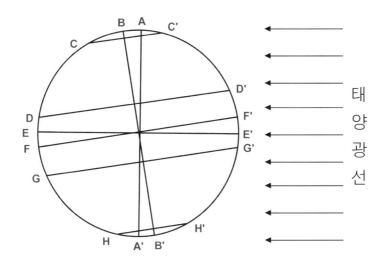

(1) 선 A–A'의 이름은 무엇인가? _____

(2) 선 B–B'의 이름은 무엇인가? _____

(3) 선 C–C'의 이름은 무엇인가? _____

(4) 선 D–D'의 이름은 무엇인가? _____

(5) 선 E–E'의 이름은 무엇인가? _____

(6) 선 F–F'의 이름은 무엇인가? _____

(7) 선 G–G'의 이름은 무엇인가? _____

(8) 선 H–H'의 이름은 무엇인가? _____

(9) 점 F와 G 사이의 호의 값은 각도로 얼마인가? _____

(10) 점 D와 G 사이의 호의 값은 각도로 얼마인가? _____

(11) 점 C와 D 사이의 호의 값은 각도로 얼마인가? _____

(12) 점 B'와 H' 사이의 호의 값은 각도로 얼마인가? _____

(13) 태양과 지구의 위치 관계로 보아 어떤 날인가?

    (정확한 달과 개략적인 날로 답하시오) _____

6. 아래 표에 주어진 위도와 춘분, 추분, 하지, 동지의 남중고도각을 계산하시오. 빈 곳에
   계산 과정을 보이고 밑줄 친 곳에 최종 결과를 기입하시오.

위 도	3월 21일과 9월 22일	6월 21일	12월 22일
20°N			
70°N			
40°S			
65°S			

7. 아래 표에 주어진 경우에 대해서 위도를 결정하시오. 계산 과정을 보이고 밑줄 친 곳
에 최종 결과를 써 넣으시오.

(1) 남중고도각 : 25°N 지평면 　　태양의 적위　: 20°N 　　　＿＿＿＿＿＿＿	(2) 남중고도각 : 50°S 지평면 　　태양의 적위　: 10°S 　　　＿＿＿＿＿＿＿
(3) 남중고도각 : 80°S 지평면 　　태양의 적위　: 23°N 　　　＿＿＿＿＿＿＿	(4) 남중고도각 : 75°N 지평면 　　태양의 적위　: 15°S 　　　＿＿＿＿＿＿＿

8. 아래 표는 캐나다 밴쿠버(위도 : 49.25°N, 경도 : 123.1°W)에서 12월 22일, 3월 21일, 6월 21일인 경우 태양고도각의 일변화를 나타낸 것이다. 이 자료를 이용하여 아래 그래프를 완성하고 서로 비교하여 설명하시오.

시각	태 양 고 도 각		
	12월 22일	3월 21일	6월 21일
3	0.0	0.0	0.0
4	0.0	0.0	0.0
5	0.0	0.0	6.6
6	0.0	0.0	15.6
7	0.0	7.8	25.1
8	0.0	17.3	34.9
9	5.7	25.9	44.5
10	11.5	33.2	53.4
11	15.5	38.4	60.5
12	17.2	40.8	64.1
13	16.5	39.8	62.6
14	14.5	35.5	59.5
15	10.5	26.8	52.8
16	4.7	18.6	43.8
17	0.0	8.2	38.0
18	0.0	0.0	27.8
19	0.0	0.0	14.6
20	0.0	0.0	2.9
21	0.0	0.0	0.0

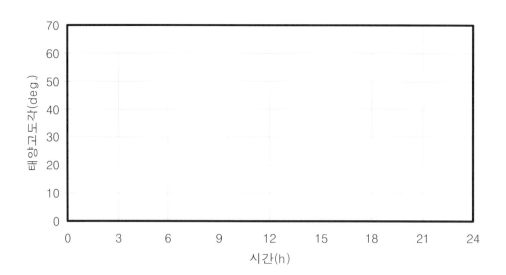

【복습과 토의】

1. 천정각이 증가하면 지표면에 도달하는 태양복사에너지가 감소한다. 그 이유는 무엇인가?

2. 12월 21일 낮의 길이가 위도에 따라 어떻게 변하는가?

3. 낮의 길이가 일 년을 통하여 (1) 적도 지방, (2) 극지방에서 어떻게 변화하는가?

4. 북반구에서 지구가 실제로는 1월에 태양과 더 가까워짐에도 불구하고 겨울보다 여름
   이 더운 까닭은 무엇인가?

▷ 북반구의 위도별·계절별 낮의 길이 ◁

위 도(°)	하 지	동 지	춘·추분
0	12시간	12시간	12시간
10	12시간 35분	11시간 25분	12시간
20	13시간 12분	10시간 48분	12시간
30	13시간 56분	9시간 08분	12시간
40	14시간 52분	7시간 42분	12시간
50	16시간 18분	5시간 33분	12시간
60	18시간 27분	0시간 00분	12시간
70	2개월	0시간 00분	12시간
80	4개월	0시간 00분	12시간
90	6개월	0시간 00분	12시간

제4장 태양복사에너지

4.1 목 적

태양고도각과 낮의 길이에 따른 지표면으로 입사하는 태양복사에너지의 양과 이와 관련된 자료를 분석하는 방법들에 대해서 알아보고자 한다.

4.2. 개 관

제3장 '지구와 태양과의 위치관계'에서는 지구가 받는 태양복사에너지에 대한 기본적인 이해를 제공하였다. 지표면에 들어오는 태양복사에너지의 양은 태양고도각과 낮의 길이에 의해 좌우된다. 이 장에서는 태양복사를 측정하는 측기들을 살펴보고 지표면에 도달하는 태양 광선의 강도와 태양복사에너지 값을 계산하고 이들을 그래프로 설명하고 일사의 기본적인 성질과 형태를 알아보고자 한다.

4.2.1 태양복사에너지의 측정

지표면에 도달하는 태양복사에너지의 강도를 일사라 하며 햇빛이 비치는 시간을 일조시간이라 한다. 이들 측정값들은 기후 시스템과 실용적인 응용 특히 농업부분에 유용하게 사용된다.

(1) 일사량 측정

지상에 설치된 일사량 측기들은 전천(수평면)일사, 직달일사, 하늘 복사를 측정한다. 일반적으로 아래와 같은 세 가지 형태가 사용된다.

1) 전천 일사계

전천 일사계(pyranometers)는 180° 시야 내의 수평면에 들어오는 모든 직달과 확산 입사 태양복사를 측정한다. 이들을 또한 'solarimeter'라 부른다. 전천 일사계에는 바이메탈 자기 일사계와 전기 일사계가 있다.

바이메탈 자기 일사계는 검게 칠해진 바이메탈 판을 감지기(sensor)로 사용하는 기계적인 전천 일사계로서 태양에 수평적으로 노출시켜 보호 유리 돔 바로 밑에 있는 바이메탈 판이 태양 에너지에 가열될 때 휘어지도록 만들어져 있다. 판이 휘게 되면, 그 움직임이 전달 축(lever)을 통하여 펜에 전달되어 회전하는 통에 고정된 기록지에 자취를 남기게 된다. 기록에 영향을 미치는 기온 변화를 막기 위해 바이메탈 판의 고정된 끝 부분에는 두 번째의 바이메탈 판으로 만들어 태양으로부터 보호하여 주변 온도에 변화를 못하도록 한다. 다른 디자인에서는 온도 보상을 돔 아래에 있는 검은 판을 옆에 대고 태양복사의 내부분을 반사시키는 누 개의 흰색으로 칠해진 판 또는 광이 나는 금속판을 노출시켜 이룬다. 그래서 구부러짐은 주로 기온 변화에 비례한다.

이 형태의 계측기는 변화에 반응하는 데 약 5분간 걸린다. 그러나 여러 이유로 정확할 수가 없고 태양복사의 순간적인 수준을 측정할 수 없다. 그러나 하루 동안 기록지에 기록되는 곡선 아래의 면적을 측정함으로써, 만약 계측기가 잘 설치된 경우 받는 일 총 에너지의 개략적인 추정치는 약 ±10 % 내의 오차로 얻을 수 있다. 로비치 자기 일사계(Robitzsch actinograph)가 대표적인 바이메탈 자기 일사계(〈그림 4-1(a)〉)이다.

더 정확한 연구와 자동기상관측장비(Automatic Weather System ; AWS)에 부착되는 일사계로는 전기 일사계(electrical solarimeter)가 사용된다. 전기 일사계는 감지기의 종류에 따라 두 종류(열전기더미와 광이극관)로 나뉜다. 열전기더미 방식은 검은 표면에 도달하는 태양복사의 가열 효과를 측정함으로써 복사 강도를 감지한다. 검은 표면은 보통 'carbon black'이라 부르며 광범위한 흡수대를 가진다. 검은 색을 감지하는 요소는 유리 돔 아래 안에 노출되도록 되어 있다. 유리는 원 자외선을 제외한 모든 파장을 투과하나 지구 복사의 어떤 적외선 파장은 차단하기도 한다. 에플리 전천 일사계(Eppley pyranometer)가 전형적인 예이다(〈그림 4-1(b)〉 참조).

검은 표면의 온도 증가의 측정은 주변 기온에 관련된다. 이 측정 방법은 검은 표면과 감지기 케이스 사이의 온도 차이 또는 검은 표면과 흰 표면 사이의 온도 차이를 측정하는 것이다. 두 측정 디자인 모두 온도차를 측정하도록 하며 이 방식에서 가장 편리하게 사용되는 것이 열전기더미(thermopile)이다. 두 디자인 모두에서 열전기더미의 'hot' 결합

(junction)은 검은 표면과 접속되는 반면, 'cold' 결합은 계측기를 감싸는 물질과 열전대로 접촉시키거나 검은 표면 옆에 노출되는 흰 표면에 접속시킨다.

2) 직달 일사계

직달 일사계(pyrheliometers)는 아주 특별한 계측기로서 입사하는 태양 빔과 직각으로 들어오는 직달 태양복사를 측정하는 데 사용된다(⟨그림 4-1(c)⟩). 여러 가지의 디자인이 있지만 모두가 거의 비슷하다. 검은 원판 형태인 열 감지기는 태양을 바라보는 관의 밑바닥에 노출되어 있다. 원형의 구경을 사용하여 오직 태양과 태양 주변의 고리로부터의 복사만이 감지기 표면에 도달하도록 한다. 열 일사계와 마찬가지로 감지기는 태양 강도를 측정하는 데 사용되는 검은 표면에 입사되는 태양복사에 의해서 생산되는 온도 증가를 측정한다. 감지기의 종류에 따라 온도 증가의 측정에서 많은 차이를 보인다.

종관 기상관측소인 경우, 눈금은 진태양 정오에 수동으로 읽혀진다. 그리고 천정으로부터 태양고도각이 대기를 통과하는 경로의 길이가 평균 해수면으로부터 연직 방향으로 대기 두께의 2배, 3배, 4배, 그리고 5배가 될 때 눈금을 읽는다. 이런 시각에서 관측자는 또한 하늘의 순백 또는 푸른 상태와 태양 빔을 감쇠하는 다양한 에어로졸들을 점검해야 한다. 직달 일사계는 또한 연속적으로 작동되어야 하기 때문에 하늘을 가로지르는 태양의 이동 경로를 따라 모터로서 감지기를 구동시켜야 한다. 비록 하늘이 흐릿하여 자동관측소로부터 얻은 자료가 이용할 수 없다고 하더라도, 측정값은 기록지 또는 자료 저장기에 기록된다. 대부분의 계측기는 특정 밴드를 측정하기 위해서 복사가 지나가는 관의 하늘을 향하는 끝 부분에 필터를 장착하고 있다. 보통 관은 평면 유리로 덮여 있다. 직달 일사계의 정확도는 원리상 전천 일사계와 비슷하기 때문에 거의 전천 일사계와 유사하다. 그러나 태양 빔에 항상 직각을 이루기 때문에 코사인 또는 방위각 오차는 존재하지 않는다. 에플리 직달 일사계(Eppley pyrheliometer)와 은반 일사계가 여기에 속한다.

3) 산란 복사계 (Diffusographs)

이 측기는 직달일사를 제외한 단지 하늘로부터의 복사만 측정한다. 이 기기는 보통 전천 일사계 주위에 태양으로부터 직접적인 빔을 차단하기 위해서 '그림자 링(shadow ring)'을 설치하고 있다(⟨그림 4-1(d)⟩ 참조).

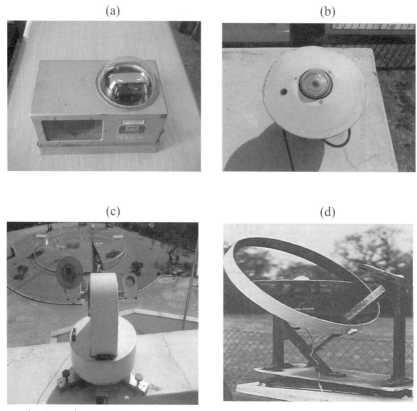

〈그림 4-1〉 일사계의 종류. (a) 로비치 자기 일사계, (b) 에플리 전천 일사계,
(c) 직달 일사계, (d) 산란 복사계.

(2) 일조시간 측정

일조시간이란 태양광선이 구름이나 안개 등에 의해서 차단되지 않고 지표면을 비춘 시간을 말한다. 일조시간을 기록하는 간단한 측기로는 조르단 일조계(Jordan sunshine recorder)와 캠벨-스토크스 일조계(Campbell-Stokes sunshine recorder)가 있다.(〈그림 4-2〉)

조르단 일조계는 1855년에 영국의 조르단(T. B. Jordan)이 고안하였다. 그 후 1885년 그의 아들인 제임스 조르단(James B. Jordan)에 의해서 개량되었다. 지름 640 mm, 깊이 140 mm의 원통을 지축과 평형하게 설치하여 햇빛이 양쪽에 한 개씩 뚫려진 구멍으로 들어가게 되어 있다. 햇빛이 오전에는 동쪽의 구멍으로 오후에는 서쪽으로 난 구멍으로부터 들어와서 내부 벽에 설치된 기록지를 청색으로 감광시켜 일조시간을 관측한다.

캠벨-스토크스 일조계는 어떤 임의 장소와 어떤 임의 날짜에서 정오 무렵이 태양복사 조도가 최대가 될 가능성이 있다는 것은 잘 알려져 있는 사실이고 일 중 변동이 대략 사인 곡선이 되기 때문에, 구름양을 안다면 일 중 일조량을 어느 정도 잘 알 수 있다. 햇빛을 기록하는 최초의 시도는 나무사발의 내부에 초점을 맞추어 태양 상의 흔적을 태우기 위해 유리공을 사용한 스코틀랜드의 기상학자인 존 캠벨(John Francis Campbell, 1822~1885)에 의해서 1853년에 만들어졌다. 이것은 1880년 잉글랜드 수학자 겸 물리학자인 조지 스토크스(Sir George Gabriel Stokes, 1819~1903)에 의해서 변형되었기 때문에, 현재 캠벨-스토크스 일조계라 부르고 있다. 현재 디자인은 유리구를 통하여 태양 상이 특별히 제작된 카드에 초점이 맞춰져 지구가 자전함에 따라 카드를 따라 흔적이 태워지도록 한다. 카드는 특별히 제작되기 때문에 불이 나지는 않고 간단히 까맣게 타도록 되어 있고 단지 비에 의해서만 약간 영향을 받는다.

〈그림 4-2〉 (a) 조르단 일조계와 (b) 캠벨-스토크스 일조계

4.2.2 지표면에 입사하는 태양광선의 강도

태양고도각은 지표면에서 받는 태양복사의 강도에 영향을 미치기 때문에 중요하다. 태양고도각이 크면, 태양광선은 더욱더 직각에 가깝게 되어 더 작은 지표 면적에 퍼지게 되고 대기권을 통과하는 거리도 짧아져 단위면적당 태양복사에너지의 양이 더 크게 된다. 태양고도각에 따라 변동하는 지표 면적에 비추는 태양복사에너지의 양은 삼각법을 이용하면 계산할 수 있다(〈그림 4-3〉 참조). 〈그림 4-3〉과 같은 직각 삼각형을 고려하

기로 하자. 여기에서 각 α는 태양고도각이다. 이 각의 사인이 반대 면의 길이(o)를 빗면의 길이(h)로 나눈 값과 같아지게 된다. 즉,

$$\sin \alpha = \frac{o}{h} \tag{4-1}$$

$$h = \frac{o}{\sin \alpha} \tag{4-2}$$

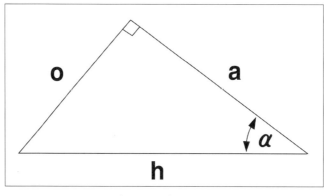

〈그림 4-3〉 삼각법

지표면에 입사하는 태양 광선을 고려하기로 하자(〈그림 4-4〉 참조). 여기에서 태양 빔에 직각으로 받는 면의 폭을 1 단위로 가정한다. 식 (4-1)에서 2가지의 값을 알기 때문에 이 식을 풀 수 있다. 즉,

$$\sin(태양고도각) = \frac{1단위 폭}{지표 면적} \tag{4-3}$$

$$지표면적 = \frac{1}{\sin(태양고도각)} \tag{4-4}$$

만약 태양고도각이 36.5°라면, 식 (4-4)로부터 지표 면적을 구할 수 있다. 즉,

$$지표면적 = \frac{1}{s(36.5°)}$$

$$= \frac{1}{0.595} = 1.681$$

위의 값의 의미는 1 단위 폭의 태양광선이 수평면으로부터 23.5°의 태양고도각으로 지표면에 입사되면 1.681 단위의 면적으로 퍼진다는 것이다. 따라서 직각으로 비추는 태양광선보다 복사 강도가 59.5 % 떨어진 것이다.

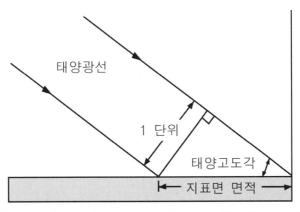

〈그림 4-4〉 지표면에 입사되는 태양광선에 의한 지표면 면적

4.2.3 태양복사에너지의 계산 방법

태양 상수란 "지구가 태양과의 평균 거리에 있을 때 대기권 밖에서 태양 광선에 수직으로 놓여 있는 단위면적당 단위 시간에 받을 수 있는 전체 태양복사에너지의 양"으로 정의되므로 이들 값은 어떤 지점에 도달하는 태양복사에너지의 양을 계산하는 데 사용된다. 미국 스미스소니언(Smithsonian) 연구소의 관측에 의하면 현재 태양상수 값을 $1.95 \, \text{cal} \cdot \text{cm}^{-2} \cdot \text{min}^{-1}$로 결정하고 있으며 이 값을 SI 단위로 전환하면 약 $1,370 \, \text{W} \cdot \text{m}^{-2}$가 된다.

만약 대기권을 무시하고 어떤 위도 상에서 어떤 날 지표면에서 받는 태양복사에너지의 양을 결정할 경우에는 반드시 그 날 그 지점의 태양 남중고도각을 알아야 한다. 앞장에서 어떻게 태양의 남중고도각이 계산되는지를 알아보았다. 하루 중 최대 태양복사에너지는 태양의 남중고도각에 의해서 결정된다. 만약 대기권을 무시한다면 이러한 최대 태양복사에너지는 아래 식으로 구할 수 있다.

$$S = S_0 \, \sin h$$

여기서 S는 태양복사에너지이고 S_0는 태양상수, 그리고 h는 태양의 남중고도각이다.

예제

지 점 : 대구(북위 35.9°)

날 짜 : 12월 22일

(1)   35.9° N   (2)   90.0°

     + 23.5° S   (적 위)   − 59.4°
     ─────────────   ─────────────
        59.4°   (호의 위도각)   30.6°   (h ; 남중고도각)

(3)   0.509   (sin h)

     × 1370   (S_0 ; 태양상수)
     ─────────────
       697.3   (S ; 태양복사에너지)

4.3 일사량 곡선 묘화 방법

일사량 곡선들과 적위에 의해서 결정되는 곡선들을 그릴 때 주의할 점은 적위가 일정하게 변하지 않는다는 것이다. 적위의 변화는 분점 전, 후 1달 동안에 가장 빠르게 변하며 (11.75°/월), 반면에 지점 전, 후에서 가장 느리게 변한다(3.25°/월). 그 외에는 1달에 8.5° 정도 변화한다. 이러한 불균등한 변화율은 하루 중 태양고도각 변화에서도 나타난다. 일출 후와 일몰 직후에서는 각각 태양이 빨리 떠오르고 빨리 진다. 그러나 정오 무렵에는 아주 천천히 태양고도각이 변화한다. 이러한 불균등한 변화율은 연중 일사량 곡선에 나타나는 것으로 연중 일사량이 최대가 되는 시기와 최소가 되는 시기에서 평평하게 나타난다. 일중 일사량 곡선에서는, 일출과 일몰 무렵에는 곡선의 기울기가 아주 깊으며 정오 무렵에는 밋밋하다. 그러한 곡선에서는 아주 큰 값과 작은 값을 엄밀하게 구분하지 못한다.

4.4 자료 내삽법

간단한 표에 주어진 값들을 내삽할 경우가 종종 있다. 이러한 내삽법은 [표 4-1]과 같은 삼각 함수표를 사용할 경우에 필요하다. 여러 다른 경우에도 이러한 내삽법이 자료 사용에 필요하게 된다. 만약 표에 제시되어 있지 않는 값을 구하고자 할 때 그 값 양쪽에 제시된 두 값으로 내삽하여 구할 수밖에 없다. 이러한 경우 표에 제시된 값을 면밀히 검토하여 두 값 사이의 변화 경향과 변화율 및 간격의 순서 등으로 내삽한다. 주어진 두 값 사이에 만약 이러한 경향을 적용하게 된다면, 내삽은 충분히 이루어질 수 있다. 아래 예제는 매 5°의 변화율이 일정하지 못한 값들에 대해서 알아보는 것이다.

5° —— 22 단위
10° —— 20 단위
15° —— 15 단위
20° ——   8 단위

5°와 10° 사이에서는 1° 변화하는 데 평균 단위가 0.4 가량 변한다는 것을 알 수 있다. 10°와 15° 사이에서는 1° 변화하는 데 평균 단위가 1.0 가량 변한다는 것을 알 수 있으며, 15°와 20° 사이에서는 1° 변화하는 데 평균 단위가 1.4 가량 변한다는 것을 알 수 있다. 이러한 경향을 가지고 있기 때문에 위의 자료에서 11°의 값은 다소 19 단위보다 크게, 24°의 값은 16 단위 보다 다소 작게 내삽되어야 한다.

만약 표에 사용된 간격이 너무 넓어 요구하는 만큼의 내삽의 정확성이 나타나지 않는 경우에는 좀 더 정밀한 표를 찾아 사용해야만 불필요한 노력을 기울이지 않게 된다.

[표 4-1] 삼각함수표

Angle Degrees	Sine	Cosine	Tangent	Angle Degrees	Sine	Cosine	Tangent
0	.0000	1.0000	.0000	46	.7193	.6947	1.0355
1	.0175	.9999	.0175	47	.7314	.6820	1.0724
2	.0349	.9994	.0349	48	.7431	.6691	1.1106
3	.0523	.9986	.0524	49	.7547	.6561	1.1504
4	.0698	.9976	.0699	50	.7660	.6428	1.1918
5	.0872	.9962	.0875	51	.7772	.6293	1.2349
6	.1045	.9945	.1051	52	.7880	.6157	1.2799
7	.1219	.9926	.1228	53	.7986	.6018	1.3270
8	.1392	.9903	.1405	54	.8090	.5878	1.3764
9	.1564	.9877	.1584	55	.8192	.5736	1.4281
10	.1737	.9848	.1763	56	.8290	.5592	1.4826

[표 4-1] 삼각함수표(계속)

Angle Degrees	Sine	Cosine	Tangent	Angle Degrees	Sine	Cosine	Tangent
11	.1908	.9816	.1944	57	.8387	.5446	1.5399
12	.2079	.9782	.2126	58	.8481	.5299	1.6003
13	.2250	.9744	.2309	59	.8572	.5150	1.6643
14	.2419	.9703	.2493	60	.8660	.5000	1.7321
15	.2588	.9659	.2680	61	.8746	.4848	1.8040
16	.2756	.9613	.2868	62	.8830	.4695	1.8807
17	.2924	.9563	.3057	63	.8910	.4540	1.9626
18	.3090	.9511	.3249	64	.8988	.4384	2.0503
19	.3256	.9455	.3443	65	.9063	.4226	2.1445
20	.3420	.9397	.3640	66	.9136	.4067	2.2460
21	.3584	.9336	.3839	67	.9205	.3907	2.3559
22	.3746	.9272	.4040	68	.9272	.3746	2.4751
23	.3907	.9205	.4245	69	.9336	.3584	2.6051
24	.4067	.9136	.4452	70	.9397	.3420	2.7475
25	.4226	.9063	.4663	71	.9455	.3256	2.9042
26	.4384	.8988	.4877	72	.9511	.3090	3.0777
27	.4540	.8910	.5095	73	.9563	.2924	3.2709
28	.4695	.8830	.5317	74	.9613	.2756	3.4874
29	.4848	.8746	.5543	75	.9659	.2588	3.7321
30	.5000	.8660	.5774	76	.9703	.2419	4.0108
31	.5150	.8572	.6009	77	.9744	.2250	4.3315
32	.5299	.8481	.6249	78	.9782	.2079	4.7046
33	.5446	.8387	.6494	79	.9816	.1908	5.1446
34	.5592	.8290	.6745	80	.9848	.1737	5.6713
35	.5736	.8192	.7002	81	.9877	.1564	6.3138
36	.5878	.8090	.7265	82	.9903	.1392	7.1154
37	.6018	.7986	.7536	83	.9926	.1219	8.1443
38	.6157	.7880	.7813	84	.9945	.1045	9.5144
39	.6293	.7772	.8098	85	.9962	.0872	11.430
40	.6428	.7660	.8391	86	.9976	.0698	14.301
41	.6561	.7547	.8693	87	.9986	.0523	19.081
42	.6691	.7431	.9004	88	.9994	.0349	28.636
43	.6820	.7314	.9325	89	.9999	.0175	57.290
44	.6947	.7193	.9657	90	1.0000	.0000	－ － － －
45	.7071	.7071	1.0000				

* 과학자 탐방 *

막스 플랑크(Max Karl Ernst Ludwig Planck, 1858~1947)

독일의 이론 물리학자.

양자 역학의 창시자인 막스 플랑크는 1858년 4월 23일 발트 해의 항구 도시인 킬(Kiel)에서 태어났다. 킬에서 초등학교를 다니던 중, 1867년 봄 그의 가족은 그의 아버지가 뮌헨 대학교 교수로 지명되어 뮌헨으로 이사하였다. 1867년 5월 그는 뮌헨의 유명한 중등학교인 막시밀리안 김나지움(Gymnasium)에 입학하여 교육을 받은 뒤 물리학에 흥미를 느끼게 되었다. 1874년 10월 21일 뮌헨 대학교에 입학하여 물리학은 필립 폰 욜리(Philipp von Jolly, 1809~1884)와 빌헬름 베츠(Wilhelm Beetz) 교수에게 가르침을 받았고 수학은 필립 루트비히 폰 자이델(Philipp Ludwig von Seidel, 1821~1896)과 구스타브 바우어(Gustav Bauer) 교수에게 배웠다. 1875년 여름 학기 동안 병이 나서 잠시 동안 학업을 중단하게 되었다. 그 당시 대학교를 옮기는 독일 학생들의 전통에 따라, 1877년 10월 뮌헨 대학교에서 베를린 대학교로 옮겨 박사 학위는 1879년 7월 칼 바이어슈트라우스(Karl Weierstrass, 1815~1897), 헤르만 폰 헬름홀츠(Hermann Ludwig Ferdinand von Helmholtz, 1821~1894)와 구스타브 키르히호프(Gustav Robert Kirchhoff, 1824~1887)의 지도를 받아 취득하였다. 그의 박사 학위 논문 제목은 「열역학 제2법칙에 관하여(*On the Second Law of Mechanical Theory of Heat*)」였다. 그러나 베를린에서 그의 교육의 가장 중요한 한 부분은 열역학에 관한 루돌프 클라우지우스(Rudolf Clausius, 1822~1888)의 문헌이었다. 이후 열역학을 연구 주제로, 엔트로피, 열전현상, 전해질 용해 등을 연구하는 등 열역학의 체계화에 공헌하였다. 그는 이들 연구 결과를 총정리하여 1897년 《열역학강의》를 출판하였다.

1880년 뮌헨으로 돌아와 뮌헨 대학교 강사로서 학생들을 가르치기 시작했고, 1885년에 고향 킬로 돌아가 킬 대학교의 교수가 되었다. 1888년 11월 29일 플랑크는 헬름홀츠의 적극적인 추천에 의해서 키르히호프의 후임으로 베를린 대학교 이론 물리학의 교수로 특별히 임명되었고 그해에 이론물리학 연구소장으로 지명되었다. 1892년 5월 23일 이론 물리학과장을 맡은 후 1927년 10월 1일, 은퇴하기까지 있으면서 많은 위업을 쌓았다.

1896년부터 플랑크는 흑체 복사를 이론상으로 정확하게 표현하는 데 관심을 가지게 되었다. 그는 에너지가 연속적인 양으로 방출될 경우 실험 사실과 부합하지 않는다는 사실에 주목하고 이를 해결하기 위해 에너지의 방출에는 최소한의 단위가 있다는 대담한 가정을 하였다. 그는 에너지의 최소한의 단위 h를 '기본 작용 양자'라 불렀는데, 1899년 그는 새로운 기본상수인 플랑크 상수를 발견했다. 이 단위는 자연계에 존재하는 가장 기본적인 상수 중의 하나이다. 1년 후인 1900년 그는 "플랑크의 복사법칙(Planck's Law of Radiation)"이라 불리는 열 복사법칙을 발견하였다. 이 법칙을 설명하면서 그는 최초로 "양자(quantum)"의 개념을 주창하였고, 이것이 양자 역학의 시초가 되었다. 이러한 업적으로 막스 플랑크는 1918년 노벨물리학상을 받았다.

실습일자	년 월 일	학과	번	성 명	

실 습 보 고 서

【실 습 문 제】

1. 30°N에서 아래의 날짜인 경우 정오에 지표면에 입사되는 태양 빔을 스케치하시오. 각 그림에서 천정각, 태양고도각, 지면에 퍼지는 면적을 아래 예와 같이 그림에 표시하시오.

예) 12월 22일(동지)

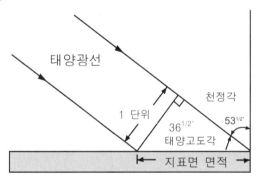

(1) 3월 21일(춘분)

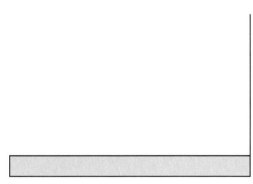

(2) 6월 21일(하지)

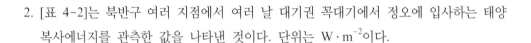

2. [표 4-2]는 북반구 여러 지점에서 여러 날 대기권 꼭대기에서 정오에 입사하는 태양 복사에너지를 관측한 값을 나타낸 것이다. 단위는 $W \cdot m^{-2}$이다.

[표 4-2] 북반구 대기권 꼭대기에서 정오에 입사하는 태양복사에너지($W \cdot m^{-2}$).

위도\날짜	적도	23.5° N	30° N	45° N	60° N	66.5° N
3월 21일	1370	1256	1186	969	685	546
6월 21일	1256	1370	1361	1275	1101	1002
9월 22일	1370	1256	1186	969	685	546
12월 22일	1256	934	815	502	155	0

(1) [표 4-2]를 이용하여 계절 별 태양복사 에너지의 위도 분포를 아래 그래프를 작성하시오.

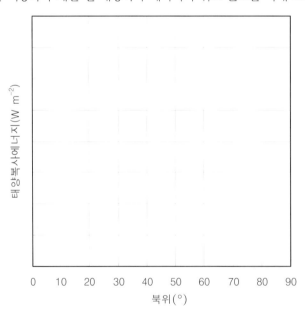

태양복사에너지(W m^{-2})

0   10   20   30   40   50   60   70   80   90

북위(°)

(2) 각 날에 대하여 30°N과 60°N 사이의 입사되는 태양복사에너지의 차를 구하시오.

 1) 3월 21일 : _____

 2) 6월 21일 : _____

 3) 9월 22일 : _____

 4) 12월 22일 : _____

(3) 입사되는 태양복사에너지의 계절 변동이 30°N보다 60°N에서 더 크게 나타나는 이
   유는 무엇인가?

(4) 30°N과 60°N 사이의 입사되는 태양복사에너지의 차가 여름보다 겨울이 더 큰 이유
   는 무엇인가?

3. $S = S_0 \sin h$의 공식을 사용하여 대기권 꼭대기에 입사되는 태양복사에너지를 계산하
   라. 먼저 적위와 남중고도각을 결정하라. 아래에 계산 과정을 보여라. 단, $S_0 = 1370$
   $W \cdot m^{-2}$.

 (1) 30°N
 - 3월 21일 :

 - 6월 21일 :

 - 9월 22일 :

 -12월 22일 :

(2) 45°N

– 3월 21일 :

– 6월 21일 :

– 9월 22일 :

– 12월 22일 :

(3) 60°N

– 3월 21일 :

– 6월 21일 :

– 9월 22일 :

– 12월 22일 :

4. 아래 그래프에 각 지점에서 구한 값을 다른 색으로 기입하여 평활한 곡선으로 만드시오. 가로 축에 춘분, 하지, 추분, 동지를 표시하시오.

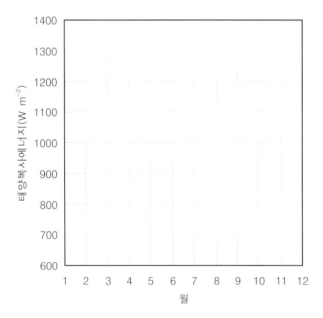

5. 아래 표는 2003년 7월 서울, 부산, 대구에서 관측한 일 수평면 일사량 자료이다.

날짜	수평면 일사량(MJ/m^2)		
	서울	부산	대구
1	10.39	9.57	15.44
2	18.12	17.97	20.98
3	10.17	5.32	4.65
4	11.50	4.62	4.35
5	25.42	4.93	6.53
6	8.22	1.34	3.84
7	21.44	3.02	5.63
8	16.81	2.92	6.77
9	1.67	7.34	8.64
10	9.05	4.72	5.68
11	18.36	3.02	3.37
12	7.01	3.40	4.50
13	24.06	2.17	4.74
14	17.40	10.76	16.50
15	18.27	13.15	20.85
16	16.32	21.76	25.87
17	11.59	12.16	16.76
18	2.57	3.27	4.53
19	2.56	24.02	23.11
20	16.97	11.18	12.48
21	9.91	19.31	16.89
22	2.88	3.30	7.02
23	10.43	16.43	17.15
24	15.42	6.43	16.66
25	24.28	2.10	5.16
26	16.13	12.63	10.92
27	5.11	15.84	15.24
28	8.03	19.50	18.38
29	14.69	10.24	10.78
30	25.36	18.73	21.06
31	20.60	19.77	21.28

위의 자료를 이용하여 아래 그래프를 작성하고 비교·설명하시오.

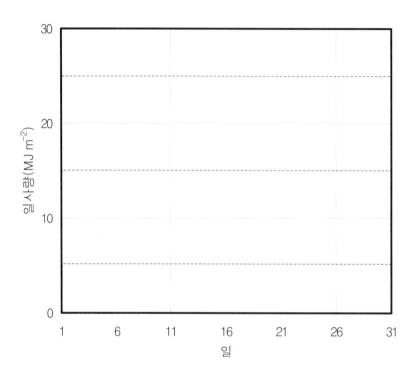

6. 아래 표는 1999년 서울, 부산, 대구에서 관측한 월별 수평면 일사량(MJ/m^2) 자료이다.

월	1	2	3	4	5	6	7	8	9	10	11	12
서울	211.4	255.9	371.5	463.2	510.5	518.7	401.0	396.6	302.3	285.6	234.9	190.1
부산	301.6	347.6	334.7	490.3	620.8	459.0	402.5	414.8	368.3	339.9	283.3	281.2
대구	258.9	302.0	351.2	506.3	608.8	500.7	398.0	380.5	355.6	307.1	252.1	247.2

위의 자료를 이용하여 다음 페이지 그래프를 작성하고 각 지점의 연 변동에 대해서 비교·설명하시오.

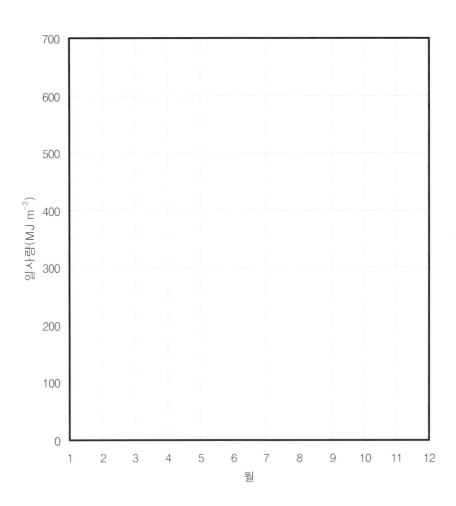

【복습과 토의】

1. 태양이 방출하는 대부분의 복사에너지 파장과 지표면이 방출하는 복사에너지 파장의 차이는 어떠한가?

2. 태양고도 각이 바뀌면 왜 지표가 받는 태양에너지의 양이 변하는가?

3. 태양 상수란 무엇이며 이의 값은 어떻게 결정되는가?

4. 태양복사에너지가 대기 중을 통과할 때 일어날 수 있는 3가지 과정은 무엇인가?

제5장 지표면 에너지 수지

5.1 목 적

복사 법칙과 지표면 에너지 수지에 대해서 알아보고자 한다.

5.2 복사 법칙

복사 법칙에 적용되는 물체는 입사한 모든 에너지를 흡수하고 반사하지 않는 이상적인 물체를 가정하는데, 이 물체를 흑체(black body)라 한다. 흑체는 어떤 파장의 복사를 어떤 세기로 방출하는가가 전적으로 온도만으로 결정되는 이상적인 물체이다. 이러한 흑체에 의한 복사를 흑체복사(black body radiation)라 한다.

에너지 전달의 파장은 방출하는 물체의 온도에 의존한다. 복사방출의 기본 법칙은 플랑크의 법칙(Planck's law)이다.

$$E_\lambda^* = c_1/[\lambda^5(\exp(c_2/\lambda T)-1)] \qquad\qquad (5-1)$$

여기서 E_λ^*는 온도 T(K)인 물체에 의해서 파장 λ(μm)에서 방출되는 에너지의 양(W m^{-2}μm^{-1})이다. 두 개의 상수 c_1과 c_2의 값은 각각 3.74×10^8 W · μm^{4}와 1.44×10^4 μm · K이다. 이 방정식을 사용하여 〈그림 5-1〉에 태양(6,000 K)과 지구(288 K)의 온도와 거의 비슷한 온도를 가진 흑체인 경우를 나타내었다. 임의의 온도 T인 경우, 플랑크 곡선은 완벽하게 정의되며 특성적인 모습을 가진다. 지구의 복사 또는 흑체 온도는 평균 지면 온도보다 33 K 낮게 나타난다. 이렇게 더 높아진 지표면 값은 온실효과에 의한 것이다.

특정한 온도에서 물체가 최대로 방출하는 파장은 온도에 반비례하며 이는 빈의 법칙(Wien's Law)에 의해서 주어진다.

$$\lambda_{max} = 2897/T \;(\mu m) \tag{5-2}$$

식 (5-2)는 식 (5-1)을 미분하여 얻으며 태양과 지구가 최대로 방출하는 파장이 각각 0.50 μm과 11.4 μm에서 나타난다는 점을 지적한다.

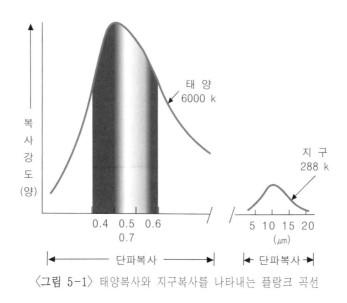

〈그림 5-1〉 태양복사와 지구복사를 나타내는 플랑크 곡선

어떤 물체에 의해서 방출되는 모든 에너지는 〈그림 5-1〉의 각 선 아래의 면으로 표시되는 것으로 식 (5-1)의 적분으로 구할 수 있다. 이것은 슈테판-볼츠만 법칙(Stefan-Boltzmann's law)으로 주어진다.

$$E^* = \sigma T^4 \tag{5-3}$$

여기서 σ는 5.67×10^{-8} W m^{-2} K^{-4}로서 슈테판-볼츠만 상수이다. 온도가 증가하면 더 많은 양의 에너지가 방출된다.

이러한 3가지 복사법칙들은 이론적으로 완전한 방사체인 물체에 직접 응용된다. 실제 물체가 흑체에 접근하는 정도를 방출률(emissivity)로 표시한다.

$$\varepsilon_\lambda = E_\lambda/E_\lambda^* \tag{5-4}$$

여기서 어떤 파장 λ에서의 $\varepsilon\lambda$는 방출률이고 $E\lambda$과 $E\lambda^*$ 각각 실제 물체와 흑체의 방출이다. 방출률의 값은 파장에 달려 있다. 일반적으로 고체와 액체는 0.9에서부터 1.0까지의 거의 일정한 방출률을 가진 연속 스펙트럼 간격으로 복사한다. 반면 기체는 특정 파장에서만 방출되고 방출률도 변동한다. 주어진 온도에서 얼마나 많은 에너지를 방출할 것인가를 계산하기 위해서는, 복잡한 특성을 가지고 있지만, 위성 관측을 통하면 쉽게 얻을 수 있다.

방출과 관련된 법칙으로 방출률(ε_λ)과 흡수율(a_λ) 사이의 아주 간단한 관계식이 존재한다.

$$\varepsilon_\lambda = a_\lambda \tag{5-5}$$

식 (5-5)는 키르히호프의 법칙(Kirchhoff's law)으로 알려져 있으며, 동일한 파장에서는 좋은 방출체가 곧 좋은 흡수체라는 것을 지적한다. 이 방정식은 방출률과 흡수율에 대해서 언급한 것이지 실제 흡수량과 방출량을 언급한 것은 아니라는 점을 명심해야 한다.

5.3 단파 복사와 장파 복사

대기권 꼭대기에서 받는 태양복사의 스펙트럼은 표면온도가 약 6,000 K인 흑체의 스펙트럼과 거의 유사하다. 그러므로 태양은 상당 표면온도가 6,000 K이고 $\lambda_{max} \cong 0.48\ \mu m$인 흑체로 간주된다.

특히 수증기와 이산화탄소와 같은 흡수하는 물질이 없는 지표면 부근에서 관측되는 지구 복사의 스펙트럼은 식 (5-1)에 주어진 상당 흑체 복사 스펙트럼에 의해서 추정될 수 있다. 그러나 상당 흑체 온도(T_{eb})는 실제 표면 온도(T)보다 더 적을 것으로 예상된다. $T - T_{eb}$는 지표면의 복사 특성에 따라 정해진다.

태양($T_{eb} = 6,000$ K)과 지구($T_{eb} = 288$ K) 복사의 이상적인 또는 상당 흑체 스펙트럼을 단위 파장당 최대 복사 플럭스로 표준화시켜 〈그림 5-2〉에 비교하였다. 거의 모든 태양 에너지 플럭스는 0.15~4.0 μm 파장 범위 내에 한정되고 반면 지구 복사는 거의 3~100 μm 파장 범위 내에 한정된다. 그러므로 최대값을 나타내는 파장이 20배 정도 차이가 있기 때문에 이들 두 스펙트럼 사이에서 겹치는 부분은 매우 적게 나타난다. 기상학에서 위의 두 파장 영역을 단파 복사와 장파 복사로 각각 특성화시키고 있다.

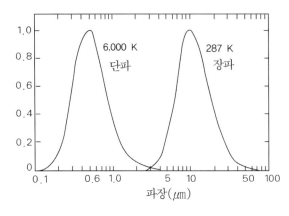

〈그림 5-2〉 최대값으로 표준화된 태양과 지구 복사의 계산된 흑체 스펙트럼

5.4 지표면 부근에서의 복사 평형

5.4.1 지표면 에너지 수지

이상적인 지표면에서의 에너지 평형에 관한 간단한 방정식을 유도하기 위해서, 먼저 두 매질(공기와 토양 또는 공기와 물) 사이에는 질량과 열용량을 가지지 않는, 대단히 얇은 계면을 가지는 표면으로 가정한다. 에너지 플럭스들은 지표면에 의한 어떠한 손실 또는 획득도 존재하지 않는 그러한 이상적인 표면을 통하여 들어오고 나간다. 이렇게 되면 지표면에서의 에너지 보존 원리는 다음과 같다.

$$R_N = H + H_L + H_G \qquad\qquad (5-6)$$

여기서 R_N은 순복사이고, H와 H_L는 지표면에서 대기로 향하거나 또는 대기에서 지표면으로 들어오는 느낌열 플럭스와 숨은열 플럭스이다. 그리고 H_G는 지중으로 향하거나 또는 지중에서 지표면으로 향하는 토양열 플럭스이다. 여기서 부호는 복사 플럭스들은 지표면 쪽으로 향하는 경우가 양이고, 반면 비복사에너지 플럭스들은 지표면으로부터 나가는 경우가 양이 된다. 그 반대는 음이 된다.

5.4.2 복사 평형

식 (5-6)의 순복사 플럭스 R_N은 지표면에서 또는 부근에서의 단파 복사(R_S)와 장파 복사(R_L)사이의 복사 평형의 결과로서 수식으로 표현하면 다음과 같다.

$$R_N = R_S + R_L \tag{5-7}$$

그리고 단파와 장파 복사 평형을 표시하면 다음과 같다.

$$R_S = R_S\downarrow + R_S\uparrow \tag{5-8}$$

$$R_L = R_L\downarrow + R_L\uparrow \tag{5-9}$$

전반적인 복사 평형은 또한 다음과 같이 쓸 수 있다.

$$R_N = R_S\downarrow + R_S\uparrow + R_L\downarrow + R_L\uparrow \tag{5-10}$$

여기서 아래쪽 화살표와 위쪽 화살표는 각각 입사와 방출 복사 성분을 뜻한다.

입사 단파 복사($R_S\downarrow$)는 직달 태양복사와 산란 복사로 구성된다. 또한 그것은 지표면에서의 일사로 불리며 이는 전천일사계(solarimeter)로 쉽게 측정된다. 안개와 구름이 없는 경우에는 일 변동(거의 사인 곡선)이 아주 크게 나타난다.

방출 단파 복사($R_S\uparrow$)는 $R_S\downarrow$ 중 실제로 지표면에 의해서 반사되는 양이다. 즉,

$$R_S\uparrow = -aR_S\downarrow \tag{5-11}$$

여기서 a는 지표면 알베도이다. 그러므로 지표면이 주어지면 순 단파복사 $R_S = (1-a)R_S\downarrow$는 지면에서의 일사에 의해서 필수적으로 결정된다.

구름이 없는 대기로부터의 입사 장파 복사($R_L\downarrow$)는 주로 온도, 수증기, 그리고 이산화탄소의 분포에 의존하게 된다. 여기에는 뚜렷한 일 변동이 존재하지 않는다. 절대 온도 단위로서 표면 온도의 4제곱에 비례하고 있는 방출 지구 복사($R_L\uparrow$)는 뚜렷한 일 변동을 나타낸다. 이른 오후에 최대값을 나타내고 최소값은 새벽에 나타난다. 두 성분은 보통 동일한 크기를 가지기 때문에 순 장파복사(R_L)는 일반적으로 단파복사 R_S에 비해 소량이다.

맑은 하늘 아래 햇빛이 비치는 동안에는 $|R_L| \ll R_S$이고 개략적인 복사 평형은 다음과 같다.

$$R_N \cong R_S = (1-a)R_S\downarrow \tag{5-12}$$

간단한 측정으로 순복사를 결정할 수 있고 또는 지표면에서 태양복사의 계산으로부터도 결정할 수 있다. 그러나 야간에서는 $R_S\downarrow$ = 0이고 복사 평형은 다음과 같이 된다.

$$R_N = R_L = R_L\downarrow + R_L\uparrow \tag{5-13}$$

밤에는 빈번하게 $R_L\downarrow < -R_L\uparrow$ 로 되기 때문에 R_N과 R_L은 보통 음이 되어 지표면에서는 복사 냉각이 일어나게 된다.

예제   아래의 복사 측정값은 바람이 거의 없고 맑은 봄의 밤 동안 건조한 들판에서 이루어 졌다:

지표면으로부터 나가는 방출 장파 복사 = 400 W m^{-2}

대기로부터 받는 입사 장파 복사 = 350 W m^{-2}

(a) 만약 지표면의 방출율이 0.95라 할 때, 상당 흑체 지표면 온도와 실제 지표면 온도를 계산하시오.

(b) 다른 플럭스들에 적절한 가정을 부과하여 토양열 플럭스를 추정하시오.

풀이

(a) $R_L\uparrow = \sigma T^4_{eb}$ = -400 W m^{-2} 여기서 σ = 5.67 x 10^{-8} W m^{-2} K^{-4}이기 때문에 T_{eb} = (400/σ)$^{1/4}$ $\cong$ 289.8 K, 즉 상당 흑체 온도는 289.8 K이다.

또한, 실제 지표면 온도는 $R_L\uparrow$ = $-\varepsilon\sigma T^4_s$에서 T_s = (400/$\varepsilon\sigma$)$^{1/4}$ $\cong$ 293.6 K로 된다.

(b) 에너지 수지 방정식(식 5-6)을 사용하면 $H_G = R_N - (H + H_L)$이 된다. 바람이 거의 없고 밤인 경우 $H + H_L \cong 0$이기 때문에, 식 (5-10)을 사용하면 $H_G = R_N = R_L\uparrow + R_L\downarrow$이 된다. 그러므로 H_G = -400 + 350 = -50 W m^{-2}이 된다.

* 과학자 탐방 *

루트비히 에두아르트 볼츠만(Ludwig Eduard Boltzmann, 1844~1906)

오스트리아 이론물리학자.

루트비히 에두아르트 볼츠만은 1844년 2월 20일 오스트리아 빈에서 태어났다. 볼츠만이 태어난 직후 그의 아버지는 오스트리아 중북부의 시골인 벨스(Wels)를 거쳐 린츠(Linz)로 전근을 가게 되었다. 볼츠만은 10살 때까지 가정교사에게 교육을 받은 후, 빈에서 160 km 떨어진 린츠에서 처음으로 정규학교를 다녔다. 1863년 10월 볼츠만은 빈 대학에 입학하여 물리학을 공부하고 1866년 빈 대학에서 "기체의 운동 이론"에 관한 논문으로 박사 학위를 받았다. 그의 지도교수는 요제프 슈테판(Josef Stefan, 1835~1893)이었다.

그 후, 2년 간 요제프 슈테판의 조수로 있다가 1868년 그라츠 대학 수리물리학 교수가 되었다. 그 후 하이델베르크 대학과 베를린 대학 등에서 객원교수로 있다가, 1869년 그라츠 대학 이론 물리학 과장으로 지명되어 4년 동안 그 자리를 지켰다. 1873년 빈 대학 교수가 되었고, 그라츠, 빈, 뮌헨, 라이프치히 대학 교수를 역임한 후 1894년 슈테판의 후임으로 빈 대학 이론물리학 교수가 되었다. 1900년 볼츠만은 에른스트 마흐(Ernst Mach, 1838~1916)와 같이 일하는 것이 싫어서 라이프치히 대학으로 옮겼다. 1903년부터는 '정밀과학의 역사와 이론'이라는 강좌를 맡았던 에른스트 마흐의 후임으로 빈 대학으로 돌아와 '자연과학의 방법과 일반 이론'이라는 강좌를 열어 자연철학에도 공헌하였다.

볼츠만의 주된 업적은 고전역학과 원자론의 입장에서 전개한 열 이론인데, 그는 1871년 기체분자의 운동에 관한 제임스 맥스웰의 이론을 발전시켜 열의 평형상태를 논한 맥스웰-볼츠만 분포(Maxwell-Boltzmann distribution)를 확립했다. 볼츠만은 분자 운동의 특성에 통계학적으로 접근하면 이런 문제를 해결할 수 있다는 사실을 보여주었고, 이를 자연계의 모든 변화나 반응은 엔트로피가 증가하는 "경향성"을 가진다는 간단한 정리로 표현해냈다. 1877년 그는 "볼츠만 방정식"으로 알려진 유명한 방정식을 발표했다.

1879년 요제프 슈테판이 연구한 흑체 복사에 대한 T^4 경험법칙을 발전시켜 열역학 이론으로부터 이 법칙이 유도됨을 1884년에 밝혔다. 오늘날 이를 "슈테판-볼츠만 법칙"이라 한다. 또한 볼츠만 방정식을 근거로 H 정리를 유도, 열역학 제2법칙의 비가역성을 역학의 입장에서 해명했고, 제2법칙의 통계적·확률론적 의미를 명확히 하여 엔트로피 개

넘을 통계역학적으로 정식화하였다. 엔트로피 증가 법칙은 왜 열이 높은 온도에서 낮은 온도로 흐를 수밖에 없는가?, 물 컵에 잉크 방울을 떨어뜨리면 왜 항상 퍼지기만 하는가?, 에너지가 보존되는데도 불구하고 한 번 태운 휘발유를 다시 사용할 수 없는 이유는 무엇인가? 등 에너지의 흐름과 관련된 거의 모든 문제에 대한 근본적 해답을 제시했다. 또 이러한 이론들을 기체의 점성이나 확산에 관한 계산 등의 구체적인 문제에 응용하였다. 현상론적 열역학의 비약적 성과에 힘입어 한때 융성하던 프리드리히 빌헬름 오스트발트(Fridrich Wilhelm Ostwald, 1853~1932) 등의 에네르게티크에 대립, 격렬한 논쟁을 벌여 원자론을 옹호한 1895년 뤼베크 회의는 유명하다. 여기서 '에너지의 원자화' 즉, 에너지 양자에 대하여 주장함으로써 양자론 도출의 방법론상의 선구자로 간주되기도 한다.

실습일자	년 월 일	학과 번	성 명	

실 습 보 고 서

【실 습 문 제】

1. 흑체 복사 법칙을 이용하여 다음 물음에 답하시오.

 (1) 태양표면 온도가 6000 K이고 지구 표면 온도가 288 K일 때, 각 표면에서 방출하는 복사에너지를 계산하시오.

 (2) 지구가 방출 하는 에너지에 대해서 태양이 방출하는 에너지의 비를 계산하시오.

 (3) 태양은 지구보다 얼마나 더 따뜻한가?

 (4) (3)에서 구한 값에 4 제곱을 한 값과 (2)에서 구한 값이 거의 같은 것인가?

 (5) 태양과 지구가 최대로 에너지를 방출하는 파장을 계산하시오.

2. 〈그림 5-3〉과 〈그림 5-4〉는 33.5°N에 위치한 관측소에서 6월 24일과 12월 8일에 측정된 단파 복사와 장파 복사의 일변화를 나타낸 것이다.

   (1) 6월 24일의 주간(12시)과 야간(22시)의 순복사를 계산하시오.

   (2) 12월 8일의 주간(12시)과 야간(22시)의 순복사를 계산하시오.

   (3) 위의 두 결과를 비교·설명하시오.

   (4) 6월 24일과 12월 8일 정오 33.5°N의 대기권 꼭대기에서 관측한 태양복사에너지는 1317과 757 $W \cdot m^{-2}$이였다. 동일한 시각에 〈그림 5-3〉와 〈그림 5-4〉에 나타난 지표면에서의 값은 얼마인가? 이들 값이 차이가 나는 이유는 무엇인가?

   (5) 6월 24일 오전 10시의 지표면 알베도는 얼마인가?

$$\text{지표면 알베도} = \frac{R_s \uparrow}{R_s \downarrow} \times 100 \ (\%)$$

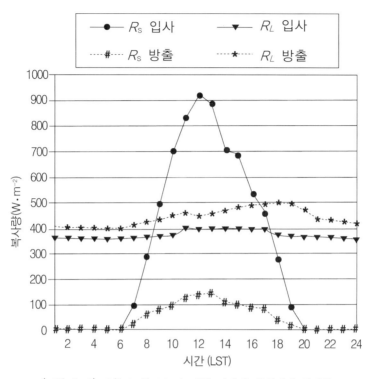

〈그림 5-3〉 6월 24일 33.5°N에서 관측한 복사량의 일변화

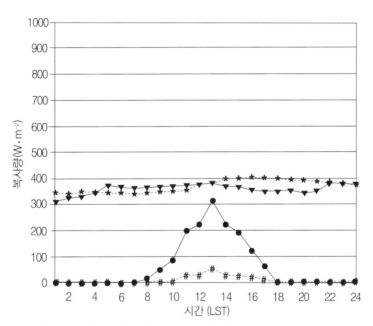

〈그림 5-4〉 12월 8일 33.5°N에서 관측한 복사량의 일변화

3. 다음의 측정값 또는 추정된 값은 맑고 햇빛이 찬란한 날 동안 짧은 잔디면 상에서 구한 복사 플럭스들이다.

입사 단파 복사 = 675 W m^{-2} 지면 온도 = 35 ℃

입사 장파 복사 = 390 W m^{-2} 지표면의 알베도 = 0.20

지표면의 방출율 = 0.92

(1) 복사 평형 방정식으로부터, 지표면의 순복사를 계산하시오.

(2) 지표면이 완전히 물로 뒤덮여 알베도가 0.10으로 떨어져 유효 지표면 온도가 25 ℃로 낮아진 후 순복사는 어떻게 될 것인가?

4. 아래 제시한 자료들은 지구 전체의 복사에너지 수지에 중요한 부분이다. 이러한 값들은 평균값으로서 지구 대기권의 상한에서 나타나는 전체 복사에너지(100 %)의 백분율이다.

구름에 의해 공간으로 반사되는 양   21 %

구름에 의해 흡수되는 양   3 %

먼지나 레일리 산란에 의해 공간으로 확산되는 반사 양   5 %

공기 분자(CO_2, O_3, H_2O)와 먼지가 흡수하는 양   15 %

지표면에 의해 반사되는 양   6 %

위의 자료를 이용하여 다음 물음에 답하시오.

(1) 입사되는 전체 복사에너지 중 대기권에 의해서 반사되는 양의 백분율은 얼마인가?

(2) 입사되는 전체 복사에너지 중 대기권에 흡수되는 양의 백분율은 얼마인가?

(3) 입사되는 전체 복사에너지 중 대기권을 통과하여 지표면에 도달되는 양의 백분율은 얼마인가?

(4) 입사되는 전체 복사에너지 중 지표면에 흡수되는 양의 백분율은 얼마인가?

(5) 입사되는 전체 복사에너지 중 지표와 대기에 의한 반사로 공간으로 되돌아가는 양의 백분율은 얼마인가?

(6) 입사되는 전체 복사에너지 중 지표와 대기가 흡수하는 양의 백분율은 얼마인가?

(7) 제시된 자료를 비교하여 지표면에 도달하는 복사에너지를 증가시키거나 감소시키는 요인들은 무엇인가?

【복습과 토의】

1. 흑체란 무엇인가?

2. 열의 전달 메커니즘에 대해서 설명하시오.

3. 구름이 있는 경우와 없는 경우 단파복사와 장파복사의 일 변동이 어떻게 일어날까?

4. 지표면의 특성에 따라 지표면 에너지 수지가 다르게 나타나는 이유는 무엇인가?

5. 대기에서 온실효과가 일어나는 원인과 그 효과에 대해서 설명하시오.

제6장 기 온

6.1 목 적

기온과 여러 기상 요소들과의 관련성에 대해서 알아보고자 한다.

6.2 개 관

온도는 어떤 물체의 상대적인 따뜻함 또는 쌀쌀함의 측정치이다. 다시 말하면, 온도는 물체를 구성하고 있는 분자들의 운동 속도에 의해서 결정된다. 기체, 액체 그리고 고체상태로 나타나는 모든 물질들은 분자들로 구성된다. 비록 고체인 경우의 운동은 분자 자체의 진동으로 한정되기는 하지만, 이들 분자들은 항상 운동한다. 어떤 물체의 온도는 물체를 구성하고 있는 분자들의 평균 운동에너지와 관련된다. 이 운동에너지는 물체의 질량 중심에서 얻어진다. 운동에너지가 크면 클수록 온도는 더 높아진다.

기온과 여러 기상 요소들과의 관계는 아주 밀접하다. 예를 들면 기온은 전 지구 기압장과 관련되며 또한 대기 대순환과도 관련된다. 부등가열에 의한 기온 분포는 국지풍을 설명하는 데 유용하다. 열과 기온은 모든 대기 중에 일어나는 물과 관련된 과정, 즉 증발·응결·강수 과정에 있어 필수적인 요소들이다.

6.3 온도 눈금

최초의 온도 측정은 물과 포도주의 주정과 같은 액체를 사용하여 만든 초기 온도계(온도경)가 제작된 때인 갈릴레오 갈릴레이(Galileo Galilei, 1564~642) 시대에 이루어진 것으로 알려지고 있다. 그러나 온도 눈금은 사용되지 않았다. 정량적인 온도 측정을 하기 위해서 눈금 또는 단위를 확립하는 것이 필요하다. 온도 눈금들은 때때로 고정점으로 불리는 기준점을 사용한다.

1714년 독일의 물리학자인 가브리엘 다니엘 파렌하이트(Gabriel Daniel Fahrenheit, 1686~1736)는 그의 이름을 딴 파렌하이트 눈금(화씨 눈금)을 고안하였다. 1720년부터 파렌하이트는 온도계에 수은을 사용하였다. 처음에는 관의 위쪽 끝 부분이 공기에 노출되었지만 그 후 밀봉되었고 현재 온도계의 형태와 같이 관속의 공기가 제거되었다. 초기에는 눈금 중에 한 점만 고정시켰지만, 후에 파렌하이트는 두 개의 고정점을 도입하였다. 초기에 그가 정한 첫째 고정점은 1709년 단치히(Danzig)에서 관측된 가장 낮은 온도이었지만 그 후 얼음, 물, 소금의 혼합이 유지되는 최저온도를 영점으로 잡았다. 두 번째 고정점에 대해서는 그가 임의로 선택한 사람 체온인 96°이었다. 이 눈금을 근거로 하여 그는 얼음의 녹는점을 32°로 정하고 물의 끓는점을 212°로 결정하였다. 파렌하이트의 원래 기준점들을 정확하게 재생시키는 것이 어려웠기 때문에, 현재의 파렌하이트 눈금은 결빙점과 증기점을 사용하여 정의된다. 온도계가 개량됨에 따라, 후에 사람 체온이 96 °F이 아니라 98.6 °F으로 밝혀졌다.

1736년 스웨덴의 천문학자인 안데르스 셀시우스(Anders Celsius, 1701~1744)는 물의 어는점을 100°로 하고 물의 끓는점을 0°로 하는 백분도 눈금을 고안하였다. 이 약정은 후에 스웨덴의 식물학자인 칼 폰 린네(Carolus Linnaeus, 1707~1778)에 의해서 현재와 같이 물의 어는점을 0°로, 물의 끓는점을 100°로 하는 것으로 전환되었다. 백분도 눈금은 창안자의 이름을 따서 셀시우스 눈금(섭씨 눈금)으로 불려지고 있다. 100 ℃는 180 °F이기 때문에 1 °F는 5/9 ℃이다.

1848년 후에 켈빈 경으로 작위로 받은 스코틀랜드의 물리학자인 윌리엄 톰슨(William Thomson, 1824~1907)은 절대 눈금 즉 열역학 온도 눈금을 개발하였다. 여기서 절대영도는 모든 분자 운동이 사라지는 온도이다. 켈빈 온도의 눈금차는 셀시우스 눈금차와 동일하고 절대영도(0K)는 −273.15 ℃에 상응한다. 오늘날 정밀한 보정을 위해서 1013.15 hPa인 표준기압 하에서 물의 삼중점을 아래쪽의 고정점으로 하고, 끓는점을 위쪽의 고정점으로 사용하고 있다. 물의 삼중점은 0.01 ℃이기 때문에 얼음의 녹는점 0 ℃와 거의 동일하게 보편적으로 사용된다.

이 세 가지 온도 눈금의 환산은 다음과 같이 이루어진다.

$$°F = (9/5 × ℃) + 32,$$
$$℃ = 5/9(°F − 32),$$
$$℃ = K − 273 \text{ 또는 } K = ℃ + 273.$$

6.4 온도 측정

온도 측정의 기본 측기는 온도계(thermometer)이다. 많은 종류들이 사용되지만 가장 일반적인 형태는 유리관 액체 온도계이다.

6.4.1 유리관 액체 온도계

온도에 따라 변화하는 어떤 성질은 온도계에 기본으로 사용되지만, 가장 일반적인 성질은 유리관 속에 들어 있는 액체의 팽창이다. 파렌하이트에 의해 도입된 바와 같이 일반적으로 사용되는 액체는 여전히 수은이다. 또한 어는점이 −38.8 ℃ 미만의 에틸 알코올도 사용된다. 알코올의 팽창계수가 수은의 팽창계수보다 훨씬 더 크지만, 알코올은 액체 온도계에 사용되기에는 그렇게 유용하지 않다. 왜냐 하면 알코올의 조성은 시간에 따라 서서히 변화하고, 유기물을 만들고 그리고 온도 변화가 급격하게 일어나면 알코올이 유리관에 달라붙기 때문이다. 또한 액체 기둥은 쉽게 단절되기 쉬우며 알코올은 열적 전도도가 아주 낮기 때문에 수은보다 훨씬 느리게 반응한다.

온도가 증가하면, 액체는 유리관보다 더 빨리 팽창하여 대부분의 액체가 담겨 있는 구부(bulb)로부터 작은 구멍을 통하여 액체 줄기를 밀어 올리게 된다(〈그림 6-1〉 참조). 기상학에서 사용하는 온도계는 보통 0.5 ℃ 단계로 눈금이 매겨져 있으며, 조심스럽게 측정하면 0.1 ℃까지 추정할 수 있다(〈그림6-2〉 참조).

〈그림 6-1〉
유리관 수은 온도계의 구부

〈그림 6-2〉
유리관 수은 온도계의 눈금

기상 온도계는 허용오차를 가지며 제작된다. 수은 온도계인 경우, -40에서 0 ℃ 사이의 최대 오차는 -0.3에서 +0.2 ℃이다. 0 ℃ 이상부터는 -0.2에서 +0.05 ℃ 오차를 갖는다. 알코올 온도계인 경우 -40 ℃ 미만에서의 최대 오차는 ±0.06 ℃이다. -40에서 0 ℃ 사이 그리고 25 ℃ 이상에서는 ±0.25 ℃의 오차를 가진다. 0에서 25 ℃ 사이의 허용오차는 ±0.1 ℃이다. 어느 곳이던 간에 측정되는 온도 눈금은 이러한 한계 내의 오차를 갖게 된다. 정밀한 작업인 경우, 온도계는 주기적으로 표준 온도계와 0.1 ℃ 간격으로 비교해야 한다. 초기 보정 허용 오차는 별문제라 하고, 주된 오차의 근원은 유리 구부의 변화에 기인하는 것으로 시간에 따라 서서히 수축될 때 일어난다. 처음 1년 동안에는 약 0.01 ℃가 오르게 되고 그 후 낮아지게 된다. 만약 액체 기둥이 눈높이와 맞지 않으면, 시차 오차(parallax error)가 또한 도입되는데 그 값은 ±0.2 ℃ 정도이다.

유리관 수은 온도계(mercury-in-glass thermometer) 직경 약 10 mm의 구부를 가지며 기류의 속도가 5 m s^{-1}인 경우, 약 1분의 시간 상수를 가진다. 그러나 온도는 불균등하게 변동하는 경향이 있으므로 비록 어떤 온도 변동도 시간 상수보다 더 빠르게 나타날 수 없다고는 하지만 실제 어떻게 온도계가 반응할지 이론적으로 예측한다는 것은 매우 어려운 일이다. 그러나 다행스러운 점은 급격한 온도 변동에 의해 심하게 영향을 받더라도 온도계가 너무 급작스럽게 반응하지는 않는다는 것이다. 5에서 10분 사이의 시간 간격으로 온도가 평균되고 이에 상응하는 시간 상수는 1분이다. 그러나 온도계가 노출되는 백엽상도 또한 시간 상수를 갖는다.

6.4.2 최저온도계

최저온도계(minimum thermometer)는 액체로서 알코올을 사용하는 것으로서 일반 온도계와 최고온도계와는 다르다. 금속 슬라이드(지시침 ; index)가 알코올 속에 들어가 자유롭게 유리관을 움직이다가 액체의 메니스커스(meniscus)가 형성되면, 지시침은 정지하게 된다. 메니스커스란 유리관 속 액체 표면이 반달 모양을 이루는 것을 말한다. 최저온도계를 뒤집으면 지시침은 메니스커스 면까지 떨어져 메니스커스의 한 면에 놓이게 되면 새롭게 설정된다. 온도가 증가할 때는 지시침은 그대로 머물러 있지만, 온도가 떨어지면 메니스커스는 구부 쪽으로 지시침을 잡아 당겨 표면 장력 때문에 메니스커스가 깨어지지 못하도록 한다(〈그림 6-3(a)〉). 그러므로 가장 낮은 위치가 가장 낮은 온도를 나타낸다.

6.4.3 최고온도계

최고 눈금을 잡아 놓을 수 있는 최고온도계(maximum thermometer)는 수은 기둥 내부에 잘록한 부분(constriction)이 존재하는 것을 제외하면 일반적인 유리관 수은 온도계와 유사하다(〈그림 6-3(b)〉). 온도가 하강하게 되면, 수은 기둥은 잘록한 부분이 깨어지게 되어 수은이 구부로 되돌아오지 못하도록 설계되어 있다. 이때의 온도가 최고온도가 된다. 만약 온도가 아주 높게 올라가게 되면 수은 기둥은 다시 형성되고 수은은 새로운 최고점으로 상승하게 된다. 이런 다음 온도가 내려가게 되면 새로운 최고온도가 유지되게 된다. 체온계를 복도시키는 것과 같이 최고온도계를 아래로 세게 흔들면 수은 기둥은 다시 연결된다. 오차와 해상도는 일반 온도계와 동일하다.

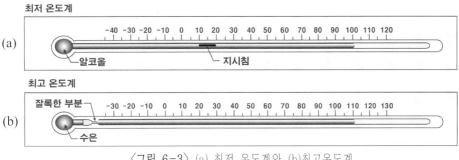

〈그림 6-3〉 (a) 최저 온도계와 (b)최고온도계

6.4.4 결합형 최고 · 최저온도계

최고온도와 최저온도를 함께 측정할 수 있는 식스 온도계(Six's thermometer)는 'U'자 모양의 관으로 구성되어 있으며 각 끝 부분에 구부를 가지고 있다(〈그림 6-4〉). 구부 중의 하나(〈그림 6-4〉의 왼쪽)는 전부 알코올로 채워져 있고 다른 부분은 일부만 알코올로 채워져 있다. 관의 밑 부분은 수은으로 채워져 있다. 온도가 올라가면, 구부 속에 채워진 액체가 팽창하여 부분적으로 채워진 구부 쪽으로 수은을 밀게 된다. 온도가 떨어지는 경우는 정반대 현상이 나타난다. 수은 기둥의 양 끝 부분이 현재 온도를 나타낸다. 양쪽의 수은 위에는 알코올을 움직이는 지시침이 들어있다. 수은이 위와 아래로 움직임에 따라, 지시침들은

〈그림 6-4〉
식스 온도계의
일부분

한 면 또는 다른 면의 위쪽으로 움직이도록 밀게 되고, 수은이 아래로 움직일 경우에는 지시침들이 아래쪽으로 확 내려와 정지하도록 한다. 지시침들은 주로 금속이므로 자석을 수은 아래로 지나가게 하면 지시침들은 복귀할 수 있다. 이런 형태의 온도계는 앞서 언급한 온도계보다 정확도가 아주 떨어진다. 이 온도계의 눈금은 1 ℃ 간격으로만 매겨져 있기 때문에, 식스 온도계는 정밀한 작업에는 적절하지 못하다.

6.4.5 바이메탈(쌍 금속판) 자기온도계

이론적으로 바이메탈 자기온도계(bimetallic thermograph)는 태양복사를 기록하는 데 사용되는 바이메탈 자기 일사계와 유사하다. 바이메탈 판의 민감도는 비록 자기온도계 내에서는 보통 나선형으로 촘촘하게 코일을 감은 헬릭스(helix)이지만 쭉 펴졌을 때 가장 강하다. 금속판이 새것인 경우에는 숙성 과정을 겪게 되므로 사용 전에 여러 차례 가열과 냉각을 가해야 한다. 급격한 온도 변화는 금속판들을 파괴할 수 있다.

영점 눈금은 전체 헬릭스를 회전시켜 정하는 방법으로 헬릭스의 한 쪽 끝을 고정시켜 헬릭스의 길이 변화로서 범위를 조정한다. 고정되지 않은 끝은 레버(지렛대)를 통하여 펜을 움직여 스프링 또는 배터리로 구동하는 모터에 의해서 회전되는 원통 판에 부착된 기록지에 잉크 자국을 남기게 된다(〈그림 6-5〉).

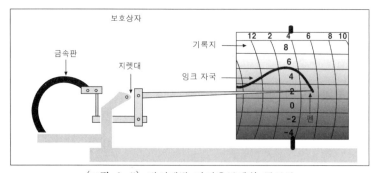

〈그림 6-5〉 바이메탈 자기온도계의 구조도

기계적인 연결 부위들과 기록지 위의 펜 마찰이 주된 오차이다. 이 오차는 정비를 잘 하면 최소화시킬 수 있다. 최상의 자기온도계에서 예상되는 정확도는 단지 ±0.5 ℃이다. 실제 눈금은 이 정확도보다 훨씬 큰 오차를 가지며 특히 초기 조정이 잘되지 않은 경우에는 지속적으로 점검을 해야 한다. 이 자기온도계도 정밀 계측기는 아니다.

6.5 백엽상

앞서 언급한 바와 같이, 태양복사는 많은 양이 대기를 통과하기 때문에, 이런 과정에서 노출된 온도계는 상당히 가열될 것이다. 결과적으로 온도계를 태양과 지구 복사로부터 보호할 뿐만 아니라 강수로부터도 막아야 할 필요성이 대두되며 또한 온도계 주변에 자유롭게 공기가 지나가도록 해야 한다. 이 문제를 최초로 해결한 사람은 스코틀랜드의 등대 기술자인 토머스 스티븐(Thomas Stevenson, 1818~1887)인데, 그는 보물섬으로 유명한 작가 로버트 루이스 스티븐슨(Robert Louis Stevenson, 1850~1894)의 아버지이기도 하다. 1866년 토머스 스티븐슨은 나무로 만들어진 초기의 백엽상인 스티븐슨 스크린을 고안하였다(〈그림 6-6〉과 〈그림 6-7〉). 이러한 나무로 된 구조물은 이중 미늘창으로 된 면을 가지고 있으며 정면에 온도계를 넣고 측정할 수 있는 문이 달려 있다. 지붕 또한 이중으로 되어 있는데, 이 이중 지붕 사이에는 빈 공간이 있다. 밑면은 판자들을 중첩시켜 공기가 자유롭게 이동할 수 있도록 되어 있다. 표준 백엽상은 넓이 1 m, 높이 1/2 m 그리고 깊이 1/3 m로 여러 개의 온도계와 바이메탈 자기온도계를 넣을 수 있다(〈그림 6-6〉). 단지 유리관 액체 온도계만 설치할 경우에는 폭이 1/2 정도 작은 것을 사용한다. 배와 같이 공간의 제약을 받는 경우에는 단일 미늘벽으로 된 작은 백엽상을 사용한다.

〈그림 6-6〉 백엽상 내부 모습(건습계, 최고최저온도계, 자기온도계가 설치되어 있다.)

〈그림 6-7〉 백엽상의 외부 모습(열려 있는 쪽이 북쪽이다.)

　나무로 만든 백엽상에 대한 시간 상수 연구는 별로 많지는 않지만, 풍속이 10에서부터 0.5 m s^{-1}까지인 경우, 시간 상수는 4에서 17분으로 각각 제시되고 있다. 백엽상의 유효성을 살펴보면, 페인터는 영국에서 밝게 빛나는 태양과 낮은 풍속인 조건 하에서 온도 오차는 +2.5 ℃인 반면, 구름이 많고 바람이 거의 없는 야간인 경우에는 −0.5 ℃까지 내려간다는 것을 발견하였다. 또한 백엽상이 청결하게 유지되지 못하면, 복사를 많이 흡수하여 온난화를 일으킨다. 이런 문제점을 최소화하기 위해 매 2년마다 백엽상에 칠을 해야 하고, 매년 물청소를 하여야 한다. 오래된 백엽상을 새로 칠하면 온도가 약 1 ℃ 가량 내려간다. 온도 눈금을 읽기 위해서 백엽상 문을 열 경우, 바깥으로부터 복사에 온도계가 노출되지 않도록 오차를 피하기 위해 아주 빠르게 눈금을 읽을 필요는 있으나 실수는 하지 않아야 한다.

　백엽상을 놓을 가장 좋은 위치는 사방으로 노출된 곳이다. 그러나 빌딩의 꼭대기는 적합하지 않다. 왜냐하면 온도는 높이에 따라 변화하고 특히 야간에는 더욱더 그렇기 때문이다. 그리고 빌딩 자체가 온도에 상당한 영향을 미치기 때문이다. 움푹 들어간 곳이나 급한 경사면 같은 곳도 대표성을 나타내지 못하므로 적당하지 않다. 보통 짧게 깍은 잔디 위에 백엽상이 설치되지만, 만약 주변 지역이 사막이거나 눈 덮인 곳, 넓게 물로 덮인 곳, 울창한 삼림이라면, 백엽상은 적절하게 배치되어야 한다. 온도 경도는 지면 근처에서 일어나기 때문에, 백엽상은 지상 1.25 m에 설치된다. 계절에 따라 눈 깊이가 변화하는 눈 위에서는 동일한 높이를 유지하기 위해 위로 백엽상을 움직일 수 있도록 해야 한다.

특히 중요한 사항은 동일한 시간 동안 온도계를 노출시켜야 한다는 것이다. 특히 기후 변동에 관한 연구에서는 최근 세기에서 노출 방법이 바뀌고 관측지점도 이전하였다거나 관측지점의 환경이 변하였다는 사실에 의해서 상당히 제한된다. 또한 관측 시간도 변하였을 것이다.

6.6 기온 분석 자료

매시간 측정되는 기온을 매시 기온자료라 한다. 이들 매시 기온값을 더하여 하루 동안 평균하면 관측 지점의 일평균기온이 된다. 측정된 일최고기온과 일최저기온을 더하여 2로 나누면 간략하게 일평균기온을 구할 수도 있다. 일평균기온을 한 달 동안 더하여 날수로 나누면 월평균기온을 구할 수 있다. 월평균기온을 일 년 동안 더하여 12개월로 나누면 연평균기온을 결정할 수 있다. 어떤 지점의 30년간의 평균 기온을 예년값 또는 기후값이라 부른다. 현재 사용되는 예년값은 1971년부터 2000년까지 관측된 30년간의 평균값이다.

일최고기온과 일최저기온의 차를 일교차라 한다. 일교차는 구름이 없이 맑고, 바람이 약하고 건조한 날일수록 크게 나타난다. 월평균 최고기온과 최저기온의 차를 연교차라 부르며 이는 내륙지방이 해안지방보다 일반적으로 크게 나타난다.

6.7 등온선 묘화법

일기도 작성에 사용되는 등온선 묘화 요령은 다음과 같다.

(1) 등온선은 0 ℃를 기준으로 하여 보통 5 ℃ 간격으로 분석하며 붉은색 실선으로 묘화하고, 시도도 붉은색으로 쓴다.
(2) 등온선은 도중에 끊어지거나 다른 등온선과 교차하지 않는다.
(3) 등온선이 폐곡선을 이루면서 그 중심이 한랭 지역이면 푸른색으로 빗금칠을 하고 푸른색으로 C(또는 COLD)라 쓰며, 온난 지역이면 붉은색으로 빗금칠을 하고 붉은색으로 W(또는 WARM)로 표시한다.

* 과학자 탐방 *

안데르스 셀시우스(Anders Celcius, 1701~1744)

스웨덴의 천문학자·물리학자. 안데르스 셀시우스는 1701년 11월 27일 스웨덴 웁살라에서 태어났다. 그의 아버지인 닐스 셀시우스(Nils Celcius)는 웁살라 대학교의 교수였고 그의 조부모도 역시 웁살라 대학교의 교수였다. 조부인 마그누스 셀시우스(Magnus Celcius)는 수학과 교수였다. 외조부인 안데르스 스폴(Anders Spole, 1630~1699)은 닐스 셀시우스의 전임 천문학 교수였다. 그의 여러 삼촌들도 과학자였다.

안데르스 셀시우스는 어릴 때부터 수학에 남다른 재주를 보였고 웁살라에서 교육을 받았다. 그리고 1730년 아버지의 뒤를 이어 웁살라 대학교 천문학교수로 임명되었다. 그 당시 스웨덴에는 주요한 천문대가 없었다. 그래서 그는 교수로 임명된 후 얼마 되지 않아 유럽의 선도적인 천문대를 방문하는 여행을 실행하였다. 그의 여행은 5년간 지속되었고 도중에 그 당시 유명한 천문학자들을 많이 만나게 되었다. 웁살라로 돌아온 후 1716년부터 1732년 사이 동료들과 316회의 북극광(Aurora Borealis)을 관측하였고 그는 1733년 뉘른베르크(Nuremberg)에서 이러한 사실을 발표하였다. 셀시우스와 그의 조수인 울로프 히오르터(Olof Hiorter)는 오로라가 자기 현상이라는 것을 발견하였다.

1734년 셀시우스는 파리를 방문하는 도중 프랑스의 천문학자인 피에르 루이 모페튀(Pierre-Louis Maupertuis, 1698~1759)를 만났고 그는 셀시우스를 스웨덴의 북부지방인 랩랜드(Lapland)에 있는 토니오(Torneå) 탐험에 초대하였다. 이 탐험의 목적은 북극에 근접한 자오선을 따라 위도 1°의 길이를 측정하여 그 결과를 적도 지방의 페루에서 측정한 결과와 비교하는 것이었다. 1736년부터 1736년까지 수행된 랩랜드 탐험은 지구는 극에서는 편평하다는 아이작 뉴턴(Isaac Newton, 1642~1727)의 가설을 확증한 것이었다.

1742년 셀시우스는 스웨덴 왕립 과학 아카데미(Royal Swedish Academy of Sciences)에 논문을 제출하였다. 그는 이 논문에서 모든 과학적인 온도 측정은 자연적으로 일어나는 두 가지 고정점에 기초를 둔 백분도 눈금으로 이룰 수 있다는 것을 제안하였다. 이것은 끓는점을 0으로 어는점을 100으로 하는 것으로, 이를 그의 이름을 따서 셀시우스 눈금이라 부른다. 1744년 그가 죽은 후 스웨덴의 식물학자인 칼 폰 린네(Carl von Linne, 1707~1778)에 의해서 이 눈금은 끓는점을 100으로 어는점을 0으로 하는 현재와 같은 눈금으로 바뀌었다.

실습일자	년 월 일		학과	번	성 명	

실 습 보 고 서

【실습 문제】

1. 온도 눈금

(1) 섭씨 눈금, 화씨 눈금, 절대 눈금에 대하여 아래 표를 완성하시오.

°F	75			25		
℃		10		−40		30
K			256		308	

2. 기온 대비, 평균값 및 교차

(1) 아래 주어진 월평균 기온은 거의 동일한 위도 상에 위치하고 있는 세 관측지점의 1986년도 월평균 기온자료로 단위는 ℃이다. 이들 자료를 이용하여 기온의 연 변화를 다음 그래프에 그리시오.

월 지역	1	2	3	4	5	6	7	8	9	10	11	12
군산(35°59')	−2.5	−1.1	5.2	11.1	16.1	21.3	23.4	25.4	19.7	13.6	7.4	3.7
대구(35°53')	−1.4	−0.1	6.9	14.2	18.7	22.0	23.6	25.8	20.2	13.3	7.5	4.0
포항(36°02')	−0.1	0.7	7.0	13.5	17.6	20.1	22.6	25.4	20.2	13.9	9.1	5.7

(2) 위의 자료를 이용하여 아래 도시들의 연평균 기온과 연교차를 구하시오.

연 평균 기온   연교차

군 산   _____   _____

대 구   _____   _____

포 항   _____   _____

(3) 여름철과 겨울철 연평균 기온 그리고 연교차 등이 다르게 나타나는 이유는 무엇인 가?(단 모든 지점에서 받는 태양복사에너지는 동일하다고 가정함)

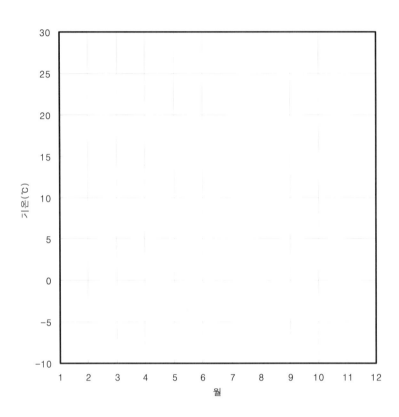

3. 아래 주어진 자료는 어느 지점의 1991년 3월 21일 자료와 예년값을 나타낸 것이다.

(1) 기온의 일변화를 각각 그래프에 나타내시오.

시 각	0	2	4	6	8	10	12	14	16	18	20	22	24
예년값	16.1	13.9	11.1	8.9	11.7	15.6	20.0	23.3	22.0	20.0	17.8	16.1	14.4
1991년	12.2	11.1	13.3	13.9	15.6	18.9	16.7	17.2	16.7	15.6	15.0	14.4	13.9

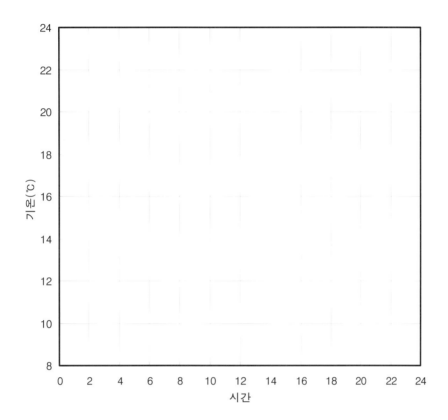

(2) 예년값의 일변화에 대해서 설명하시오.

(3) 예년값과 1991년 값의 곡선이 다르게 나타나는 이유는 무엇인가?

4. 일사량과 기온과의 관계

(1) 아래 주어진 자료는 어느 날 대구 지방의 기온과 일사량을 나타낸 것이다. 각각의 일변화를 아래 그래프에 그리시오.

시 각	3	6	9	12	15	18	21	24
일사량(W m^{-2})	0	14	430	817	631	106	0	0
기 온(℃)	10.7	9.1	13.3	20.1	23.5	22.0	17.3	14.1

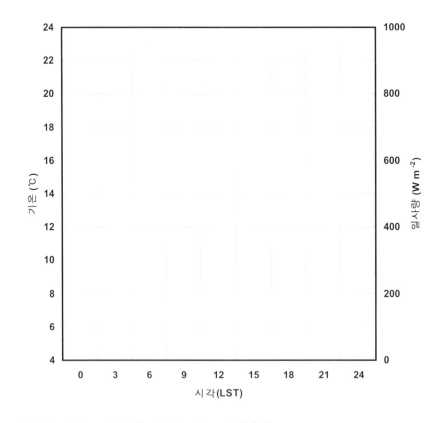

(2) 일사량과 기온 곡선과의 관계를 비교·설명하시오.

5. 아래 그림은 임의의 지점에서 관측한 기온의 수평 분포이다. 등온선 묘화법에 따라 분석하시오.

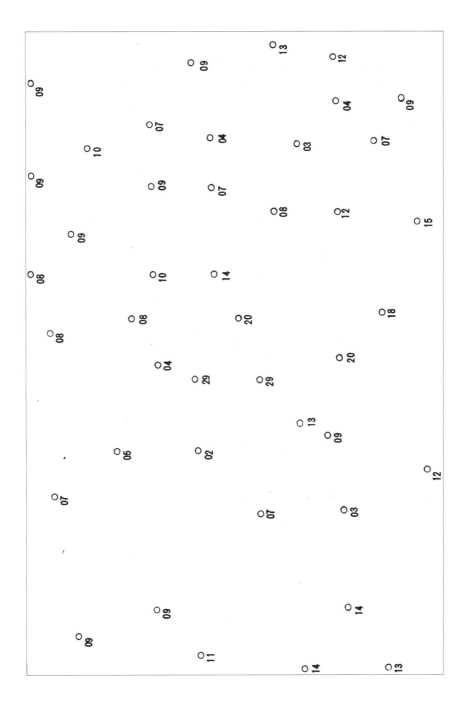

6. 〈그림 6-8〉과 〈그림 6-9〉를 사용하여 다음 물음에 답하시오.

  (1) 여름철, 세계에서 가장 더운 지역은 어디인가?

  (2) 겨울철, 세계에서 가장 추운 지역은 어디인가?

  (3) 연교차가 가장 작은 지역은 어디인가?

  (4) 연교차가 가장 큰 지역은 어디인가?

  (5) 전반적인 등온선의 특징을 설명하시오.

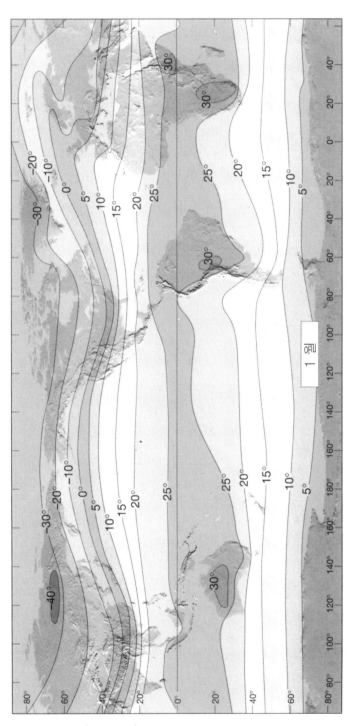

〈그림 6-8〉 1월 전 세계 기온 분포(℃)

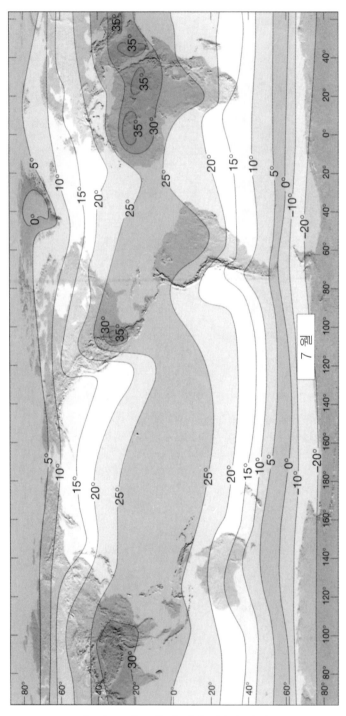

〈그림 6-9〉 7월 전 세계 기온분포(℃)

【복습과 토의】

1. 열과 온도와의 차이점은?

2. 해양에서 멀리 떨어진 내륙에서 가장 큰 연교차가 나타나는 이유는 무엇인가?

3. 기온 측정에 사용되는 측기에 대해서 설명하시오.

4. 백엽상에서 기온을 측정하는 이유는 무엇일까?

▷ 전 세계 최고기온의 기록 ◁

위치(위도)	(℃)	(℉)	기록	출현일
리비아, 엘 아지지아(32°N)	58	136	세계	1922년 9월 13일
캘리포니아, 데스 밸리(36°N)	57	134	서반구	1913년 7월 10일
이스라엘, 티라츠비(32°N)	54	129	중동	1942년 6월 21일
퀸즐랜드, 클론커리(21°S)	53	128	오스트레일리아	1889년 1월 16일
스페인, 세빌(37°N)	50	122	유럽	1881년 8월 4일
아르헨티나, 리바다비아(35°S)	49	120	남아메리카	1905년 12월 11일
서스캐처원, 미데일(49°N)	45	113	캐나다	1937년 7월 5일
알래스기, 포트 유콘(66°N)	38	100	일래스카	1915년 6월 27일
하와이, 파할라(19°N)	38	100	하와이	1931년 4월 27일
남극, 에스페렌자(63°N)	14	58	남극	1956년 10월 20일

▷ 전 세계 최저기온의 기록 ◁

위치(위도)	(℃)	(℉)	기록	출현일
남극, 보스토크(78°S)	−89	−129	세계	1983년 7월 21일
러시아, 베르호얀스크(67°N)	−68	−90	북반구	1892년 2월 7일
그린란드, 노스아이스(72°N)	−66	−87	그린란드	1954년 1월 9일
유콘, 스내그(62°S)	−63	−81	북아메리카	1947년 2월 3일
알래스카, 프로스펙트 크릭(66°N)	−62	−80	알래스카	1971년 1월 23일
몬태나, 로저스 패스(47°N)	−57	−70	미국(알래스카 제외)	1954년 12월 11일
아르헨티나, 사르미엔토(34°S)	−33	−27	남아메리카	1907년 6월 1일
모로코, 이프란(33°N)	−24	−11	아프리카	1935년 2월 11일
오스트레일리아, 샬럿 패스(36°S)	−22	−8	오스트레일리아	1949년 7월 22일
하와이, 할레아칼라 산(20°N)	−10	14	하와이	1961년 1월 2일

제7장 대기 중의 수증기량

7.1 목 적

물의 상변화, 물의 순환, 대기 중에 존재하는 수증기의 양을 표시하는 방법, 측정 방법 등에 대해서 알아보고자 한다.

7.2 상변화

물은 대기 중에 얼음 결정 형태인 고체로, 구름과 비의 작은 방울 형태인 액체로, 수증기의 기체로 존재한다. 고체상에서 물분자는 그들 사이의 전자기 인력을 극복할 수 없어 함께 모여 있는 경향을 보인다. 액체상에서 상호 인력은 단지 분자들이 주변을 활주하도록 한다. 기체상에서 물분자는 대단히 빠르게 움직인다.

증발(evaporation)은 액체 형태의 물이 수증기로 변화하도록 하는 과정이다. 일정한 온도에서 단위 질량의 물을 증발시키는 데 필요한 열(0 ℃에서 2.50×10^6 J/kg이고 100 ℃에서 2.26×10^6 J/kg)을 증발 숨은열(latent heat of evaporation)이라 부른다. 증발은 습도, 풍속, 증발이 일어나는 지표면의 면적에 따라 결정된다.

응결(condensation)은 수증기가 물로 변하는 과정이다. 일정한 온도에서 단위 질량의 물을 응결할 때 방출되는 열의 양은 증발 숨은열과 동일하다.

결빙(freezing)은 액체 형태의 물이 얼음으로 변화하는 과정이다. 일정한 온도에서 단위 질량의 물을 빙결시키기 위해 방출되는 열의 양(0 ℃에서 3.34×10^5 J/kg)을 빙결 숨은열이라 부른다. 융해(melting)는 얼음이 물로 변하는 과정이다. 일정한 온도에서 단위 질량의 얼음을 녹이는 데 필요한 열의 양은 결빙 숨은열과 동일하다. 얼음은 직접 승화(sublimation)라는 과정에 의해 수증기로 변할 수 있다. 그 반대 과정은 침적(deposition)이라 한다. 승화의 열은 기화와 융해의 숨은열의 합(0 ℃에서 2.83×10^6 J/kg)과 일치한다.

7.3 물의 순환

대기 중에는 물이 끊임없이 순환한다. 지표면의 70 % 이상이 해양이므로 물의 순환은 해상에서 시작된다고 할 수 있다. 물의 순환에서 물은 지표면과 대기 중의 기온과 기압 변화에 의해 쉽게 기체, 액체, 고체로 변하게 된다. 이런 현상을 물의 상태 변화라 한다. 이러한 상태 변화 과정에서 물 자체의 온도는 변화시키지 않으면서 상태 변화에만 관여 하는 열을 숨은열(latent heat)이라 한다.

자연 상태에서 물의 상태 변화는 태양의 가열에 의해서 발생하는 지표면에서의 증발 이다. 증발에 의해 수증기가 대기 중으로 유입된다. 또한 대륙의 식물은 증산 작용을 통 해 수증기를 대기에 유입시킨다. 만약 수증기가 지표면에서 응결하면 지표면에 이슬이 만들어지고, 침적하면 서리를 만들게 된다. 대기 중에 유입된 수증기는 냉각되면 응결이 일어나 구름을 만들게 되고 구름은 발달하여 강수 현상을 가져오게 한다. 해양에 떨어지 는 강수는 또다시 순환을 시작하게 되지만 대륙에 내리는 강수는 여러 가지 복잡한 경로 를 통해 바다로 되돌아간다. 즉 물의 분자는 해양에서 대기로 이동하였다가 대륙을 거쳐 다시 해양으로 돌아가는 것이다.

7.4 대기 중의 수증기량

태양에 의해 가열되는 지표면과의 접촉을 통해 온난화 되는 공기는 확산, 난류 그리고 대류에 의해서 상공으로 수송된다. 이와 같은 방법으로, 지표면, 식물과 수면으로부터 증 발과 증산되는 물도 동일한 과정으로 수송된다. 액체 상태의 물의 분자들은 한 분자의 직경만큼만 떨어져 있을 뿐이므로 실제로는 아주 근접하게 모여 서로 강하게 당기고 있 다. 이런 인력은 분리가 증가하면 급격히 약화된다. 수증기 내의 분자들은 분자 지름의 10배 이상 떨어져 있어 분자 상호간에 작용하는 힘은 아주 작다. 액체수로부터 수증기를 만들기 위해서는 수증기 사이의 공간이 증가해야만 하여 인력을 극복할 에너지가 필요하 다. 필요한 에너지(열)의 양은 물의 질량에 비례하며, 이 열은 물의 증발에 의한 숨은열 로 알려져 있다. 수증기 분자들이 지표면으로부터 수송됨에 따라 에너지가 입력되어 지 표면으로부터 숨은열로 에너지 전달이 또한 일어난다. 숨은열의 전달률은 숨은열 플럭스 (latent heat flux)로 알려져 있다. 숨은열 플럭스는 수증기가 높은 고도에서 응결하여 구 름 속으로 열을 다시 방출할 때 인도된다. 물을 증발시키는 열은 태양에 의해 공급된다.

여기에 가용되는 입사순복사에너지의 양은 숨은열 플럭스, 느낌열 플럭스, 토양열 플럭스로 구분되고 이들의 비는 물의 유용성의 정도에 따라 수많은 요인들에 의해서 이루어진다. 3가지 플럭스 모두는 정확하게 측정하기가 어렵다. 그러나 어떤 순간과 어떤 장소에 공기가 얼마만한 수증기를 가지고 있는지를 안다면 별로 어렵지 않다.

7.4.1 수증기량을 표시하는 방법

공기 중에 포함되어 있는 실제 수증기량, 이슬점 온도 그리고 상대 습도를 결정하는 계산방법은 아주 간단하다. 그러나 보통 이들 용어의 사용에 있어서 종종 혼란을 일으킨다. 목적과 단위에 따라 여러가지 방법들이 사용되기 때문이다. 혼합비, 비습, 절대 습도, 수증기압 등도 모두 비슷한 개념이다. 이들을 간단히 설명하면 다음과 같다.

혼합비(w)는 수증기를 포함하고 있지 않은 건조공기의 단위질량(m_a)당 수증기의 질량(m_v)과의 비이다. 이들의 관계식은 $w = (m_v/m_a)$이고 단위는 g/kg으로 표시된다. 비습(q)은 수증기를 포함하고 있는 습윤공기의 단위 질량당 수증기의 질량과의 비이다. 이들의 관계식은 $q = [m_v/(m_v+m_a)]$이고 혼합비와 마찬가지로 단위는 g/kg이다. 건조공기에 비해서 수증기의 질량은 항상 대단히 작기 때문에 실제로 혼합비와 비습의 차는 거의 나타나지 않는다. 이들 두 측정치의 장점은 온도나 기압 변화에 잘 일어나는 체적 변화에 관계가 전혀 없다는 것이다. 절대습도(d_v)는 비습이나 혼합비와는 다르게 단위 체적당 수증기량을 기술하며 수증기량의 밀도에 해당한다. 그 단위는 g/m^{3}이 사용된다. 수증기압(e)은 다른 것들과는 다르게 대기압의 분압으로 표시되며 그 단위는 mmHg 또는 inchHg이다. 그러나 이들 4가지는 공기 중의 실제 수증기량을 표시하는 데 있어서 기본적으로 동일한 개념이다. 절대습도(d_v)는 수증기밀도 또는 단위체적당 농도($d_v = m_v/V$)로 표시하기도 한다.

공기 중의 수증기량을 표시하는 방법에는 앞서 언급한 4가지 방법들이 있기 때문에, 공기 중에 수증기가 최대로 포함될 수 있는 최대가능량(capacity) 즉 포화점을 결정하는 방법에도 4가지 표현이 필요하다. 포화 혼합비(r_w), 포화 비습(q_s), 포화 절대 습도(d_s), 그리고 포화 수증기압(e_s)들은 실제로 포함할 수 있는 양을 무시하고 어떤 주어진 온도 하에서 포함할 수 있는 수증기의 최대가능량 표시하는 것이다. 이들 각각의 최대가능량(또는 포화점)은 동일한 개념으로 표시되나 그 단위는 다르게 사용된다.

상대습도(RH)는 공기 중의 실제 수증기량을 어떤 주어진 온도 하에서 포함할 수 있는 최대가능량에 대한 백분율로 표시된다. 즉 상대습도의 표시는 실제 수증기량에 대하여

최대가능량을 나누고 100을 곱하여 나타낸다. 이슬점 온도(dew-point temperature)는 앞
서 언급한 개념들과 밀접한 관계를 맺고 있다. 즉 이 온도는 실제 수증기량과 기온이 주
어져서 그 공기가 포화될 때의 온도이다. 그러므로 이슬점 온도란 상대 습도가 100 %
될 때의 온도를 말한다. 공기가 포화되지 않을 경우에는 항상 실제 기온보다 낮게 나타
난다. 만약 공기가 포화된다면, 이슬점 온도와 실제 기온은 동일하게 될 것이다. 보통 이
슬점 온도는 응결이 일어나는 온도를 취한다. 실제 기온과 이슬점 온도와의 차를 기온-
이슬점격차(temperature-dew point temperature spread)라 말한다. 이러한 차를 만약 일
기도에 그려 넣어 등치선을 그리면 이것은 이슬점격차장(dew-point depression field)을
보여주게 될 것이다. 지상 자료에서는 이들 값이 작으면 작을수록 더 낮은 고도에서 응
결이 일어나게 됨을 짐작할 수 있다. 이슬점격차가 영(0)으로 접근하면 하층 구름 발달
즉 안개 발생 가능성이 점점 높아진다. 그러므로 이러한 격차는 상대 습도와 직접적으로
관련성이 있다. 즉 이 격차가 작으면 작을수록 상대습도는 더 높게 나타난다.

수증기와 관련된 기호들과 공식들을 표시하면 아래와 같다.

(1) 기호들의 정의

w	= 혼합비	T_{dew}	= 포화 혼합비
q	= 비습	p	= 포화 비습
d_v	= 절대 습도	m_v	= 포화 절대 습도
e	= 수증기압	e_s	= 포화 수증기압
RH	= 상대 습도		
m_a	= 건조 공기 질량	d_s	= 수증기 질량
V	= 체적	q_s	= 기압
T	= 절대 온도	w_s	= 이슬점 온도

(2) 공식

혼합비(w)   = m_v/m_a
  비습(q)   = $m_v/(m_v/m_a)$
절대 습도(d_v) = m_v/V
상대 습도(RH) :

$$RH(\%) = 100 \ w/w_s, \quad w = w_s \ RH/100$$
$$RH(\%) = 100 \ q/q_s, \quad q = q_s \ RH/100$$
$$RH(\%) = 100 \ d_v/d_s, \quad d_v = d_s \ RH/100$$
$$RH(\%) = 100 \ e/e_s, \quad e = e_s \ RH/100$$

기타 관계식 : $e(hpa)$ = $(w/0.622+w)p$
$e_s(hpa)$ = $(w_s/0.622+w_s)p$
$d_v(S/m^3)$ = $217 \ e/T$
$q(S/kg)$ = $622 \ e/p - 0.377e$
$w(S/kg)$ = $622 \ e/p - e$

7.4.2 수증기량의 측정

(1) 측정 기술

습도 측정을 맨 처음 시도한 것은 16세기였다. 이 시기에 이탈리아 과학자인 레오나르도 다빈치(Leonardo da Vinci, 1452~1519)는 양모 공의 무게에 영향을 미치는 습도를 측정하였다. 17세기 잉글랜드 물리학자인 로버트 훅(Robert Hooke, 1635~1703)은 습도가 변함에 따라 명주실 줄의 길이 변화를 측정하였다. 과거나 지금이나 습도측정에는 다음과 같은 4가지 방법이 사용되고 있다.

1) 물의 첨가와 제거

수증기를 공기로부터 첨가하거나 제거시키는 방법은 수증기량의 변화를 측정하는 것이다. 이 방법은 정밀한 실험실 기법을 포함하지만 또한 건습구 방법을 포함하고 있다. 건습구 방법은 기상관측소에서 널리 사용된다.

2) 수증기의 흡착과 흡수

수증기는 상대습도에 따라 많은 물질들에 흡착되거나 흡수되어 수증기량의 변화를 가져온다. 이들 과정은 역으로도 나타난다. 여러 계측기는 이러한 성질을 이용한다. 전자기 센서를 포함하여 기상관측소에서 널리 사용되는 모발 습도계가 대표적인 예이다.

3) 수증기의 응결

습도를 가장 정확하게 측정하는 방법들 가운데 하나는 이슬이 맺히는 온도를 감지하거나, 박무가 거울에 맺히도록 냉각시키는 것이다. 이런 종류의 습도계(hygrometer)에는 이슬점(dew-point) 습도계와 이슬방(dew-cell) 습도계가 있다. 이들 모두는 정규적으로 기상관측소에서 사용되지는 않지만, 이슬점 센서는 정확한 실험실 표준을 제공하고 또한 증발을 측정하는 보웬비(Bowen ratio) 방법에서 사용된다.

4) 복사 흡수

수증기를 포함하고 있는 공기를 통과하는 적외선의 어떤 밴드의 흡수 측정으로 습도의 급격한 변화를 감지할 수 있다. 이러한 것은 정규적인 기상관측소에서 응용되는 것은 아니지만 특별한 응용 분야 특히 증발을 측정하는 데 사용되는 맴돌이 상관 방법에서는 가치가 있다.

(2) 습도계의 종류

1) 건습계

건습계(psychrometer)는 2개의 온도계로 구성된다. 하나는 건구(dry bulb)라 부르며 변형되어 있지 않다. 다른 것은 습구(wet bulb)로서 물 저장통에 연결되어 있는 심지로 싸서 수분을 유지하도록 되어 있다. 물은 습구 주변으로부터 증발된다. 이 증발에 필요한 에너지는 습구 자체에서부터 끌어내려져 온도가 내려가게 된다. 냉각량은 증발률에 의존하며 그래서 공기의 습도에 의존된다. 습구에 물이 넘치거나 건조하도록 하지 않도록 하기 위해 물 저장통으로부터 고르게 물이 공급되도록 하게 되면, 온도는 안정될 것이다. 수분의 양은 건구온도(T_a)와 습구온도(T_w)사이의 차 모두를 통하여 계산될 수 있다. 후자를 건습구 온도차(wet bulb depression)라 부른다. 습구온도는 이슬점과 동일하지 않다는 것을 주목하라. 그러나 공기가 포화될 때만 $T_d \leq T_w \leq T_a$으로 같아진다. 건습계로 신뢰할 수 있는 습도를 추정하기 위해서는 두 개의 온도계 위로 약간의 기류를 보낼 필요가 있고 두 개의 온도계는 보통 서로가 수 cm 떨어져 평행으로 놓여 있어야 한다. 이 기류는 튜브 속에 측기를 장치하여 그 속으로 기류를 불어넣는 통풍 건습계(aspirated psychrometer ; 〈그림 7-1〉)이거나 측기를 잡고 손으로 돌려서 통풍시키는 휘돌이 건습계(sling psychrometer ; 〈그림 7-2〉)로서 만들어진다.

〈그림 7-1〉 통풍 건습계

〈그림 7-2〉 휘돌이 건습계

2) 모발 자기 습도계

많은 물질들은 RH가 변함에 따라 물리적 성질이 변한다. 이런 성질을 이용하여 습도를 측정할 수 있다. 이러한 물질에는 셀로판, 양모 그리고 초기 라디오존데에 사용된 gold-beater's skin이 있지만, 기상관측소에서 가장 광범위하게 습도를 측정하는 데 사용되는 것은 사람의 머리카락이다. 개념이 원시적이고 메커니즘이 간단함에도 불구하고 모발 자기습도계는 개발된 후 오랫동안 사용되었다. 그러나 이 모발 자기 습도계도 정확한 계측기는 아니다.

인간의 머리카락(모발)은 가장 민감한 흡습성 물질 중의 하나로서 스위스의 자연과학자인 드 소쉬르(Horace Benedict de Saussure, 1740~1799)가 18세기 맨 처음 모발 자기 습도계를 만들었다. 머리카락 한 묶음은 RH가 0~100 % 변화함에 따라 길이는 약 2.5 % 정도 거의 로그 함수적으로 변한다. RH 값이 작을수록 길이 변화는 크게 나타난다. 그러나 다른 증기 또는 기체에 의해서는 영향을 거의 받지 않는다. 또 머리카락의 길이는 온도의 영향을 크게 받지 않는다. 길이 변화는 RH의 함수이지만, 공기 중의 수증기의 절대량에는 함수가 아니다. 많은 머리카락을 한 묶음으로 만들어 가벼운 장력으로 걸어놓는 모발 자기 습도계는 길이 변화가 나타나면 이를 증폭시켜 기록지에 선으로 나타내준다 (〈그림 7-3〉).

가벼운 장력으로 지탱되지만 머리카락 길이는 서서히 늘어나게 되어 영점 조정이 필요하게 된다. 영점 조정을 정기적으로 실시하는 것이 좋지만, 일반적으로는 머리카락 묶음에 증류수를 발라 보정한다. 또한 머리카락 내의 물리적 변화들도 높은 습도값을 나타내는 눈금에 영향을 보이기 때문에 정확한 기록을 위해서는, 즉 100 % RH 값을 나타내는 대기를 만들기 위해서는 물을 흠뻑 적신 천을 이 계측기에 덮어 정기적으로 영점을 조정할 필요가 있다. 0 % RH 값을 나타내는 대기는 간단하게 일어나는 것이 아니기 때문에 눈금의 하한값을 점검하는 것도 쉽지 않다.

영상 온도에서 RH 변화에 반응하는 머리카락의 시간 상수는 약 1분이지만, -10 ℃에서는 약 3분이고, -30 ℃에서는 약 15분이다. 그러나 만약 머리카락을 둥글게 말아서 납작하게 하면, 시간 상수는 -30 ℃에서 약 30초, 그리고 30 ℃에서는 약 10초로 떨어진다. 그러나 머리카락을 둥글게 말게 되면, 그렇지 않은 경우보다 조금만 부주의해도 훨씬 잘 부서지게 된다. 또한 반응의 속력은 머리카락이 얼마나 오래된 것인가, 환기율이 얼마인지에 달려있지만, 가장 큰 영향을 미치는 것은 바로 머리카락을 잡아매는 장력이다. 모발 자기습도계에서는 이력현상(hysteresis)이 일어난다. 즉 RH가 증가하는 경우인가, 또는 감소하는 경우인가에 따라 동일한 RH에서도 눈금은 상이하게 나타난다.

모발 자기습도계에 대한 전형적인 제조 사양은 20~80 % RH 범위에서 ±5 %이고 상위 20 %와 하위 20 %에 대해서는 검정을 받지 않고 있다. 그러므로 모발 습도계는 정밀 측기는 못 되지만 RH의 변화를 기록지에 기록하는 편리성은 인정받고 있다.

〈그림 7-3〉 모발 자기습도계

3) 이슬점 습도계

이슬점 습도계(dew point hygrometer)는 직접적으로 이슬점온도(T_d)를 측정한다. 거울면과 같은 표면은 이슬이 형성될 때까지 전기적으로 냉각된다. 이슬이 맺히자마자 광전자 탐지기는 표면 반사율의 변화를 감지하고 냉각 회로를 가열 회로로 전환시킨다. 가열기는 이슬이 증발될 때까지 작동하며 그 점에서 냉각 회로가 다시 가동된다. 거울 표면 위 공기의 이슬점을 나타내는 안정 온도에 도달할 때까지 이 사이클은 반복된다.

4) 저항 습도계

자유 대기 내의 습도는 라디오존데와 인공위성에 의해서 측정된다. 라디오존데는 저항 습도계(resistance hygrometer)를 사용한다. 저항 습도계에는 습도에 따라 변동하는 전기 저항을 가진, 탄소로 칠해진 검은 재질들이 이용된다. 직접적으로 상대 습도가 측정된다 하더라도 라디오존데 또한 온도를 측정하기 때문에 습도에 대한 다른 표현들이 계산될 수 있다. 측기가 매우 간단하고 생산 가격이 저렴하지만, 일반적으로 결과치는 ±10 %로 덜 정확하다. 그러므로 많이 사용하는 것은 인공위성에 의해 결정된 습도다. 여러 채널에서 측정된 복사휘도를 사용하여 즉시 대기 온도로 변환시켜 여러 층에서의 수분 함량을 결정하게 한다.

7.5 습도 분석

상층일기도에서 기단의 수증기량 분포, 전선 위치 및 강도를 알기 위하여 습도를 분석한다. 습도 분석에는 이슬점온도 분석과 이슬점편차 분석이 있다.

(1) 이슬점온도 분석

1) 등이슬점선(isodrosotherm)은 0 ℃를 기준으로 보통 5 ℃ 간격으로 분석하며, 녹색 실선으로 묘화하고 시도도 녹색으로 쓴다.
2) 등이슬점선도 다른 등치선과 마찬가지로 도중에 끊어지거나 다른 값의 등이슬점선과 교차하지 않는다.
3) 대륙성 기단에서는 이슬점 온도가 대체로 낮으며 해양성 기단에서는 이슬점 온도가 높게 나타난다.
4) 전선의 한랭기단 쪽에서는 등이슬점이 조밀하게 나타나며, 그 값은 온난기단 쪽 보다는 낮다.

(2) 이슬점편차 분석
대기 중의 습윤공기의 포화 정도를 알기 위해서는 상층 일기도에 기입된 이슬점편차를 이용하여 아래와 같은 방법으로 습도를 분석·묘화한다.

1) 이슬점편차는 1 ℃를 기준으로 매 2 ℃의 간격으로 분석하며 녹색 실선으로 묘화하고 시도도 녹색으로 쓴다. 등이슬점편차선은 보통 10 ℃ 정도까지 분석한다.
2) 등이슬점편차선은 도중에 끊어지거나 다른 값의 등 선과 교차하지 않는다.
3) 등이슬점편차선이 폐곡선을 이루면서 그 중심 구역이 습윤한 곳이라면 녹색으로 엷게 채색을 하고 녹색으로 M(또는 MOIST)이라 쓰며, 건조한 곳이면 갈색으로 엷게 채색하고 갈색으로 D(또는 DRY)로 표시한다.
4) 등이슬점편차 선은 지상 또는 상층 기압계와 대응시켜 분석한다. 즉 일반적으로 저기압, 전선, 기압골 그리고 고기압의 서쪽에서 습윤 구역이 나타나고, 고기압의 동쪽에는 건조구역이 나타난다.

* 과학자 탐방 *

오레스 베네딕트 드 소쉬르(Horace Bénédict de Saussure, 1740~1799)

스위스의 물리학자·지질학자·기상학자.

오레스 베네딕트 드 소쉬르는 1740년 2월 17일 스위스 제네바 근교의 콘체(Conches)에서 태어났다. 1746년 그가 여섯 살 때 제네바 공립학교에 입학하였다. 그는 1754년 제네바 아카데미에 입학하여 「불의 물리학(*Dissertatio physica of igne; Dissertation on the physics of fire*)」이란 박사논문을 발표한 후 1759년 졸업하였다. 이때 그의 나이는 19세였다.

1760년 소쉬르는 몽블랑 산기슭 남동부 프랑스에 자리 잡고 있던 작은 리조트 단지인 샤모니(Chamonix)를 처음 방문하였다. 몽블랑(Mont Blanc)은 해발고도 4,810 m 유럽 최고봉으로 소쉬르가 방문할 당시 1760년에는 아무도 정상 정복을 하지 못한 상태였다. 드 소쉬르는 산에 매력을 느꼈고 정상으로 오르는 쓸모 있는 루트를 발견하는 사람에게는 상당한 상금을 지불할 것이라는 것을 알리면서 주변 지역을 여행하였다. 실제로 몽블랑은 26년 후 1786년 8월 8일 자크 발마(Jacque Balmat)와 가브리엘 파까드(Gabriel Paccard)에 의해서 처음으로 등정되었다. 드 소쉬르 자신은 1787년 여름에 등반을 하여 8월 3일 오전 11시 정상에 도달하였다. 그는 여러 명의 가이드와 그의 개인 시종을 동반하였다.

1761년 드 소쉬르는 공석인 제네바 아카데미의 수학 교수직에 응모하였으나 성공하지 못하였다. 그는 다음 해에 다시 철학 교수직에 응모하여 성공하였고 10월에 그의 취임 기념 강연을 하였다. 1772년에 영국 학술원 평의원으로 선출되었고, 같은 해 제네바에 Societe pour le Avancement des Arts(Society for the Advancement of the Arts)을 창립하였다.

1783년 드 소쉬르는 모발 습도계를 발명하였다. 이것은 인간 모발은 습도가 증가함에 따라 길이가 늘어나고 공기가 건조하게 되면 길이가 짧아진다는 자신의 관찰에 기초를 두고 있다. 이 모발 습도계는 상대 습도를 측정하는 측기로써 아직까지도 널리 사용되고 있다. 드 소쉬르는 1799년 1월 22일 스위스 콘체에서 사망하였다.

실습일자	년 월 일	학과 번	성 명	

실 습 보 고 서

【실습 문제】

1. 〈그림 7-4〉를 이용하여 아래 표를 완성하시오.

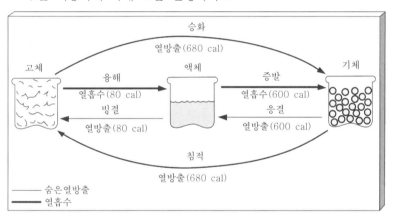

〈그림 7-4〉 물의 상태 변화

상 변 화	에 너 지 (생성 또는 소비)	예
얼음 → 물	소비	- 얼음 녹음 - 유리 표면에서의 빙정 녹음
물 → 수증기		
얼음 → 수증기		
수증기 → 물		
수증기 → 얼음		
물 → 얼음		

2. 〈그림 7-5〉를 사용하여 물의 순환에 대해서 답하시오.

 (1) 모든 물의 형태(얼음, 눈, 담수호, 강, 해수, 구름, 비, 안개)들을 〈그림 7-5〉에 표시
    하시오.

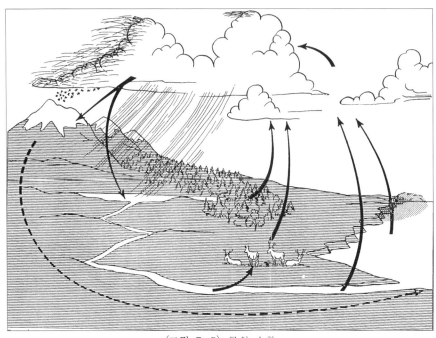

〈그림 7-5〉 물의 순환

 (2) 그림에서 표시된 화살표가 나타내는 물의 순환 과정(증발, 응결, 승화, 증산, 호흡,
    강수, 지하수 유출)을 표시하시오.

 (3) 그림에서 자연적인 주요 물 저장소를 볼 수 있다. 이들의 양을 나타내면 아래와 같다.

해양	$1{,}350 \times 10^{15} \ \mathrm{m}^3$
빙하 및 한대 얼음	$29 \times 10^{15} \ \mathrm{m}^3$
지하수	$8.4 \times 10^{15} \ \mathrm{m}^3$
호수 및 강	$0.2 \times 10^{15} \ \mathrm{m}^3$
대기권	$0.013 \times 10^{15} \ \mathrm{m}^3$
생물권	$0.0006 \times 10^{15} \ \mathrm{m}^3$

1) 전체 저장 물 중에서 해양이 차지하는 양은 몇 %인가?

2) 또한 빙하 및 한대 얼음이 차지하는 양은 몇 %인가?

3) 해양을 제외한 저장 물 중에서 대기권이 차지하는 양은 몇 %인가?

3. 주어진 온도에서 [표 7-1]을 사용하여 공기 샘플의 포화 혼합비를 구하고 상대습도를
   각각 계산하여 아래 표를 완성하시오.

온도(℃)	포화혼합비(g/kg)	혼합비(g/kg)	상대습도(%)
−20	_____	0.35	_____
−8	_____	2	_____
0	_____	2	_____
6	_____	4	_____
14	_____	5	_____
14	_____	9	_____
24	_____	5	_____
24	_____	2	_____
34	_____	7	_____
40	_____	14	_____

[표 7-1] 건구 온도(℃)에 따른 해수면에서의 포화 혼합비(g/kg)

(℃)	g/kg	(℃)	g/kg	(℃)	g/kg
−40	0.118	−4	2.852	20	14.956
−35	0.195	−2	3.313	22	16.963
−30	0.318	0	3.819	24	19.210
−25	0.510	2	4.439	26	21.734
−20	0.784	4	5.120	28	24.557
−18	0.931	6	5.894	30	27.694
−16	1.102	8	6.771	32	31.213
−14	1.300	10	7.762	34	35.134
−12	1.529	12	8.882	36	39.502
−10	1.794	14	10.140	38	44.381
−8	2.009	16	11.560	40	49.815
−6	2.450	18	13.162		

4. [표 7-1]을 이용하여 아래 그래프를 작성하고 포화 불포화 영역을 표시하시오.

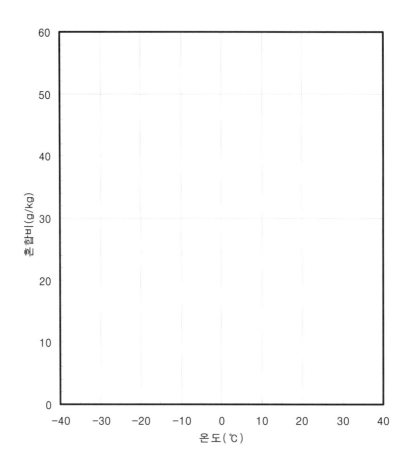

5. 공기 샘플의 실제 혼합비를 계산하고 가장 수증기량을 많이 포함 순서를 기입하시오.

샘플	기온(℃)	상대습도(%)	실제 혼합비(g/kg)	순위
A	14	90	_____	( )
B	20	60	_____	( )
C	24	40	_____	( )
D	30	40	_____	( )
E	34	30	_____	( )

6. [표 7-2]를 사용하여 아래 빈칸을 채우시오.

기 온(℃)	수증기압(hPa)	상대습도(%)
−10	2.246	_____
−4	3.184	_____
0	5.262	_____
5	_____	65 %
10	_____	40 %
15	_____	78 %

7. [표 7-2]와 [표 7-3]을 사용하여 아래 빈칸을 채우시오.

기온(℃)	건습구온도차(℃)	상대습도(%)	이슬점온도(℃)	수증기압(hPa)
−6	2	_____	_____	_____
4	6	_____	_____	_____
16	3	_____	_____	_____
26	10	_____	_____	_____
−10	_____	_____	−22	_____
20	_____	_____	12	_____
−2	_____	58	_____	_____
14	_____	25	_____	_____
_____	6	55	_____	_____
_____	2	85	_____	_____
_____	5	_____	7	_____
_____	16	_____	16	_____

[표 7-2] 1,000 hPa 면에서의 이슬점 온도(℃)

건구 온도 (℃)	포화 수증기압 (hPa)	건습구온도차(Td-Tw)(℃)																			
		1	2	3	4	5	6	7	8	9	10	11	12	13	14	15	16	17	18	19	20
-20	1.2540	33																			
-18	1.4877	28																			
-16	1.7597	24																			
-14	2.0755	21	-36																		
-12	2.4409	18	-28																		
-10	2.8627	14	-22																		
-8	3.3484	12	-18	-29																	
-6	3.9061	10	-14	-22																	
-4	4.5461	7	11	17	29																
-2	5.2753	5	-8	-13	-2C																
0	6.1078	-3	-6	-9	-15	-24															
2	7.0547	-1	-3	-6	-11	-17															
4	8.1294	1	-1	-4	-7	-11	-19														
6	9.3465	4	1	-1	-4	-7	-13	-21													
8	10.722	6	3	1	2	-5	-9	-14													
10	12.272	8	6	4	1	-2	-5	-9	-14	-28											
12	14.017	10	8	6	4	1	-2	-5	-9	-16											
14	15.977	12	11	9	6	4	1	-2	-5	10	-17										
16	18.173	14	13	11	9	7	4	1	-1	-6	-1C	-17									
18	20.630	16	15	13	11	9	7	4	2	-2	-5	-1C	-19								
20	23.373	19	17	15	14	12	10	7	4	2	-2	-5	-1C	-19							
22	26.430	21	19	17	16	14	12	10	8	5	3	-1	-5	-1C	-19						
24	29.831	23	21	20	18	16	14	12	10	8	6	2	-1	-5	-1C	-18					
26	33.608	25	23	22	20	18	17	15	13	11	9	6	3	0	-4	-9	-18				
28	37.796	27	25	24	22	21	19	17	16	14	11	9	7	4	1	-3	-9				
30	42.430	29	27	26	24	23	21	19	18	16	14	12	10	8	5	1	-2	-8	-15		
32	47.551	31	29	28	27	25	24	22	21	19	17	15	13	11	8	5	2	-2	-7	-14	
34	53.200	33	31	30	29	27	26	24	23	21	20	18	16	14	12	9	6	3	-1	-5	-12
36	59.422	35	33	32	31	29	28	27	25	24	22	20	19	17	15	13	10	7	4	0	-4
38	66.264	37	35	34	33	32	30	29	28	26	25	23	21	19	17	15	13	11	8	5	1
40	73.777	39	37	36	35	34	32	31	30	28	27	25	24	22	20	18	16	14	12	9	6

[표 7-3] 1,000 hPa 면에서의 상대습도(%)

건구온도 (℃)	건습구온도차(Td-Tw)(℃)																			
	1	2	3	4	5	6	7	8	9	10	11	12	13	14	15	16	17	18	19	20
-20	28																			
-18	40																			
-16	48	0																		
-14	55	11																		
-12	61	23																		
-10	66	33	0																	
-8	71	41	13																	
-6	73	48	20	0																
-4	77	54	32	11																
-2	79	58	37	20	1															
0	81	63	45	28	11															
2	83	67	51	36	20	6														
4	85	70	56	42	27	14														
6	86	72	59	46	35	22	10	0												
8	87	74	62	51	39	28	17	6												
10	88	76	65	54	43	33	24	13	4											
12	88	78	67	57	48	38	28	19	10	2										
14	89	79	69	60	50	41	33	25	16	8	1									
16	90	80	71	62	54	45	37	29	21	14	7	1								
18	91	81	72	64	56	48	40	33	26	19	12	6	0							
20	91	82	74	66	58	51	44	36	27	21	15	10	4	0						
22	92	83	75	68	60	53	46	40	33	27	21	15	10	4	0					
24	92	84	76	69	62	55	49	42	36	30	25	20	14	9	4	0				
26	92	85	77	70	64	57	51	45	39	34	28	23	18	13	9	5				
28	93	86	78	71	65	59	53	47	42	36	31	26	21	17	12	8	4			
30	93	86	79	72	66	61	55	49	44	39	34	29	25	20	16	12	8	4		
32	93	86	80	73	68	62	56	55	46	41	36	32	27	22	19	14	11	8	4	
34	93	86	81	74	69	63	58	52	48	43	38	34	30	26	22	18	14	11	8	5
36	94	87	81	75	69	64	59	54	50	44	40	36	32	28	24	21	17	13	10	7
38	94	87	82	76	70	66	60	55	51	46	42	38	34	30	26	23	20	16	13	10
40	94	89	82	76	71	67	61	57	52	48	44	40	36	33	29	25	22	19	16	13

【복습과 토의】

1. 물 순환을 이용하여 물의 이동을 설명하시오.

2. 모발 습도계의 단점은 무엇인가?

3. 응결과 관련된 4가지 주 냉각 과정들을 간단히 설명하시오.

4. 온도가 일정하고 혼합비가 감소한다면 상대습도는 어떻게 변하는가?

제8장 단열변화와 대기안정도

8.1 목 적

단열변화와 대기안정도에 대해서 알아보고자 한다.

8.2 단열변화

8.2.1 단열온도변화

액체를 휘젓게 되면 액체 전체의 온도분포는 균등하게 되지만 기체 또는 대기와 같은 기체의 혼합물을 휘젓게 되면 대기 내에서는 감률(즉 고도에 따른 온도 감소)이 형성된다. 두 형태의 유체가 가지는 대단히 다른 압축성 때문에 이 두 경우의 차이가 나타난다. 사실상 액체는 비압축성이다. 즉 액체의 밀도는 압력과 온도에 대해서 독립적으로 고려된다. 대기 내에서는 이런 경우가 적용되지 않는다. 즉 대기의 밀도는 특별히 연직으로 광범위하게 변동할 수 있다.

실험실 실험을 통하여 압력(p)이 변하면 밀도(ρ)가 변동한다는 사실을 알게 되었다. 이 결과를 종합한 것을 보일의 법칙(Boyle's law)이라 부른다.

$$p \propto \frac{1}{v} \propto \rho$$

즉 만약 기체의 온도가 일정하게 유지된다면 기체 밀도는 기체 압력에 비례하고 체적(v)에 반비례하게 된다. 고도가 증가하면 그 위에 존재하는 기체의 양이 감소하기 때문에 압력은 감소한다. 이것은 -보일의 법칙에 따르면- 고도가 증가하면 대기의 밀도 또한 감소한다는 것을 의미한다. 상승하는 공기덩이는 주변공기보다 밀도가 더 크기 때문에 팽창하게 되어 냉각되는 반면, 하강하는 공기덩이는 밀도가 더 큰 주변공기에 의해서 압축되어 반대로 가열되게 된다.

　기체의 에너지를 지배하는 기본 법칙은 열역학 제1법칙이다. 이는 다른 물질에서도 적용된다. 이 법칙은 조그만 열량(dQ)이 단위 질량의 기체에 공급되면, 기체 내의 내부에너지 증가와 기체에 의해서 주변에 행한 외부 일로 구분된다는 것을 나타낸다. 이것은 에너지보존 원리로 간단히 설명된다.

$$dQ = dU + dW \tag{8-1}$$

　온도란 기체의 내부 에너지 측정치를 가시화한 것이다. 조그마한 변화량을 표시하기 위해 사용된 부호들은 미적분 기수법에 따랐다. 그러므로 dQ는 열의 조그마한 변화량을 표시한다.

　상승하는 공기덩이는 고도가 증가하게 되면 주위에서부터 내부로 향하는 압력이 감소하기 때문에 팽창하게 된다. 즉 팽창하면서 공기덩이에 의해서 행해진 일은 내부 에너지 소비를 유발시켜 결과적으로 공기덩이의 온도를 낮추게 된다. 반대로 대기는 하강하는 공기덩이에 역학적인 일을 행한다. 즉 주변공기가 행하는 안쪽으로 향하는 압력에 의해 공기덩이가 압축되면서 내부에너지를 증가시켜 온도를 높이게 된다. 이 후자의 경우는 자전거 타이어에 바람을 넣을 때(펌프의 피스톤에 의한 공기를 타이어에 불어넣는 역학적인 일을 행할 때) 공기가 압축되면서 공기 펌프가 뜨거워지는 경우와 비슷하다.

　그러한 연직운동은 전도나 복사과정을 통하여 공기덩이와 주변공기 사이에 일어나는 어떠한 열 교환보다 더 빨리 이러한 온도변화를 일어나도록 한다. 이 변화를 단열(adiabatic)이라 한다. 즉 공기덩이와 그 주변공기 사이에 어떠한 열 교환도 존재하지 않는다는 의미이다.

8.2.2   단열방정식

　단열온도변화에서는 온도(T)와 압력(p)사이의 관계식을 이끌어낼 수 있다. 기체들의 움직임을 기술하는 또 다른 기본 법칙은 샤를의 법칙(Charles's law)이다. 즉 만약 기체의 압력이 일정하게 유지된다면 기체 밀도는 기체 온도에 역비례한다는 것이다.

건조공기인 경우 샤를의 법칙과 보일의 법칙에 의해서 기술되는 결과들을 결합하면 아래와 같은 모양의 이상기체법칙(ideal gas law)을 유도할 수 있다.

$$pV = R_d T \tag{8-2}$$

여기서 V는 기체의 비적(즉 단위 질량당 체적)이고 R_d는 건조공기의 기체상수이다. 단열변화에서 압력과 온도사이의 관계식을 결정하기 위해서는 두 가지 물리량에 주목할 필요가 있다. 이들은 정압비열(C_p)과 정적비열(C_v)이다.

수학적으로 정압비열은 다음과 같이 정의된다.

$$C_p = \left(\frac{dQ}{dT}\right)_p \tag{8-3}$$

반면 정적비열은 아래와 같이 주어진다.

$$C_v = \left(\frac{dQ}{dT}\right)_v \tag{8-4}$$

이것들이 뜻하는 것은 일정한 압력과 일정한 체적에서 기체의 단위질량의 온도를 1 ℃ 올리는 데 필요한 열이다. 단열변화인 경우 비공기덩이(specific air parcel)에서 일어나는 압력에 따른 온도의 변동을 알아내기 위해서는 dQ를 영으로 하여 $pV = R_d T$와 식(8-4)을 결합할 필요가 있다.

단열변화인 경우, 그리고 특정한 공기덩이인 경우 아래와 같다.

$$T = 상수 \times p\kappa \tag{8-5}$$

여기서 κ는 R_d를 C_p 로 나눈 비로서 $C_p - C_v$이다. 숫자로 나타내면 0.288이다. 그러므로 특정한 공기덩이인 경우 온도는 단지 압력에 의해서만 변한다. 상수 값은 공기덩이의 특성에 따라 변한다. 결과적으로 공기가 전체 대기환경을 통하여 단열적으로 상승하거나 하강할 때 나타나는 현상과 같이 공기덩이의 압력이 증가 또는 감소하게 되면 온도가 상승 또는 하강하는 결과가 초래된다.

8.2.3 온위

식 (8-5)는 단열팽창 또는 수축하는 건조공기덩이의 온도는 오직 압력에 의해서만 이루어진다는 것을 나타내고 있다. 이것은 공기덩이를 단열적으로 1,000 hPa(전형적인 평균 해수면압력과 거의 근접한 개략적인 값으로 선택된 참조 값)의 압력 값으로 이동시켰을 때 갖는 온도를 의미한다. 이 온도를 온위(potential temperature, θ)라 부른다.

만약 압력 p를 hPa 단위로 표시한다면 식 (8-5)의 형태는 다음과 같이 변하게 된다. 즉,

$$\frac{T}{p^{0.288}} = 상수 = \frac{\theta}{1000^{0.288}} \tag{8-6}$$

여기서부터 아래 식이 유도된다.

$$\theta = T\left(\frac{1000}{p}\right)^{0.288} \tag{8-7}$$

여기서 T와 θ 모두는 절대온도로 표시된다.

만약 두 공기덩이를 단열적으로 이동시켜 동일한 기압이 되도록 한다면, 대기 중의 다른 기압을 가진 두 건조 공기덩이들의 온위를 비교할 수 있으며 둘 중에 어느 공기덩이(가장 높은 온위를 가진 공기덩이)가 더 따뜻하게 될 것인가를 쉽게 결정할 수 있을 것이다. 기상학자들이 연직운동을 고려할 때 왜 온위라는 용어를 사용하는지를 이 점이 말해주고 있다. 즉 이것을 사용하면 팽창 또는 수축으로 인한 어떠한 온도 변화도 자동적으로 설명된다. θ와 T들이 어떤 공기덩이의 상태와 기압에서 결정되었는가를 아는 것이 매우 중요하다. 이 사실은 단열선도를 작성하는 데 유용하다.

8.2.4 건조단열감률

건조 공기덩이가 고도에 따라 움직일 때 어떤 비율로 온도변화를 하고 있는가? 불포화 공기덩이의 감률(건조단열감률 ; DALR, Γ)은 9.8 ℃ km^{-1}이다.

이 값의 결정은 고도(z)에 따른 기압의 변동은 공기 밀도(ρ)의 함수로서 결정된다. 즉,

$$\frac{dp}{dz} = -\rho g \qquad\qquad (8-8)$$

이 식을 정역학방정식이라 하며 여기서 g는 중력가속도이다. 식(8-7)과 열역학 제1법칙을 결합하면 다음 식을 유도해낼 수 있다.

$$\frac{dT}{dz} = -\frac{g}{C_p} = \Gamma \qquad\qquad (8-9)$$

여기서 중력가속도의 값은 약 9.81 m s^{-2}이고 Cp는 약 1,005 J kg^{-1}이다.

8.2.5 포화단열감률

물론 실제 대기는 모두가 건조하지는 않는다. 상승에 의한 단열 냉각은 필연적으로 상승하는 공기덩이를 포화시키게 된다. 더욱더 상승하게 되면 공기덩이 속에 있는 수증기는 응결하게 된다. 응결과정은 실제로 공기덩이를 가열하게 되는데 이는 수증기가 물로 전환함에 따라 나타나는 숨은열 방출에 의해서 일어난다. 응결이 일어나지 않은 경우보다 응결이 일어나는 경우의 감률이 더 적게 나타난다. 이 경우의 감률을 포화단열감률(SALR)이라하며 Γ_s로 표시한다.

특정한 온도에서는 공기덩이 내에 존재하는 수증기가 내놓을 수 있는 압력(증기압)에는 상한이 존재한다. 이 상한의 압력을 포화 수증기압(Saturation Vapor Pressure ; SVP)이라 한다. 수증기압은 순수한 물(또는 과냉각 물 또는 낮은 온도에서의 얼음)의 평면상에서 나타나는 증기압으로 정의된다. 공기덩이 속에 존재하는 물의 양을 표시하는 또 다른 용어로는 혼합비(mixing ratio)가 있다. 혼합비란 공기덩이 내의 건조공기의 질량에 대한 수증기 질량의 비율이다. SVP에 대응되는 개념으로는 포화혼합비(r_w)가 있다. 이는 공기덩이의 온도와 압력에 종속되는 양이다.

응결과정 동안에 방출되는 열은 수학적으로 표시하면 $L_v dr_w$인데, 여기서 L_v는 기화열을, dr_w는 공기덩이의 포화혼합비 변화를 나타낸다. 이들을 사용하여 SALR을 나타내면 다음과 같다.

$$\Gamma_s = \Gamma + \left(\frac{L_v dr_w}{C_p dz}\right) \qquad\qquad (8-10)$$

상승하는 공기덩이 내부의 수증기는 비교적 낮은 온도에서도 응결이 다 일어나며 초
과된 수증기가 액체수(liquid water)로 변하는 응결과정으로 인하여 작은 양의 열이 방출
된다. 이러한 가열 효과는 상승하고 포화된 공기덩이가 상승하고 불포화된 공기덩이에
비해서 고도에 따른 온도의 감소가 적게 나타나게 한다. 높은 온도에서 포화공기가 건조
공기 매 킬로그램당 15에서 20 g 정도의 수증기를 포함하고 있다면, SALR은 DALR의
1/3가량까지 줄어든다. 낮은 온도(대류권 상부에서의 온도)에서는 그곳에 존재하는 수증
기가 거의 없기 때문에 SALR과 DALR의 차이는 거의 없다.

8.2.6 습구온위

불포화 공기덩이에 대한 유용한 표지온도가 온위라면, 포화 공기덩이에 대한 표지온도로
기상학자들이 주로 사용하는 것이 바로 습구온위(wet-bulb potential temperature ; WBPT)
이다.

만약 액체수가 바깥쪽으로부터 공급되어 일정한 전체 압력(건조공기와 수증기의 총 압
력)공기덩이로부터 한 공기덩이가 증발되고 SVP가 실제증기압까지 떨어질 때까지 공기
덩이로부터 열이 추출된다면(즉 포화에 도달하게 된다면), 습구온도에 도달하게 될 것이
다. 이 과정은 백엽상 내에서 일어나며 이때의 습구온도는 상대습도를 계산하는 데 필요
하다 ; 습구온도 심지에는 물통으로부터 물이 공급되며, 반면에 습구온도계의 심지로부터
물을 증발시키는 데 필요한 열에너지는 습구 자체에서 전도된다. 그러므로 습구온도의
눈금은 항상 건구온도의 눈금보다 적게 가리킨다.

습구와 건구온도계 사이의 눈금차는 공기의 습도를 결정짓는 데 사용된다. 일반적으로
공기의 습도가 낮으면 낮을수록 습구심지로부터의 물은 더 많이 쉽게 증발하게 될 것이
고 그래서 두 눈금차는 더욱더 크게 될 것이다. 공기의 습도를 기술하는 다른 용어로는
'이슬점온도(dew-point temperature)'가 있다. 이것은 만약 공기덩이가 포화될 때까지 일
정한 압력 하에서 단열적으로 냉각된다고 가정하였을 때 공기덩이가 나타내는 온도이다.

만약 공기덩이가 증발하는 가운데서도 포화상태로 유지되고 그것이 가지는 압력이 증
가되어 1,000 hPa 기준압력까지 도달하게 된다면, WBPT가 얻어지게 될 것이다. 단열적
으로 상승하는 포화공기덩이는 WBPT를 보존할 것이다. 사실 WBPT는 만약 건조공기덩
이를 들어올리거나 또한 포화나 불포화공기덩이를 아래로 끌어내리게 되는 경우에도 보
존될 것이다.

8.3 대기안정도

왜 어떤 상황에서는 공기가 상승하고 다른 상황에서는 하강하는가를 이해하기 위해서는 안정과 불안정의 개념을 아는 것이 매우 중요하다. 대기안정도는 상승공기덩이의 온도를 주위 온도와 비교하여 판단할 수 있다.

대류권 내의 온도는 수평과 연직으로 모두 변동한다. 이러한 변동은 대규모 침강(예를 들면 고기압지역의 침강)과 지면의 태양가열이 대기를 뒤섞이게 할 때까지 지속되는 야간동안의 지면 냉각(가끔 야간지면복사역전을 일으킨다)과 같은 요인들에 의해서 일어난다. 감률의 차이가 대기 내의 대류를 유발하거나 억제한다.

8.3.1 불포화 연직운동

대류과정은 대기 중에서 자주 발생하는 것이다. 공기를 가열하면 팽창하게 되고 그 결과 밀도가 줄어들기 때문에 이 과정은 일어난다. 지상부근의 같은 고도에서 주변공기보다 더 온난한 공기를 가진 지역이 있다면, 이곳은 주변공기보다 덜 조밀하게 될 것이고 풍선처럼 상승하게 될 것이다. 이와 비슷하게 만약 동일한 고도에서 주변공기보다 한랭한 공기가 있는 지역이 상층에 존재한다면 그곳의 공기는 주변보다 비교적 더 조밀하기 때문에 하강하게 될 것이다. 이러한 두 과정은 대류에 의해 열을 위쪽으로 전달하는 효과를 낸다.

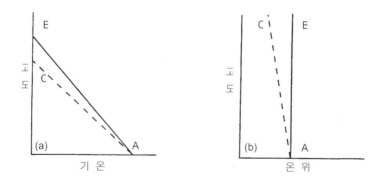

〈그림 8-1〉 (a)는 불안정하고 불포화된 대기를 표현하는 개념도이다. AB선은 A에서부터 건조단열감률과 고도에 따라 온도(T)가 하강하는 것을 나타낸다. A에서부터 AC선을 따라 실제 공기덩이가 상승한다면, 공기덩이는 주변 공기보다 항상 더 따뜻하기 때문에 계속해서 상승하게 된다. (b)는 건구 온위(θ)의 개념을 나타내는 것으로 AB선을 따라 공기덩이가 상승하는 경우에는 높이에 따라 건구 온위의 변화가 없으나 AC선을 따라 공기덩이가 상승하는 경우에는 높이에 따라 건구 온위가 낮아지게 된다.

〈그림 8-1(a)〉의 실선 AB는 건조단열감률(9.8 ℃/km)을 표시하며 고도 상승에 따른 공기덩이의 온도(T)변화를 보여준다. 또한 〈그림 8-1(a)〉의 파선 AC는 건조단열 감률보다 더 높은 감률을 갖는 온도의 연직분포를 나타내고 있다. 그러므로 이런 상황 하에서 점 A에서부터 건조단열적으로 상승하는 공기덩이는 항상 주변 공기보다 더 따뜻할 것이다. 상승하는 공기덩이는 주변보다 더 따뜻하기 때문에 밀도가 주변보다 덜 조밀하여 계속적으로 상승하게 된다. 이런 대기 상태를 절대불안정(absolutely unstable) 이라 하며 열을 위쪽으로 보내기 쉬운 상태이다. 〈그림 8-1(b)〉는 온위로 표시한 동일한 상황이다. 위쪽으로 단열적으로 상승하는 공기덩이의 온위는 고도에 따라 일정하게 유지되지만(실선 AB) 주변공기의 온위는 고도에 따라 감소하게 된다(파선 AC).

〈그림 8-2〉는 상승하는 공기덩이의 온도가 주변공기보다 더 빨리 떨어지는 상황을 보여준다. 〈그림 8-2(a)〉에서 상승하는 공기덩이는 항상 주변공기보다 한랭하게 되며 주변 공기보다 높은 밀도가 A지점으로 되돌아가게 한다는 것을 보여주고 있다. 이런 경우의 대기 상태를 안정(stable)이라 한다. 〈그림 8-2(b)〉에서 온위의 연직 분포는 위쪽으로 가면 증가하는 것으로 나타난다.

중립대기(neutral atmosphere)는 상승하는 공기덩이와 주변공기의 감률이 동일한 곳에서 나타난다. 일반적으로 대기 감률은 대류권내에서는 변동한다는 점을 명심하여야 한다. 즉 대기는 동일한 연직 분포에서도 안정과 불안정 지역이 모두 존재한다.

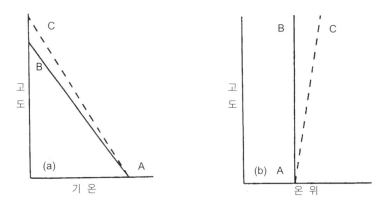

〈그림 8-2〉 (a)는 안정하고 불포화된 대기를 표현하는 개념도이다. AB선은 A에서부터 건조단열 감률에 따라 고도에 따라 온도(T)가 하강하는 것을 나타낸다. A에서부터 AC선을 따라 실제 공기 덩이가 상승한다면, 공기덩이는 주변 공기보다 항상 더 차갑기 때문에 상승이 중단되고 하강하게 된다. (b)는 건구온위(θ)의 개념을 나타내는 것으로 AB선을 따라 공기덩이가 상승하는 경우에는 높이에 따라 건구온위의 변화가 없으나 AC선을 따라 공기덩이가 상승하는 경우에는 높이에 따라 건구온위가 높아지게 된다.

8.3.2 역전층

일반적으로 온도는 고도가 증가하면 감소하지만 고도가 증가하면 짧은 거리상에서 온도가 증가하는 상황도 존재한다. 이러한 점을 간단히 앞에서 설명하였고, 이런 기상현상을 역전층이라 부른다.

지표면 부근의 역전층은 보통 대단히 짧게 나타난다. 그러나 광범위한 고기압성 침강(보통 지면으로 형성됨)은 며칠간 지속되는 역전층을 만들 수 있다. 역전층 내에서는 대류가 강하게 억제되며 혼합도 대단히 약하게 일어난다(〈그림 8-3〉 참조). 만약 역전층이 수일 동안 지표부근에 자리잡고 있으면 그 결과에 의하여, 지상에서 발생한 오염물질들이 높은 곳으로 퍼져나가는 대신에 아주 가까운 지표면 근처에 축적될 수 있다.

고도에 따른 증가율이 고도에 따라 감소하는 실제온도에 비해서 충분히 적다고 할지라도, 대기의 온위는 일반적으로 고도가 증가함에 따라 증가하기 때문에 역전층을 초래한다. 그러나 대규모 침강의 조건하에서, 높은 온위를 가진 공기는 침강에 의해 밀려나기 때문에 온위의 연직경도가 증가하게 된다. 이 연직경도는 짧은 연직 거리 상에서는 고도에 따라 실제온도를 충분히 증가시킬 만큼 증가된다.

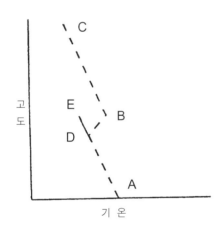

〈그림 8-3〉 역전층 내에서의 연직 공기 상승의 억제를 나타내는 단면도. 파선 ADBC는 임의 시각에서의 고도에 따른 공기의 온도 변동을 표현한 것이다. 여기서 DB 부분이 역전층이다. 실선 DE는 역전층 밑 부분에서 건조단열감률로 치올려졌을 때의 온도 분포를 나타낸 것이다. DE에 따른 온도는 DB에 따른 온도보다 항상 낮기 때문에, D에서부터 상승한 공기는 주변 공기보다 더 차가워져 곧 바로 D점으로 되돌아오게 된다.

8.3.3 포화 연직운동

포화된 기단은 건조단열감률(Γ)보다 더 작은 포화단열감률(Γ_s)로 냉각한다. 기온감률이

Γ_s보다는 크고 Γ보다는 작은 경우의 상황은 포화공기덩이의 상승에는 도움이 되지만 불포화공기덩이의 상승에는 도움이 되지 못한다(〈그림 8-4〉 참조). 이런 상태의 대기를 조건부 불안정(conditionally unstable)이라 한다.

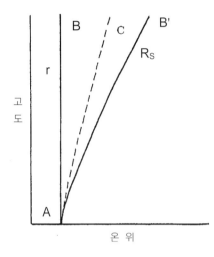

〈그림 8-4〉는 조건부 불안정 대기의 개념을 보여주는 단면도이다. AB선은 불포화 공기의 건조단열감률(Γ)을 나타내며 AC선은 고도에 따라 건구 온위(θ)가 약간 증가하는 것을 나타낸다. 그러나 만약 공기덩이가 상승하는 도중에 포화에 도달하면, 기온감률은 AB'선을 따라 나타나게 된다. 이 감률을 포화단열감률(Γs)이라 한다.

8.4 치올림 응결고도

공기덩이가 상승하면 이슬점 온도까지 냉각될 수 있다. 이렇게 되면 공기덩이는 포화되어 응결하거나 구름을 형성하게 된다. 이런 상황이 일어나는 높이를 치올림 응결고도(lifted condensation level ; LCL)라 한다. 만약 공기덩이가 이 고도 위로 상승하면 공기덩이는 포화단열감률(SALR)로 서서히 냉각된다.

〈그림 8-5〉에 나타난 예를 고려하기로 하자. 해수면 상의 공기덩이의 온도는 30 ℃, 이슬점 온도는 14 ℃, 기압은 1,010 hPa이다. 만약 공기덩이를 강제로 상승시키면, 공기덩이의 온도는 포화가 될 때까지 10 ℃/km의 건조단열감률로 냉각될 것이다. 그러나 이슬점 온도는 혼합비 선을 따라 2 ℃/km의 비율로 냉각된다. 이 두 선이 만나는 점이 치올림 상승고도가 된다.

만약 공기덩이의 지상 기온(T)과 이슬점 온도(T_d)를 안다면, 식 (8-11)으로 교차 고도를 계산할 수 있다.

$$T_d - 2x = T - 10x \tag{8-11}$$

식 (8-11)의 좌변은 이슬점 온도의 감소를 나타내고, 우변은 기온의 감소를 나타낸다. 어떤 고도 x에서 두 식은 동일하게 된다. 식 (8-11)을 풀면 다음과 같다.

$$(10\,x - 2\,x\,)(\text{℃}/km) = T - T_d \tag{8-12}$$

$$8\,x = (30 - 14)\text{℃}/(\text{℃}/\text{km}) \tag{8-13}$$

$$x = 2 \text{ km}$$

그러므로 위의 식을 일반화시키면 다음과 같은 치올림 응결고도를 구하는 식을 이끌어 낼 수 있다.

$$\text{LCL(km)} = \frac{T\,(\text{℃}) - T_d(\text{℃})}{8} \tag{8-14}$$

또는

$$\text{LCL(m)} = 125[\,T\,(\text{℃}) - T_d(\text{℃})\,] \tag{8-15}$$

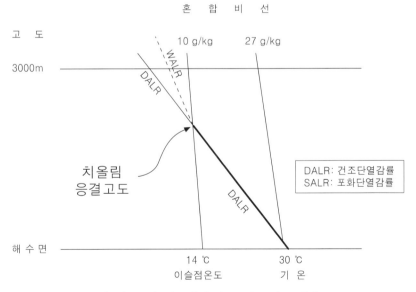

〈그림 8-5〉 치올림 응결고도를 구하는 방법

* 과 학 자 탐 방 *

자크 알렉산드르 세자르 샤를(Jacques Alexandre César Charles, 1746~1823)

프랑스의 물리학자·수학자. 샤를의 법칙 발견자인 자크 샤를은 1746년 11월 12일 프랑스 루아레 현(Loiret) 보장시(Beaugency)에서 태어났다. 어렸을 때 그는 과학과는 무관한 교육을 받았다. 그는 기본 수학만을 배웠고 실제적인 과학은 거의 공부하지 못하였다. 공부를 마친 후 파리로 이주한 그는 파리에 소재한 재무국의 서기로 근무하게 되었고, 이곳에서 일하는 동안 과학에 관심을 가지게 되었다. 1779년 미합중국의 대사 벤저민 프랭클린(Benjamin Franklin, 1706~1790)이 파리를 방문하였을 때 전기에 관한 그의 실험을 전해 들은 샤를은 실험 물리학에 대해서 공부하기로 마음먹게 되었다. 1781년 공부를 시작한 지 1년 6개월 만에 그는 그가 배운 것들에 대해 대중 강연을 가졌다. 여기에서 그는 그 자신이 직접 제작한 실험 장치를 가지고 프랭클린의 발견을 보급시켰다.

자크 샤를은 액체비중계(hydrometer)와 반사 측각기(reflecting goniometer) 등 여러 가지 측기들을 발명하였다. 또한 그래브샌드 일광반사장치(Gravesand heliostat)와 파렌하이트 기량계(Fahrenheit's aerometer)를 개량하였다. 또 1787년에는 기본 기체 법칙의 하나인 샤를의 법칙을 발견하였다. 오래전인 1699년 기욤 아몽통(Guillaume Amontons, 1663~1705)은 동일한 온도에서 상승하는 경우 여러 가지 기체들은 동일한 양으로 팽창한다는 사실을 발견하고, 이를 발표한 바 있었다. 샤를은 산소, 질소, 수소를 사용하여 아몽통이 도출한 결론에 도달할 때까지 실험을 반복하였고 마침내 온도 상승에 따른 정확한 기체 팽창량을 알아냈다. 온도가 1 ℃ 증가할 때마다 부피는 0 ℃ 때 부피의 1/273씩 증가한다는 것을 알아낸 것이다. 이것은 만약 기체가 −273 ℃로 냉각된다면, 그것의 부피는 영이 된다는 것을 의미하는 것이다. 이 −273 ℃가 바로 '절대영도(absolute zero)'이다.

샤를은 이러한 실험 결과들을 발표하지는 않았지만, 조제프 게이뤼삭(Joseph Gay-Lussac, 1778~1850)에게 이러한 사실을 알려주었다. 게이뤼삭은 이러한 실험을 반복하여 일반적인 법칙을 이끌어 냈고, 프랑스에서는 게이뤼삭 법칙(Gay-Lussac's Law)로 알려지게 되었다. 그러나 프랑스 이외의 나라에서는 모두 샤를의 법칙(Charles's Law)으로 부르고 있다.

1785년 샤를은 프랑스 과학 아카데미(Académie des Sciences)의 정회원으로 선출되었고 후에 Paris Conservatoire des arts et Métiers(Conservatory of Arts and Careers)의 물리학 교수가 되었다. 그는 1823년 4월 7일 파리에서 사망하였다.

실습일자	년 월 일	학과	번	성 명	

실 습 보 고 서

【실습 문제】

1. 아래에 제시한 값들은 오후 3시에 라디오존데 관측으로 얻은 기온 자료들이다.

 (1) 이 자료를 이용하여 아래 그래프에 기온의 연직 단면도를 작성하시오.

고도(m)	0	300	600	900	1,200	1,500	1,800	2,100	2,400	2,700	3,000
4월 8일	11	9	7	5	3	1	−1	−3	−5	−7	−8
6월 9일	16	14	12	13	14	12	10	8	6	4	2
12월 10일	4	6	7	5	3	1	−1	−3	−5	−7	−8

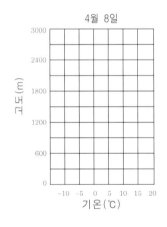

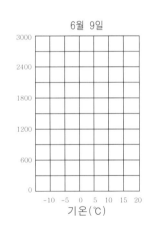

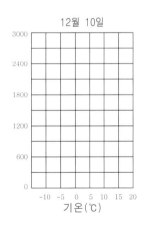

 (2) 위의 라디오존데 자료를 이용하여 다음 물음의 기온감률과 안정도를 계산하시오.

 1) 4월 8일 : 0~300 m

2) 4월 8일 : 1,200~3,000 m

3) 6월 9일 : 0~300 m

4) 6월 9일 : 1,200~3,000 m

5) 12월 10일 : 0~300 m

6) 12월 10일 : 1,200~3,000 m

7) 대기의 평균 기온감률과 비슷한 날은?

8) 지표면 부근의 역전층이 존재하는 날은?

9) 상층 역전층이 존재하는 날은?

10) 가장 기온감률이 큰 날은?

11) 가장 불안정한 기층을 가지는 날은?

2. 건조 공기덩이가 단열온도변화를 한다면 지표면으로부터 이 공기덩이가 위로 올려졌을 때 100 m 당 고도가 증가할 때 공기덩이의 온도를 계산하시오.

높이(m)	온도(℃)	높이(m)	온도(℃)
1,000	_____		
900	_____	400	_____
800	_____	300	_____
700	_____	200	_____
600	_____	100	_____
500	_____	지표면	35

3. 아래 상황을 고려하여 아래 표를 완성하시오.

(1) 공기덩이 A는 지표면 온도가 28 ℃일 때 5 km까지 강제로 상승되었다. 치올림 응결고도가 1.5 km이라면 그 위의 고도에서는 포화단열감률(5 ℃/km)로 냉각되었다. 아래 표의 빈칸을 채우시오.

(2) 공기덩이 B는 지표면 온도가 10 ℃일 때 5 km까지 강제로 상승되었다. 치올림 응결고도가 1.5 km이지만 그 위의 고도의 포화단열감률은 7 ℃/km로 나타났다. 아래 표의 빈칸을 채우시오.

공기덩이 A 기온(℃)	고도(km)	공기덩이 B 기온(℃)
	5.0	
	4.5	
	4.0	
	3.5	
	3.0	
	2.5	
	2.0	
	1.5	
	1.0	
	0.5	
28 ℃	지표면	10 ℃

(3) 위의 두 경우를 비교·설명하시오.

4. 아래 표를 이용하여 다음 물음에 답하시오.

기압(hPa)	온도(℃)	이슬점 온도(℃)
1,000	−0.6	−8.1
850	−11.4	−11.6
700	−11.4	−30.4
600	−8.4	−25.5
500	−27.7	−44.3
400	−39.1	−53.7
300	−49.9	−60.0

(1) 가장 기온의 연직 변화가 심한 기층은 어디인가? 또 가장 변화가 작은 기층은 어디인가?

(2) 절대 불안정한 기층을 찾으시오.

(3) 조건부 상태는 어디인가?

(4) 절대 안정한 기층을 찾아라.

(5) 중립상태에 있는 층은 어디인가?

(6) 역전층은 어디에서부터 시작하는가?

(7) 만약 지표면의 기압이 1,000 hPa이라면 치올림 응결고도는 얼마인가?

5. 아래 그림은 공기덩이가 산맥 위를 강제로 상승하는 경우를 나타낸 것이다. 산맥의 풍
  상측의 해수면 상의 기온은 25 ℃이고 이슬점온도는 13 ℃이다.

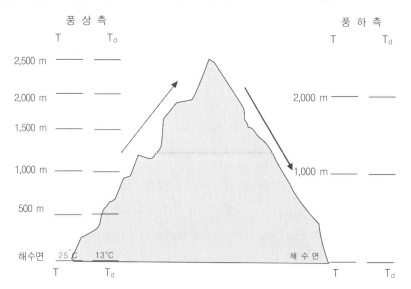

(1) 산맥의 풍상측과 풍하측의 여러 높이에서의 공기덩이의 온도와 이슬점온도를 그림
   에 기입하시오. 단, 포화단열감률은 5 ℃/km로 가정한다.

(2) 구름 밑면인 치올림 응결고도(LCL)의 고도는 얼마인가?

(3) 풍하측 해수면 상의 기온과 이슬점온도는 얼마인가?

(4) 풍하측의 지상 부근에 나타나는 바람의 특성은?

(5) 연중 풍향이 일정하다면 풍하측 해안가에 사막이 나타나는가? 만약 나타난다면 그
   이유와 이런 경우의 사막을 무엇이라 부르는가?

【복 습 과 토 의】

1. 적도와 북극지역 중 습윤단열감률이 더 큰 곳은 어디인가? 이유를 설명하시오.

2. 습윤단열감률과 건조단열감률이 다른 이유는 무엇인가?

3. 역전층이 매우 안정한 대기를 의미하는 이유는 무엇인가?

4. 높새바람이 일어나는 원인을 설명하시오.

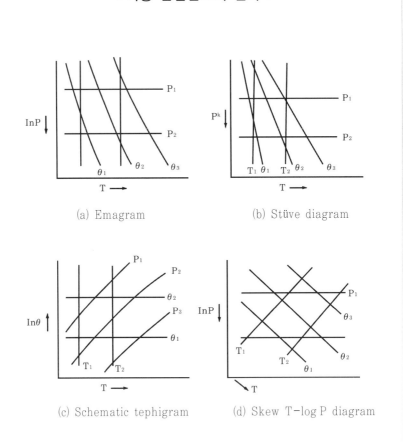

(a) Emagram

(b) Stüve diagram

(c) Schematic tephigram

(d) Skew T−log P diagram

제9장 구름과 강수

9.1 목 적

수증기의 응결로 나타나는 구름들의 분류와 이들 구름에 의한 강수 형태 및 관측 등에 대해서 알아보고자 한다.

9.2 개 관

2,000년 전 사람들에게 구름은 두려움의 대상이면서 동시에 신비의 대상이었다. 그 후 과학자들은 구름이 무엇으로 구성되어 있는지 연구하기 시작했고, 차츰 대기현상으로 구름을 탐구하기 시작했다. 과학자들은 어떤 구름이 구체적으로 어떤 날씨조건들과 연관이 있는지 알아냈고, 이 결과를 정리하는 과정에서 기상 관련 사항들을 보다 체계적으로 분류·정리할 필요성을 느끼게 되었다. 그래서 오늘날 우리가 기상학에 사용하는 구름과 날씨에 관한 약자, 기호, 전문 등이 개발된 것이다. 전문은 자세한 관측 자료들을 전송과 자료 보관에 용이하도록 압축한 것이다.

9.2.1 구름 분류

구름과 구름 분류의 이해를 위한 초기 연구는 밀레투스의 과학자인 탈레스(Thales, 625 BCE ~ 548 BCE)에 의해서 수행되었지만 오늘날 사용되는 구름 분류의 역사는 애스케시안 학회(Askesian Society)에서 1802년 루크 하워드(Luke Howard, 1772~1864)가 발표한 구름 분류의 강연으로부터 시작된다. 여기에서 하워드는 어떻게 구름이 4가지 기본 구름 모양(genera)으로 분류되는지에 대해서 설명하였다. 4가지 기본 구름 모양은 실 모양 구름인 권운(cirrus), 무더기 구름인 적운(cumulus), 평평한 구름인 층운(stratus), 비구름인 난운(nimbus)이다.

구름은 나타나는 모양에 따라서 10개의 기본 구름 모양(Genera)으로 나눈다. 그리고 발생하는 높이에 따라 하층구름, 중층구름, 상층구름, 연직 발달 구름으로 구분된다. 기본 운형은 그 형태나 내부 구조에 따라서 다시 종(species)으로 세분되며, 이들은 구름 조각들의 배열상태나 투명도에 따라서 변종(variaties)으로 다시 나누어진다.

관측된 구름은 반드시 어떤 하나의 기본 운형에 속하여 단 하나의 종의 명칭만을 가질 수 있다. 종은 서로 확연히 구분되기 때문에 하나의 구름에 대해서 둘 이상의 종의 명칭을 가지지 못한다. 그러나 변종은 여러 가지 기본 운형에 공통적으로 나타날 수 있으므로 한 가지 구름에도 몇 가지 변종의 명칭을 붙여서 사용할 수 있다. 구름은 때때로 그 구름에 붙어 있는 일부분이 특색 있는 구름 즉 보충형(supplementary features)으로 나타나는 경우도 있고 그 구름과는 별도로 통상 작은 구름이 부수하여 나타나는 구름, 즉 부속구름(accessary clouds)을 동반하는 경우도 있다. 부속 구름은 원 구름에 붙어 있는 수도 있고 따로 떨어져 있는 수도 있다. [표 9-1]에 기본 구름 모양, 종, 변종, 보충형, 부속구름, 어미구름의 이름, 부호, 약자 등을 나타내었다.

[표 9-1] 기본구름모양, 종, 변종, 보충형, 부속구름, 어미구름의 이름, 부호, 약자

기본구름모양	부 호	종	약 어	일반적으로 관련되는 구름
권운(Cirrus)	Ci	단편구름(Fractus)	fra	St, Cu
권적운(Cirrocumulus)	Cc	안개구름(Nebulus)	neb	St, Cs
권층운(Cirrostratus)	Cs	층상구름(Stratiformis)	str	Sc, Ac, Cc
고적운(Altocumulus)	Ac	렌즈구름(Lenticularis)	len	Sc, Ac, Cc
고층운(Altostratus)	As	탑상구름(Castellanus)	cas	Sc, Ac, Ci, Cc
난층운(Nimbostratus)	Ns	편평구름(Humilis)	hum	Cu
층적운(Stratocumulus)	Sc	중간구름(Mediocris)	med	Cu
층운(Stratus)	St	웅대구름(Congestus)	con	Cu
적운(Cumulus)	Cu	무모구름(Calvus)	cal	Cb
적란운(Cumulonimbus)	Cb	다모구름(Capillatus)	cap	Cb
		수술구름(Floccus)	flo	Ac, Ci, Cc
		섬유구름(Fibratus)	fib	Ci, Cs
		농밀구름(Spissatus)	spi	Ci
		낚시구름(Uncinus)	unc	Ci

변 종	약 어	보충형	약 어	부속구름	약 어
이중구름(Duplicatus)	du	미류구름(Virga)	vir	조각구름(Pannus)	pan
엉킨구름(Intortus)	in	강수구름(Praecipitatio)	pra	모자구름(Pielus)	pil
벌집구름(Lacunosus)	la	유방구름(Mamma)	mam	베일구름(Velum)	vel
방사구름(Radistus)	ra	아치구름(Arcus)	arc		
파상구름(Undulatus)	un	쇠모루구름(Incus)	inc		
늑골구름(Vertebratus)	ve	깔때기구름(Tuba)	tub		
불투명구름(Opacus)	op				
틈새구름(Perlucidus)	pe				
반투명구름(Translucidus)	tr				

Mother-clouds(어미구름), i.e. Stratocumulus cumulogenitus-Sc cugen

9.2.2 기본 구름 모양

(1) 상층 구름(C_H)

상층 구름은 6,000 m 이상의 높이에서 발생하는 것으로 권운, 권적운 그리고 권층운이 여기에 속한다. 이들의 특징은 다음과 같다.

1) 권운(Cirrus ; Ci)

흰색의 가느다란 선이나 흰색의 반점 또는 좁은 띠 모양의 흩어져 있는 구름으로서 그 외관은 섬유와 같으며 명주와 같은 광택을 가지고 있다. 구름의 조성은 얼음 알갱이(빙정)으로 되어 있으며 햇무리 현상이 나타나는 수도 있으나 그 폭이 좁기 때문에 햇무리가 완전한 동그라미가 되는 일은 없다.

권운은 권적운, 고적운이 꼬리(미류운)를 늘여서 되거나 적란운의 정상부에서 생기는 수가 많다. 또 권운은 권층운의 엷은 부분이 증발하여 없어지고 짙은 부분만이 남아서 되는 때도 있다.

2) 권적운(Cirrocumulus ; Cc)

조약돌을 배열하여 놓은 것 같은 작은 운편들의 모임, 또는 가느다란 물결과 같은 모양의 얇고 흰 구름으로 음영은 나타나지 않는다. 작은 운편들은 서로 붙어 있을 때도 있고 뿔뿔이 흩어져 있을 때도 있으나 어느 때라도 무척 규칙적인 배열을 하고 있다. 각 운편의 대부분은 외관상 시각이 1°(팔을 쭉 펴고 손을 보았을 때 새끼손가락의 폭 넓이)

미만이다. 권적운은 예외 없이 얼음 알갱이로 되어 있으나 현저히 과냉각된 작은 물방울이 존재하는 경우도 나타나나 이것은 급속히 얼음 알갱이로 변해가는 경우가 보통이다. 권적운은 그 구름을 통해서 해나 달의 위치를 확인할 수 있을 정도로 엷어서 광환(Corona) 혹은 채운 현상이 관측되는 경우도 있다.

3) 권층운(Cirrostratus ; Cs)

베일 모양의 허여스름한 엷은 구름으로 섬유상을 하거나 또는 엷은 천과 같은 외관을 하고 있다. 이 구름은 하늘의 일부를 덮고 있는 경우도 있고 온 하늘을 덮고 있을 때도 있다. 보통 햇무리 또는 달무리 현상이 일어난다. 권층운은 얼음 알갱이로 되어 있으며 고공에서 광범위한 기층이 천천히 상승할 때 발생한다. 권운이나 권적운의 운편이 서로 합쳐져 형성되는 수도 있다. 또한 권적운에서 내려온 얼음알갱이들로 되는 수도 있으며 고층운이 엷어져서 되는 수도 있고 또 적란운의 쇠모루형의 윗부분이 퍼져서 되는 경우도 있다.

(2) 중층 구름(C$_M$)

중층 구름은 2,000~6,000 m에 발생하며 여기에는 고적운과 고층운이 존재한다.

1) 고적운(Altocumulus ; Ac)

엷은 판자나 둥그런 덩어리 또는 롤러 형의 운편이 모여서 된 백색이나 회색의 구름으로 보통 음영을 갖고 있다. 구름이 덮은 범위는 아주 작을 수도 있지만 한쪽 끝이 지평선(수평선)에 닿아 있을 때도 있고 전천에 퍼져 있는 수도 있다. 구름 조각은 부분적으로는 섬유상을 하고 있는 것도 있으며, 또 구름 조각들이 서로 붙어 있는 수도 있고, 띄엄띄엄 떨어져 있는 수도 있다. 규칙적으로 배열된 구름 조각 윗부분의 폭은 시각 1°~5°사이에 있는 것이 보통이다. 고적운은 거의 대부분 수적으로 되어 있으나 아주 저온일 때는 일부가 빙정으로 되어 있는 경우도 있다. 고적운의 엷은 부분에는 광환 또는 채운 현상이 잘 나타난다.

2) 고층운(Altostratus ; As)

무늬가 있거나 줄무늬로 된 회색 또는 엷은 검정색의 구름으로 때로는 무늬가 없이 일정한 회색으로 보일 때도 있다. 이 구름은 하늘 전체를 덮을 때도 있고 한쪽 끝만이 지평선(또는 수평선)에 닿아 있는 경우도 있다. 이 구름의 얇은 부분에서는 마치 우윳빛 유리를 통해서 보는 것과 같이 해의 위치가 어렴풋이 드러날 정도이나 햇무리(또는 달무리) 현상은 나타나지 않는다. 고층운은 수적과 빙정으로 되어있으며 우적이나 눈 조각을 포함하는 경우도 있다. 고층운은 특히 광범위하게 퍼져 있는 경우(수백 ㎞)가 많고 연직 방향의 두께도 아주 두터운(수 ㎞)것이 보통이다. 고층운은 강수 현상을 동반하는 경우도 있으나 이것은 지상까지 도달하지 못하고 중간에서 증발하는 수가 많다. 고층운은 넓은 범위의 기층이 천천히 상승하여 만들어지거나, 권층운이 두터워져 만들어진다. 또 넓은 범위에 걸쳐 얼음 알갱이의 미류운을 가진 고적운에서 발생하는 경우도 있다.

(3) 하층 구름(C_L)

하층 구름은 2,000 m 미만의 높이에서 발생하는 구름으로 난층운, 층적운, 층운이 여기에 해당된다.

1) 난층운(Nimbostratus ; Ns)

짙은 회색의 구름층으로 형성되며 통상 연속적인 비 또는 눈을 내리게 하는데, 이 눈이나 비로 인해 흐려져 보인다. 이 구름은 어느 부분도 해를 완전히 가려 버릴 만큼 두텁다. 낮은 조각구름이 이 구름 밑에 발생하는 경우가 많으며, 이 편운은 위의 난층운과 연결되어 버리는 수도 있다. 난층운의 구성은 수적과 우적, 빙정과 눈 조각 그리고 이들의 혼합으로 되어 있다. 난층운은 보통 넓은 기층이 서서히 상승될 때 생긴다. 또 고층운이 두터워지거나 그 운저가 낮아져서, 혹은 적란운이 퍼져서 발생할 수도 있다. 드문 경우이지만 층적운이나 고적운이 두터워져서, 발달한 적운이 퍼져서 난층운이 발생하기도 한다.

2) 층적운(Stratocumulus ; Sc)

엷은 판의 둥글둥글한 덩어리 또는 롤러 모양의 운편들이 모여서 된 구름이며 색깔은 회색이고 엷은 검정색을 띤 부분도 있다. 이 구름은 하늘의 일부분만 가릴 정도의 소규모인 때도 있으나 한쪽 끝이 지평선(또는 수평선)에 닿아 있거나 하늘 전체에 퍼져 있는 경우도 있다. 운편은 서로 연결되어 있거나 띄엄띄엄 떨어져 있는 경우도 있다. 층적운은 수적으로 되어 있는 것이 보통이나 우적이나 싸락눈을 동반하는 수도 있고 드물게는 빙정이나 눈 조각을 동반하고 있는 경우도 있다. 층적운은 고적운의 구름조각이 커져서 생기거나 고층운이나 난층운의 밑에서 발생하는 경우와 난층운이 변해서 발생하기도 한다.

또한 층적운은 층운이 상승하여 만들어지는 수가 있으며 또 층운의 높이는 변하지 않더라도 대류가 강해진다든지 파동성 기류에 의하여 층적운으로 변하는 경우도 있다.

3) 층운(Stratus ; St)

비교적 일정한 구름 밑면을 가진 회색의 구름층으로 안개, 세빙, 가루눈이 내리는 수가 있다. 이 구름을 통해서 해가 보일 때에는 그 윤곽이 뚜렷이 나타난다. 아주 기온이 낮을 때가 아니면 햇무리(또는 달무리) 현상은 나타나지 않는다. 층운은 불안정한 형의 조각구름으로 나타나는 수가 있으나 특히 악천후 때에 난층운이나 적란운 밑에 이 구름이 나타나는 수가 많다. 층운은 통상 작은 물방울(수적)로 되어 있으며 아주 저온인 때에는 빙정으로 되어 있는 수도 있다. 층운은 안개와 같이 겉보기가 일정한 구름의 층으로 나타나는 경우가 많다. 층운은 보통 지면이 가열되거나 풍속이 증가하여 안개의 층이 서서히 상승하여 발생한다. 또 해상에서 발생한 안개가 해안으로 진입하여 육지에 상륙하여 층운으로 되는 경우도 있다.

(4) 연직 발달 구름

1) 적운(Cumulus ; Cu)

윤곽이 뚜렷한 서로 떨어져 있는 농밀한 구름으로 수직으로 솟아올라 둥근 산봉우리나 탑 또는 지붕 모양을 하고 있다. 이 구름의 상부는 솟아올라 양배추와 같은 모양으로 되는 수가 있다. 해에 비치는 부분은 매우 희고 밝게 빛나 보이며 운저는 비교적 검은색이고 거의 수평을 이루고 있다. 적운은 주로 수적으로 이루어져 있고 기온이 현저하게 낮은 부분에서는 빙정이 섞여 있는 경우도 있다. 빙정이 성장하게 되면 적운은 적란운으로 변한다. 적운은 발달 정도에 따라 여러 단계의 구름으로 나타나게 된다. 이들은 편평적운(두께 : 수 10 m~100 m), 중간적운(두께 : 수 100 m~2,000 m) 그리고 웅대적운(두께가 약 2,000 m 이상으로 5,000 m를 넘을 수도 있음)으로 분류된다. 적운의 발생은 하층대기의 기온감률이 격심할 때에 공기의 대류 현상으로 발생한다. 이와 같이 큰 기온감률은 지표면이 태양복사를 받아 가열되었을 때, 또는 비교적 온난한 지면이나 수면 위를 한기가 통과할 때 일반적으로 일어난다.

2) 적란운(Cumulonimbus ; Cb)

연직 방향으로 크게 발달한 짙은 구름으로 거대한 탑이나 산과 같은 모양을 하고 있다. 구름의 정상부는 적어도 그 일부가 흩어져 있든지 섬유상의 구조를 하며 보통 편평하게 되어 있는 수가 많다. 이 부분은 쇠모루 모양이나 큰 새의 날개와 같이 퍼져 있는 경우가 많다. 이 구름의 밑면은 대단히 어둡고 그 밑에 흩어져 있는 낮은 구름을 동반하는 수가 많다. 적란운은 수적이나 빙정으로 되어 있으나 정상부는 빙정으로 되어 있다. 그 밖에 큰 빗방울, 눈 조각, 싸락우박 그리고 싸락눈 등을 포함하고 있다. 상층의 우적이나 수적들은 과냉각되어 있다. 적란운은 수평이나 연직 방향으로 퍼진 범위가 대단히 넓기 때문에 가까운 데서 그 구름 전체의 특징을 관측하기는 어렵다. 적란운은 보통 뇌전과 폭우, 폭설, 우박 및 돌풍을 동반하는 경우가 많다. 적란운의 발생은 주로 적운이 크게 발달할 때 나타나며 고층운이나 난층운의 일부가 발달해서 적란운이 되는 경우도 있다.

9.3 강수 형태(대기 중의 물 현상)

형태와 크기는 구름 내의 조건들에 달려있지만 실제로 땅에 도달하는 강수는 구름과 땅 사이의 공기층의 조건에 의해서 변형된다. 일반적으로 온도 구조는 강수가 결빙 강수로 도달할 것인가 아니면 액체수로서 도달할 것인가를 결정한다. 반면 층의 습도는 발생할 증발량과 적절한 강수 입자들의 크기를 결정한다. 두 경우에서 낙하 속도는 과정들이 작용할 수 있는 시간을 결정할 것이고, 그래서 어떻게 완벽하게 강수 형태를 나타낼 것인가를 결정하게 된다. 대기 물 현상의 주 형태를 아래에 요약하였다.

1) 비(rain) : 물방울 크기가 대부분 직경 0.5 mm 이상 되는 강수를 비라 한다.
2) 안개비(drizzle) : 직경이 0.5 mm 미만의 아주 작은 물방울들이 집결하여 내리는 강수로 얼핏 보면 공중에 떠 있는 것 같이 보이며, 대기가 약간만 움직이더라도 따라 움직이는 것을 볼 수 있다. 이슬비라 하기도 한다.
3) 눈(snow) : 구름에서 떨어지는 얼음의 결정들로 된 강수 형태. 결정의 형태는 침상(바늘 모양), 각주상(모난 기둥 모양), 판상(평판 모양) 및 수지상(나뭇가지 모양)등이 있고, 이러한 결정들이 규칙적으로 결합한 것도 있으며, 불규칙하게 결합한 덩어리를 이룬 것도 있다. 눈은 대기 중에서 수증기가 승화된 것이 모체가 되며 여기에 과냉각된 물방울이 부착되어 빙결된 것과 다소 물기를 포함하고 있는 것도 있다. 이와 같은 것들이 불규칙하게 흩어져 내리기도 하며 어떤 때는 여러 개가 결합되어 눈송이를 이루어 내릴

때도 있다.

4) 진눈깨비(sleet) : 비와 눈이 동시에 섞여 내리는 강수 현상.

5) 싸락눈(snow pellets, graupel) : 백색의 불투명한 얼음 입자의 강수 현상으로 구형(둥근 모양)이나 원추형(깔때기 모양)을 하고 있으며 그 크기는 약 2~5 mm 정도이다. 입자들은 연약하며 굳은 땅에 떨어지면 튀어 오르고 쉽게 부서진다. 싸라기눈이라고도 한다.

6) 가루눈(snow grains) : 아주 작은 백색의 불투명한 얼음 입자의 강수 현상으로서 싸락눈과 닮았지만 다소 편편한 모양이나 가늘고 긴 모양을 하고 있고, 직경은 대체로 1 mm 보다 작다. 과냉각된 층운이나 안개에서 내린다. 『쌀알눈』이라 하기도 한다.

7) 비얼음(glaze) : 비나 이슬비가 지면이나 지물에 닿아 즉시 동결되어 생긴 균질 투명한 얼음.

8) 어는비(freezing rain) : 빗방울이 지물 또는 비행중인 비행기에 얼어붙는 비.

9) 싸락 우박(small hail) : 싸락눈을 중심으로 하여 물방울들이 그 주위에 얼어붙은 것 또는 싸락눈이 부분적으로 녹았다가 얼어서 엷은 얼음층을 이룬 것이다. 싸락 우박은 보통 지상 기온이 0 ℃ 이상인 때에 내리므로 그 일부분이 녹아 있는 수도 있으며 소낙성 강수 현상으로서 적란운에서 내린다.

10) 우박(hail) : 얼음의 입자나 덩어리로 된 강수로서 직경이 5 mm에서 50 mm 또는 그 이상 되는 것도 있다. 단독으로 내릴 때도 있고 몇 개가 불규칙하게 붙어서 덩어리로 내릴 때도 있다. 우박은 얼음 덩어리만으로 될 수도 있고 투명한 층(보통 1 mm 이상)과 반투명한 층이 서로 겹쳐서 되어 있을 수도 있다. 우박은 강한 뇌전에 동반하여 비에 섞여 내리는 수가 많다.

11) 세빙(ice prisms) : 극히 작은 얼음 입자들이 서서히 내리는 현상으로 침상, 각주상, 판상 등의 결정으로 되며 대기 중에 떠다니는 것 같이 보인다. 세빙은 기온이 아주 낮은 때에 안정한 기단에서 생기며 특히 극지방에서 자주 발생한다.

12) 안개(fog) : 극히 작은 물방울들이 대기 중에 떠있거나 수평 시정이 1 ㎞ 미만인 때를 말한다. 충분히 햇빛이 비칠 때에는 안개 방울 하나하나를 눈으로 볼 수 있으며 그때에 안개방울들은 움직이고 있는 것처럼 보인다. 안개 속에서의 대기는 습하고 차갑게 느껴지며 상대습도는 100 %에 가깝다. 대체적으로 백색이지만 공업지대에서는 연기와 먼지로 인하여 회색이나 황색을 띠게 된다. 이런 경우를 스모그라고 한다.

13) 얼음 안개(ice fog) : 극히 작은 얼음의 결정들이 무수히 대기 중에 떠다니는 현상으로 수평시정이 1 ㎞ 미만인 때를 말한다. 이 결정체들은 햇빛이 비치면 반짝반짝 빛나 보인다. 얼음 안개에서도 햇무리나 달무리 또는 빛기둥 현상이 수평시정이 1 ㎞ 이상인 때는 세빙으로 취급한다.

14) 박무(mist) : 극히 작은 물방울이나 흡수성의 수용액 입자가 공기 중에 떠 있는 현상으로 수평시정이 1 ㎞ 이상인 때를 말한다. 박무가 낀 때의 대기는 안개처럼 습하고 차갑게 느껴지지는 않는다. 상대습도도 안개 때보다 낮으며 100 %가 되는 일은 없다.

9.4. 구름 관측과 강수 측정

9.4.1 구름 관측

구름 관측은 구름모양, 구름양, 구름의 이동 방향, 구름이동속도 그리고 구름높이 등에 대해서 이루어진다.

(1) 구름모양
구름모양은 10종 기본 구름 모양에 따라 주로 눈으로 관측(목측)되며 구름의 크기, 구조 및 형태 등이 포함된다.

(2) 구름양
구름양의 관측은 전 운량으로 표현되며 이들 방법 중 가장 간단한 것은 하늘을 여덟 또는 열 등분으로 갈라서 구름이 덮고 있는 부분(8 분위 또는 10 분위)을 추정하는 것이다. 그러나 이 방법은 매우 주관적이다. 그리고 여러 고도에서 추정이 이루어질 때는 상층 구름은 존재하나 하층에 숨겨져 있는 것을 결정한다는 것은 불가능하다.

(3) 구름이동방향 및 이동속도
구름의 이동방향은 구름이 진행하여 오는 방향을 말하며 8 방위로 나누어서 관측한다. 즉 북(N), 북동(NE), 동(E), 남동(SE), 남(S), 남서(SW), 서(W), 북서(NW)이다. 구름의 이동 속도는 완, 중, 급(느림, 보통, 빠름) 등 3계급으로 나누어서 관측한다.

(4) 구름높이
구름높이는 보통 관측 장소의 지면에서부터 그름 밑면까지의 높이를 말하며 100 m 단위로 표시한다. 구름의 모양으로 추정한 구름높이는 신용할 수 없는 경우가 많으므로 높이가 알려진 산이나 탐측기구(ceiling balloon) 또는 운고계(ceilometer)를 이용한다.

9.4.2 강수 관측

강수관측은 강수강도와 지속시간 및 강수량을 측정하는 것이다.

(1) 강수강도와 지속시간

강수강도와 지속시간은 주로 구름 시스템의 형태에 의해서 결정된다. 일반적으로 강력한 연직 운동을 포함하는 적운형은 큰 방울과 짧은 시간에 많은 강수량을 나타내는 소나기성 강수이다. 보통 그들의 영향은 아주 조그마한 지리적인 지역에 한정된다. 대조적으로 층운과 고층운은 오래 지속되고 아주 넓은 지역상에 약한 연직 운동을 포함한다. 이런 이유로 오랜 기간 동안 지속성 강수를 가져온다. 지속시간이 증가함에 따라 강도가 감소한다. 강도는 대략 지속시간의 제곱근에 비례하지만 곳에 따라서는 다르게 나타난다.

(2) 강수량 측정

어떤 시간 동안에 지면에 도달한 총 강수량은 수평면 지면 위에 액체의 형태로 쌓여있다는 가정하에서 측정되는 깊이로 나타내며, 비, 안개비 등 액체성 강수는 물론 눈, 싸락눈 등 고체성 강수도 융해시킨 물의 깊이로서 측정된다. 이슬이나 서리도 그 양이 측정가능할 때에는 강수량에 포함시킨다. 강수량의 관측은 관측소를 중심으로 관측 대상 지역에 내린 실제량을 대표할 수 있는 강수량을 얻기 위한 것이므로 측정 장소의 선택, 우량계의 설치 방법 등을 충분히 고려하여야 한다.

우량계의 규격은 각국마다 다르다. 우리나라에서 사용하는 우량계는 수수기 구경 20 cm, 높이 20 cm, 저수기의 길이는 40 cm의 원통형이며, 이는 우량계 물받이, 저수기 및 저수병으로 구성되어 있다(〈그림 9-1〉). 강우량은 이 기계의 규격에 맞추어서 제작된 유리제 우량 되로 측정하도록 되어 있다. 우량계는 길이 36 cm, 내경 4 cm 정도의 원통으로서 우량 0.1 mm마다 눈금이 그어져 있으며, 눈금의 오차는 0.02 mm 이하가 되어야 한다.

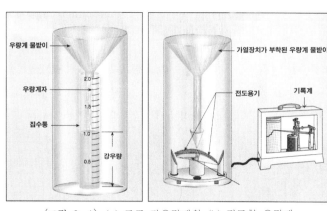

〈그림 9-1〉 (a) 표준 강우량계와 (b) 전도형 우량계

　이 간단한 측정 기술은 근본적으로 여러 가지 문제점을 안고 있다. 바람이 있는 조건에서 기류내의 난류는 우량계 자체에 의해서 생성된다. 특히 이것은 입구를 횡단하는 흐름의 속도를 증가시키기 때문에 집수하는 능력을 떨어뜨려 정확한 측정을 할 수 없도록 한다. 강수량 측정에 있어서 이런 과소 추정은 비보다는 눈에서 훨씬 크게 나타난다. 왜냐하면 눈송이의 낙하 속도와 운동량이 빗방울의 그것들보다는 훨씬 적기 때문이다. 감소량은 풍속과 지형의 경사각 그리고 풍향에 따라서 변동한다. 땅으로 접근하게 되면 풍속은 급격히 감소하기 때문에 우량계는 땅에 근접시키면 시킬수록 좋다. 그러나 우량계를 너무 땅에 근접시키게 되면 땅에 튀겨지는 강수도 수집하게 된다. 이런 이유로 실제 지구 표면에 도달하는 강우량을 정확하게 측정한다는 것은 어려운 것이다.

　우량계는 입수된 것이 연속적으로 기록되도록 만들어진다(자기우량계). 강수가 일어날 때 물 높이의 변화를 감지하는 버켓 내에 메커니즘이 삽입되어 이것을 회전하는 드럼에 감싸진 기록지에 흔적으로 변환시킨다. 그러한 측기는 총강수량을 결정할 뿐 아니라 강수 강도와 지속시간도 결정하도록 한다.

　정규적으로 관측되는 또 다른 강수관측은 적설 관측이다. 적설 관측지점은 보통 아무것도 없는 땅의 중심에 적설판을 설치하여 표준 측정 막대로 깊이를 관측한다. 적설의 단위는 cm이며 소수 1 단위까지 관측한다. 적설을 강수량으로 전환시키는 간단한 방법은 눈이 평균 밀도를 가지고 압밀 작용이 이루어져 있다고 가정하여 눈이 10 단위라면 이에 상응하는 물은 1 단위로 전환시키는 것이다. 예를 들면 적설량이 50 cm라면 강수량은 50 mm로 표시한다. 그러나 실제 범위는 약 6:1에서부터 30:1까지 분포한다.

(3) 강우일

　강우의 공간 분포를 또한 연중 강우일의 날수로 볼 수 있다. 강우일은 보통 0900 UTC에서 시작하여 24시간 주기로 0.2 mm 이상의 강수가 떨어지는 것으로 정의된다. 강우일의 기후 평균은 미국의 워싱턴 주에서와 같은 연안 습윤 지역의 연 180일로부터 대단히 건조한 지역의 연 1일 미만까지 변동한다. 일반적으로 강우일과 총 강수 사이에는 밀접한 관계식이 존재한다. 예를 들면, 하와이 제도의 지상은 산정 상부와는 기후 특성이 대단히 다르다. 지상은 강수량과 강수일이 적은 반면 카우아이 섬의 와이알레알레산 정상부는 연평균 총강수량이 11,455 mm와 연중 335 강우일을 가지는 세계에서 가장 습윤한 지역으로 공표되고 있다. 그러나 계절성은 총 강우량과 강우일수 사이의 관계식에 영향을 미친다. 아시아 계절풍에 의해 영향을 받는 장소에서는 뚜렷한 우기와 건기 때문에 우기에는 와이알레알레산의 총 강수량에 접근하지만 그러나 강우일은 반 정도이다.

그러므로 강우량과 강우일 사이의 관계식은 기후 특성과 강수 생산 시스템의 특징에 큰 영향을 미친다. 주어진 기간 동안의 총 강수량이 강수량 측정의 목적인 경우가 대부분이지만, 강수량 측정보다는 강우일 측정이 더 필요한 경우도 가끔 있다. 여행사들이 여행안내를 할 때 특정 지역의 월평균 강우 통계를 제공하는 것은 사실 별 의미가 없다. 여행객이나 관광업계 종사자들에게는 특정 지역, 특정 달의 평균 강우일수가 훨씬 유용한 정보가 된다.

* 과 학 자 탐 방 *

루크 하워드(Luke Howard, 1772~1864)

잉글랜드의 약제사·기상학자인 루크 하워드는 1772년 11월 28일 런던에서 태어났다. 루크는 1780년에서부터 1788년까지 런던 근교의 옥스퍼드셔(Oxfordshire)주 버포드(Burford) 소재 퀘이커 학교에서 약제사 교육을 받았고 성장한 후 화학 약품 제조자의 길을 걸었다. 그는 상인이자 약제사였지 결코 전문적인 과학자가 아니었다.

기상학에 대한 하워드의 관심은 그가 11살 때인 1783년 여름부터 시작되었다. 그해에는 아이슬란드와 일본에서 두 번의 큰 화산 폭발이 일어났다. 화산재는 전 세계에 걸쳐 연무(haze)를 만들었고 장관의 하늘을 만들었다. 8월 18일 그는 하늘을 가로지르는 환상적인 운석 불길을 목격하였고 이후 30년 이상 기상관측을 열심히 기록하였다.

권운(cirrus), 적운(cumulus), 층운(stratus)이란 이름으로 200년 동안 전 세계에 걸쳐 사용되고 있는 그의 구름 분류는 1802년 12월 애스케시안 학회(Askesian Society)에 발표된 에세이 "구름의 분류에 대해서(On the modifications of clouds)"를 통해 소개된 것이다. 하워드는 이 에세이에서 최초로 실용적인 구름 분류법을 제시하였다. 하워드는 모양으로 결정되는 구름은 간단히 3 종류(섬유 모양, 무더기 모양, 얇은 판 모양)가 존재한다고 강조하였다. 그러나 구름은 서로 결합하기 때문에 중간 형태와 혼합 형태를 인식할 필요가 있으므로 7종류가 만들어졌고 그는 라틴어를 사용하여 이들을 명명하였다. 라틴어를 사용한 이유는 18세기 후반 동안 스웨덴의 분류학자 칼 폰 린네(Carl von Linne, 1707~1778)의 주도로 이루어진 자연사 분류 방법이 라틴어로 사용되어 국제적으로 인증되었기 때문이다. 하워드의 에세이는 다음 해에 알렉산더 틸로흐(Allexander Tilloch)가 발행한『철학 잡지(*Philosophical Magazine*)』에 게재되었다.

이런 기상 지식에 대해서 하워드는 퀘이커(Quaker) 교도인 화학자 존 돌턴(John Dalton, 1766~1844)의 영향을 많이 받았다. 하워드의 물리에 대한 이해는 부족함에도 불구하고 그가 만든 구름 분류는 가히 신의 계시와도 같은 것이었다. 하워드의 에세이는 7번이나 출간되었고 폭넓은 독자층을 형성하였다. 1804년에는 하워드 자신이 사용하기 위해 32 페이지의 소책자를 발간하였다. 이는 1811년에는 윌리엄 니콜슨(William Nicholson)이 발행한『자연 철학 저널(*Journal of Natural Philosophy*)』에서 나타났고, 1812년에는 토머스 포스터

(Thomas Foster, 1797~1856)의 책《대기 현상에 환한 연구(*Researches about atmospheric phenomena*)》의 1장에 수록되어 있고, 1818년에는 하워드 저술의 첫째 권인《런던의 기후(*The Climate of London*)》의 시작부에 언급되어 있다. 이 책은 2권으로 되어 있고, 하워드가 관측한 날씨 기록 전부를 수록하고 있는 700 페이지의 책으로 그는 1801년에 집필을 시작하였다. 이 책에서 그는 현재 우리가 열섬(heat island)이라 부르는 현상을 최초로 언급하였다. 열섬이란 도심이 주변 지역보다 더 온난한 것을 말한다.

실습일자	년 월 일	학과	번	성 명	

실 습 보 고 서

【실 습 문 제】

1. 아래 표를 완성하시오.

높이에 따른 분 류	부 호	기본 구름 모양	구 름 약 호	구름 밑 부분 평 균 높 이	구름 꼭대기 평 균 높 이
상층구름	C_H ____	_____ _____	_____ _____	____	____
중층구름	____	_____ _____	_____ _____	____	____
하층구름	____	_____ _____ _____	_____ _____ _____	____	____
연직발달 구름		_____ _____	_____ _____	____	____

2. 163쪽에 있는 [표 9-2]와 [표 9-3], 그리고 164쪽에 있는 [표 9-4]을 이용하여 일기
   도 상에서 표시되는 구름 기호들의 의미를 아래 표에 기입하시오.

a. ∠	b. ⌒	c. ∿	d. ⎊
e. ╱	f. ⌇	g. ⌣	h. —
i. - - -	j. ⫽	k. ⌂	l. ⌇—

3. 일주일 동안 자기에게 편한 시각을 두 번 선택하여 관측한 구름의 모양을 기본 구름
   모양에 대비시켜 아래 표에 기입하시오.

날 짜	시 간	구름모양	특 이 사 항

4. 아래 물음에 답하시오.

(1) 아래 도시들의 월평균 강수량을 구분되게 아래 그래프에 그리시오.

월 지역	1	2	3	4	5	6	7	8	9	10	11	12	년
서울	17.1	21.0	55.6	68.1	86.3	169.3	358.0	224.2	142.3	49.2	36.0	32.0	1259.1
부산	25.3	44.1	88.5	113.5	139.3	197.5	247.6	165.0	205.1	73.1	43.9	38.5	1381.4
대구	15.8	27.1	45.5	64.4	67.4	132.7	200.2	165.5	161.8	44.0	30.1	24.8	979.3
남해	18.6	31.1	73.6	132.6	164.8	208.6	266.8	217.3	252.4	75.3	47.3	33.1	1521.5
울릉도	177.4	107.0	89.4	80.1	69.9	128.8	146.0	98.2	189.7	112.2	120.5	166.1	1485.2

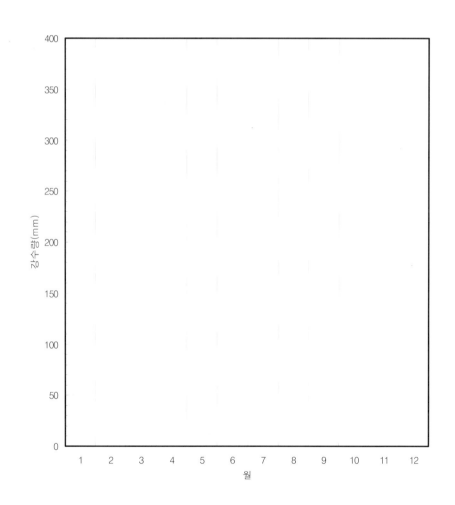

(2) 각 도시들의 강수량의 계절 분포를 기술하시오.

　1) 서울

　2) 부산

　3) 대구

　4) 남해

　5) 울릉도

(3) 여름철(6, 7, 8월) 강수량이 전체 강수량에 차지하는 백분율은?

　1)　서울

　2)　부산

　3)　대구

　4)　남해

　5) 울릉도

5. 아래 그림은 여러 가지 강수 형태가 나타날 때의 연직 온도 구조를 나타낸 것이다.

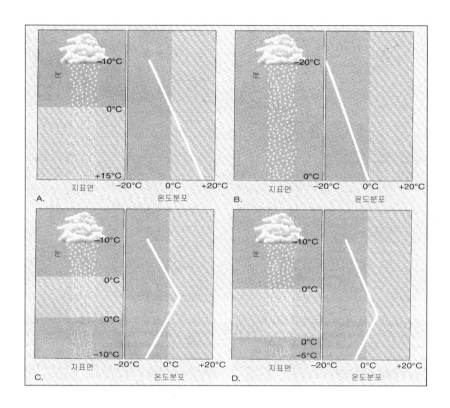

(1) 비가 내리는 경우의 그림은 어느 것인가?

(2) 진눈깨비가 내리는 경우의 그림은 어느 것인가? 그 이유를 제시하시오.

(3) 눈이 내리는 경우의 그림은 어느 것인가?

(4) 어는 비가 내리는 경우의 그림은 어느 것인가? 이런 경우 지상에 나타날 수 있는 재해는 무엇인가?

【복습과 토의】

1. 구름이 발생되는 메커니즘에 대해서 설명하시오.

2. 응결핵으로 아주 유용한 물질들은 무엇들인가?

3. 두 가지 강수 이론에 대하여 설명하시오.

4. 안개의 발생 조건에 대해서 설명하시오.

5. 상승기류가 일어날 수 있는 조건들을 기술하시오.

[표 9-2] 하층 구름의 전문, 기호 및 특성

전문	부호	해　　　　　설
0	없음	구름이 없을 때
1		맑은날의 적운형
2		봉우리처럼 발달한 탑적운
3		적난운으로서 아주 발달되지 않음
4		적운에서 변한 충적운
5		순수한 충적운
6		맑은날의 층운
7		흐린날의 층운
8		서로 고도가 다른 층적운의 적운
9		아주 발달된 적란운

[표 9-3] 중층 구름의 전문, 기호 및 특성

전문	부호	해　　　　　설
0	없음	구름이 없을 때
1		반투명한 고층운
2		불투명한 고층운 또는 난층운
3		한 층의 고층운이 반투명
4		반투명의 고적운이 계속 변하여 한 층 이상
5		반투명 혹은 불투명의 고적운이 점차 하늘을 가리거나 완전히 가리지 못함
6		적운이 퍼져서 생긴 고적운
7		둘 이상의 층을 이루고 있는 고적운이 점차 감소됨
8		탑상 고적운
9		무질서하게 나열된 고적운

[표 9-4] 상층 구름의 전문, 기호 및 특성

전문	부호	해 설
0	없음	구름이 없을 때
1	⌐┘	명주실이나 갈고리 모양을 한 권운
2	⌐┐)	적난운 상부와 비슷하게 생긴 권운이나 증가하지 않음
3	⌐)	적난운에서 변하여 생긴 권운이 증가됨
4	?	적난운에서 변하여 생긴 권운이 하늘을 가림
5	)⌐	권운, 권층운 혹은 권층운만으로 하늘을 가리나 수평선상의 45°를 초과하지 않는다
6	2	전문 5와 비슷하나 45°를 초과하여 점차 하늘을 가린다.
7	)⌐(	하늘을 완전히 가린 권층운
8	⌐(	하늘을 완전히 덮지 않고 모양이 변하지 않는 권층운
9	2	권적운이나 상층운 중 가장 우세한 권적운

제10장 기 압

10.1 목 적

기압의 정의, 단위, 기압측정, 기압자료의 전문화와 해석, 등압선 묘화와 기압장, 기압경도, 기압경향과 순변화 및 기압계의 이동 등을 알아보고자 한다.

10.2 개 관

수평면 상에서 기압은 단위면적 위의 공기무게가 지표면에 가하는 힘이다. 즉 지표면에서부터 대기의 상단에 이르기까지의 단위면적당 기주의 무게와 같다. 기압은 기상요소 및 기후요소뿐만 아니라 기상과 기후를 결정하거나 지배한다. 일반적으로 기압은 적어도 기상을 결정하는 최소한의 요소이다. 그러나 기압은 대기조건들과 아주 큰 상관관계를 가진다. 고기압이 되면 대기는 일반적으로 안정되고 건조하며 하늘은 맑다. 반면 저기압일 때는 보통 대기가 불안정하고 구름이 많으며 습도가 높고 강수현상이 나타난다. 사실 대부분의 폭풍은 저기압계의 한 형태이다.

기압값 그 자체가 대기조건들을 설명하는 유용한 정보이지만, 장·단기간의 기상변화를 예보하는 데는 기압의 변화값들이 훨씬 더 중요한 정보가 된다. 즉 기압변화율, 변화량 그리고 변화의 경향들은 기본적으로 매우 유용한 기상 정보가 된다.

지표면에서의 수평 방향의 기압차는 기압 경도에 따라 공기가 어떻게 움직일 것인가를 결정한다. 이 결과로 바람이 발생한다. 바람은 한 지역에서 다른 지역으로 열에너지와 대기 수분들을 수송하는 주 전달수단이기 때문에 기압배치형들은 단시간뿐만 아니라 연평균 기상과 기후 조건들을 설명할 수 있는 근본적인 요소가 된다.

10.3 기압 측정

10.3.1 단위

압력에 대한 SI 단위는 Nm^{-2}이다. 이 단위는 프랑스 물리학자 블레즈 파스칼(Blaise Pascal, 1623~1662)의 이름을 따서 파스칼(Pa)로 주어진다. 그러나 기상학에서는 예전에는 밀리바(mb = 10^{-3} bar)를 사용하였다. mb에 대한 변환은 다음과 같다. 즉 1 mb = 100 Pa = 1 hPa이 된다. 헥토파스칼(hPa)이란 단위는 기상학에서 현재 정착되고 있다.

뉴턴(N)은 힘의 단위이다. 1 N은 공기 0.102 kg에 의해서 아래쪽으로 가해지는 힘이다. 그러므로 1 bar는 지표면 1 m^2에 가해지는 공기 10,200 kg의 압력이다.

1 기압(atm) ‐ 1.0132 bar ‐ 1013.2 mb = 1013.2 hPa
1 bar = 0.9869 atm

이들 값을 0 ℃에서의 수은주의 높이로 변환하면 다음과 같다.

1 bar = 750.06 mmHg
1 atm = 760.00 mmHg

10.3.2 기압계

기압계에는 수은을 사용하는 수은 기압계와 수은을 사용하지 않고 기압에 민감한 매질을 사용하여 압축과 팽창을 측정하는 아네로이드 기압계가 있다.

수은 기압계는 여전히 기압을 측정하는 가장 정확한 계측기의 하나이다. 그럼에도 불구하고 아네로이드 기압계는 정확성 면에서 수은 기압계와 동일하면서도 수은 기압계보다 튼튼하고 휴대하기 간편하다는 장점을 갖고 있기 때문에 현재에는 많은 부분에서 수은 기압계를 대체하고 있다. 그러나 조심스럽게 유지되는 수은 기압계는 여전히 주요한 표준 계측기로 사용되고 있다.

(1) 수은 기압계

이탈리아 물리학자인 에반젤리스타 토리첼리(Evangelista Torricelli, 1608~1647)의 실험 그 자체가 수은 기압계의 시초였다. 뒤에 눈금을 세분하고, 오차를 보정하고, 정확성을 증대시키고, 휴대하기 간편하도록 하여 수은을 다른 액체로 대체하여 사용하는 등 개선되었다. 여기에서는 두 종류의 수은 기압계에 대해서 살펴보기로 한다.

1) 큐형 기압계

전 세계에 걸쳐 종관 기상관측에 사용되는 큐형 기압계(Kew pattern barometer)는 17세기에는 원래 작게 디자인된 것과는 다르지만 중요한 도구이다(〈그림 10-1〉 왼쪽). 수은을 담아 놓는 낭(cistern)은 먼지를 막기 위해 가죽 고리 쇠에 의해서 봉인된다. 작은 구멍이 나있어 기압 변화가 낭을 통하여 확산되도록 해준다. 낭의 구멍은 정확히 5 cm인 반면, 낭으로부터 수은이 올라오는 유리관의 직경은 1.6 mm이다. 위로 올라오는 경로인 넓은 부분은 공기 트랩을 제공하기 위한 것이고 다시 좁아져 최종 꼭대기의 구멍은 8 mm로서 넓은 오목한 면(meniscus)을 제공하고 평탄한 유리관 표면은 정확한 눈금을 읽도록 한 것이다. 수은은 3번 정제된 것을 사용하는데, 밀도에 영향을 미칠 수 있는 불순물을 제거하고 유리관 옆면에 수은이 들러붙는 것을 막아 오목한 면이 깨끗하게 형성되도록 하기 위해 반드시 필터를 거치도록 되어 있다.

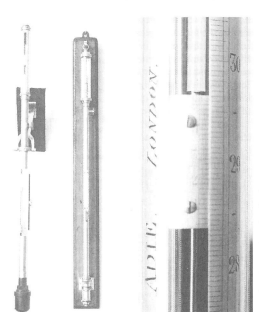

〈그림 10-1〉 큐형 수은 기압계(왼쪽)과 포르탕 수은 기압계(오른쪽)

〈그림 10-2〉 큐형 수은 기압계의 부척. 바로 아래에 있는 조절 나사를 이용하여 조절한다. 큐 기상대에서 근무하던 런던 기계 제작자인 패트릭 어다이(Patrick Adie)가 동료인 존 웰시(John Welsh 1824~1859)와 함께 기압계를 개발하였다.

 수은주의 높이 변화가 일어나는 범위를 목측하기 위해서, 수은주 기둥에 흠집을 낸 창을 가진 관에는 mmHg 또는 inch Hg, mb 또는 hPa의 값들이 각인되어 있다(〈그림 10-2〉). 위아래로 미끄러져 움직이는 부척(vernier scale)은 0.1 hPa까지 눈금을 읽을 수 있도록 되어 있다. 이 디자인의 장점은 단지 부척만 달면 된다는 것이다. 왜냐하면 낭과 관의 구멍들은 공장에서 정확하게 제작되기 때문이다. 부척은 낭 안의 수은 높이의 변화를 설명할 수 있도록 해준다.

 큐형 기압계에는 두 가지 모델이 존재하는데 그중 하나는 해수면에서부터 450 m 높이에서 사용되는 것으로 기압 범위는 870에서부터 1,060 hPa까지이다. 다른 하나는 1,070 m 이상의 해발고도에서 사용되는 것으로 그 범위는 780에서부터 1,060 hPa까지이다.

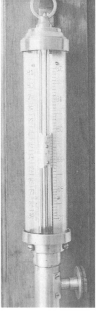

〈그림 10-3〉 포르탕 수은 기압계의 낭은 수은이 기준점에 맞추도록 하기 위해서 밑부분에 조절 나사가 있다. 이 조절나사는 수은주 내의 수은 높이가 측정되는 기압 기준점을 제공한다.

〈그림 10-4〉 포르탕 수은 기압계에서 수은주의 꼭대기에 부착되어 있는 부척을 조절함으로써 측정된다. 이런 특별한 모델에서는 수은주의 높이를 인치와 센티미터로 보정한다.

2) 포르탕 기압계

 두 번째로 가장 일반적으로 사용되는 수은 기압계인 포르탕 기압계(Fortin anemometer)는 1810년 프랑스의 기계기사인 장 니콜라 포르탕(Jean Nicholas Fortin, 1750~1831)이 고안한 이래 그 개념을 그대로 유지하고 있다. 포르탕 기압계(〈그림 10-1〉 오른쪽)는 큐형 기압계와는 달리 보정을 두 번 해야 한다. 그중 하나는 큐 형 기압계와 마찬가지로 수은주의 꼭대기에서 이루어지는 것이고 다른 하나는 낭속의 밑바닥에서 이루어지는 것이다. 낭속의 수은 높이는 유리 용기를 통하여 볼 수 있으며 그 안에는 아래쪽을 가리키는 지시침이 고정되어 있다(〈그림 10-3〉). 유연한 가죽으로 만들어진 낭의 밑면은 나사를 돌려 위 아래로 움직일 수 있는 평판에 의해서 지주된다. 지시침(주로 상아로 만들어짐)과 수은 높이가 정확히 일치할 때까지 조정하여야 한다. 이 일치점이 기준점(fiducial point)이 된다. 이 일치점은 부척에 의해 측정되는 유리관 내의 수은 높이에 대한 정확한 구분을 제공한다(〈그림 10-4〉). 큐 형 디자인과 같이, 포르탕 기압계에도 두 종류의 모델이 있으며 그 중 하나는 저고도용이고 다른 하나는 고고도용이다.

　모든 수은 기압계는 운반하기가 결코 쉽지 않지만 큐형 기압계에 비하면 포르탕 기압계는 그래도 운반하기가 나은 편이다. 사실 제작 초기의 수많은 디자인 변화들은 모두 이런 운반상의 어려움을 해결하기 위한 것이었다고 해도 과언은 아니다. 기압계는 특히 배 위에서 사용해야 할 경우도 있었으므로 운반의 용이성은 꼭 해결되어야 할 과제였다. 하지만 이런 문제는 아네로이드 기압계가 출현하기 전에는 완전히 해결되지 못하였다.

(2) 아네로이드 기압계

1) 역사

　아네로이드 기압계(aneroid barometer)의 개념은 고트프리트 빌헬름 폰 라이프니츠(Gottfrid Wilhelm von Leibniz, 1646~1718)가 요한 베르누이(Johann Bernoulli, 1700~1782)에게 쓴 편지 내용 중 "공기의 무게가 증가 또는 감소함에 따라 스스로 압축되고 이완되는 작은 폐쇄된 풀무 모양의 금속통(capsule)"라고 기술한 1700년경으로 거슬러 올라간다. 그러나 그 당시에는 이런 풀무를 만들 만한 기술이 축적되어 있지 못하였다. 이와 유사한 개념이 1797년 프랑스의 화학자 겸 화가인 니콜라스 자크 콩테(Nicolas Jacques Conte, 1765~1805)에 의해 제안되었다. 콩테가 제안한 장치는 포켓 시계 크기와 모양을 한 챔버(chamber)로, 안은 비어 있는 형태로 되어 있었다. 재질은 아랫부분이 딱딱한 황동, 윗부분은 얇고 유연한 강철로 되어 있어 이것이 찌그러지면 내부 스프링에 의해 유지되는 지시바늘이 움직이도록 되어 있었다. 실제 제작하여 사용해 보니 온도에 너무 민감하게 반응하였다. 이 개념은 1843년 최종적으로 'aneroid(그리스어로 액체가 아님이란 뜻)'란 이름으로 불리게 되었고 1844~1846년 동안 프랑스, 영국, 미국에서 특허를 획득한 프랑스의 루시앙 비디(Lucien Vidie, 1805~1866)에 의해서 실용적인 계측기로 탈바꿈하게 되었다. 1846년에는 이와 유사한 게이지(gauge)가 독일 철도기술자인 슈니츠(Schniz)에 의해 특허 출원되었는데, 이 게이지는 내부에 압력을 받게 될 때 타원 모양의 단면적을 가진 굽은 관의 곡률이 변하도록 설계되어 있었다. 1848년부터 독일철도회사는 이 게이지를 증기압력게이지로 사용하기 시작했다. 슈니츠의 특허출원 3개월 후 외젠느 부르동(Eugene Bourdon, 1808~1884)은 독자적으로 발명한 것이지만 매우 유사한 게이지를 특허 출원하였다. 비디 게이지와 부르동 게이지는 1851년 런던에서 개최된 박람회에 독자적으로 전시되었고 둘 다 위원회 메달을 수상하였다. 그러나 그 후 비디가 부르동을 고소하여 법정 싸움이 시작되었다. 비디는 이 소송에서 졌고 두 번 연속된 항소에서도 졌다(비디의 디자인은 콩테의 디자인과 너무 흡사했기 때문에 항소가 기각된 것이다). 그러나 3번째 항소에서는 이겼으나 비디의 명성이 손상을 입었을 뿐만 아니라 특허 기간도 만료되었고 갱신도 거절당하였다. 반면 부르동은 그의 게이지(Bourdon tube)가 산업 현장에서 널리 사용되었기 때문에 많은 돈을 벌었다. 비디는 그렇게 하지 못한 실패한 사업가로 전락하였고 금전적인 보상은 다른 사람들이 받았다.

  2) 비기록 아네로이드 기압계
  이런 격렬한 소송 배경에도 불구하고, 비디의 풀무 모양 디자인은 오늘날 아네로이드 기압계에서 그대로 사용되고 있다. 수은 기압계에서와 마찬가지로 많은 아네로이드 모델들도 결국에는 가정용으로 만들어지게 되었다.
  아네로이드 감지부분은 직경 5 cm, 깊이 3 mm인 원형의 좁은 주름이 진 풀무모양의 금속통 형태로 되어 있는데, 공기가 이곳을 빠져나가면서 기압 변동이 금속통 안을 팽창시키거나 축소시켜 금속통이 압축되거나 이완된다(〈그림 10-5〉). 금속통의 한쪽 면은 고정되어 있고 다른 면은 움직일 수 있도록 하여 공기 압력이 대기압에서 풀무 모양의 금속통이 붕괴되지 않도록 보호하는 스프링에 의해서 평형이 유지되도록 한다. 일부 디자인에서는 스프링이 밖으로 나오도록 하고 다른 디자인에서는 풀무 모양의 금속통 안에 있도록 하였다. 담금질한 강철로 만들어진 금속통을 사용하는 여러 종류의 기압계에서는 스프링을 두 겹으로 강화시켰다. 자유 면의 움직임은 둥근 창 주위를 지시 바늘이 움직이도록 하는 레버에 변동이 증폭되어 나타나도록 한다. 아네로이드 기압계의 압력 범위는 수은 기압계의 범위와 유사하다.

〈그림 10-5〉 풀무 모양의 금속통을 지지하고 있는 큰 스프링을 보여주는 아네로이드 기압계의 내부. 압력 변화에 따른 금속통의 팽창과 수축에 의한 반응으로 스프링이 위와 아래로 움직임이며, 이 움직임은 오른쪽에 있는 로드(rod)에 의해서 확대된다. 그런 다음 이 움직임은 왼쪽에 있는 아버(arbor) 체인(chain)과 중앙에 있는 가는 스프링을 통하여 지시 바늘이 원운동을 하도록 변환된다.

온도 변동은 풀무 모양의 금속통과 레버 메커니즘 내에서 작은 차원 변화를 일으킨다. 이를 보상하기 위해서, 소량의 공기가 금속통 내에 잔존하여 온도가 증가함에 따라 공기를 팽창시켜 예상하지 못한 온도 움직임에 정반대 방향으로 작용하도록 한다. 작은 움직임을 크게 나타낼 수 있는 레버 중의 하나를 온도 변화에 따라 보상하도록 하는 두 금속판으로 만드는 모델도 있다. 수은 기압계와는 다르게, 대기압의 평형은 수은의 무게로 하는 것이 아니라 스프링으로 하기 때문에 중력 변동에 대한 보상은 필요 없게 된다. 현대 물질과 정밀 공학에서 사용하고 있는 아네로이드 기압계는 수은 기압계만큼 정확하기 때문에 많은 부분에서 수은 기압계를 대체하고 있으며 심지어는 전문 분야에도 이루어지고 있다.

그러나 아네로이드 기압계도 정기적인 점검이 필요하다. 금속통과 지지 스프링의 탄성이 서서히 변화하고 공기가 천천히 금속통으로 유입될 가능성 때문에 매년마다 표준 측기를 사용하여 아네로이드 기압계를 점검해야 한다. 임의의 한 점에서 눈금을 읽을 때 일어나는 오차 범위는 ±0.3 hPa를 넘어서는 아니 된다. 좋은 아네로이드 기압계는 한 달 동안 ±0.2 hPa 이내의 정확성을 유지해야 한다. 눈금 읽기는 0.1 hPa까지 이루어져야 한다. 보다 더 정밀하고 전문적인 계측기를 가지고 개개 보정을 수행해야하고 계측기마다 고유의 보정 값을 적어놓은 카드를 각 기압계에 부착해야 한다. 보정은 전 범위를 넘어 변동할 수 있다. 이런 기압계는 주기적으로 재점검할 필요가 있다.

3) 자기 기압계

자기 기압계(barograph)는 종이 차트(기록기) 위에 기압 변동을 기록하는 기압계이다. 풀무 모양의 아네로이드 금속통이 발명되기 전에는 수은주의 높이 변화를 기록하기 위해 고안된 자기 기압계가 100 종류를 넘었다. 이들 기압계들은 기압 변화 흔적을 기록하기 위하여 여러 종류의 메커니즘을 사용하였다. 여기에는 바퀴 모양 기압계에서의 편차, 사진 방법, 전기 기술 등이 사용되었다. 아네로이드 금속통의 출현으로 수은 기압계는 쇠퇴하기 시작하였다.

가장 간단한 비기록 기압계(non-recording barometer)인 경우에는 아네로이드 금속통 하나만으로도 지시바늘을 움직일 수 있었지만, 자기 기압계는 여러 개가 층으로 쌓여져 있는 아네로이드 금속통이 필요하다(〈그림 10-6〉). 기록지와 펜 사이의 마찰력을 극복할 필요가 있었기 때문이다. 너무 많은 기계적인 확대는 펜을 튀도록 한다. 금속통을 붕괴시키는 것을 막는 데 사용되는 스프링은 예외적인 디자인에서는 금속통 위에 연결되어 있는 커다란 놋쇠 무게로 대체된다. 비기록 기압계와 같이, 정확성은 약 ±0.3 hPa이고 이 값의 정확성은 펜과 레버 마찰, 유지 보수, 정규적인 표준측기와의 보정에 따라 결정된다. 눈금은 0.1 hPa까지 읽어야 한다.

〈그림 10-6〉 여덟 개의 아네로이드 금속을 가진 자기 기압계. 위의 레버(지렛대)는 금속통의 연직 움직임을 확대하며 이는 팔(arm)을 통하여 더 확대되어 펜이 고정되어 있는 곳에 전달된다. 기압계 압력에 의해 붕괴되는 것을 막기 위한 스프링은 금속통 안에 있다. 오른쪽에 있는 놋쇠 관은 점적기(dropper)를 가진 잉크통을 포함하고 있다.

10.3.3 기압계의 노출과 설치 장소

대부분 기상 측기들은 직접 변수들과 접촉하는 야외용으로 개발되었지만, 기압계는 관측 노장 가까이에 있는 실내 관측실 내에서도 기압 변화를 감지할 수 있다. 이것은 온도

경도를 피하기 위해 직사광선으로부터 기압계가 보호되어야 하기 때문이다.

또한 기압계는 바람 효과도 피해야 한다. 바람이 거의 없는 날 -비록 문이 열려 있는지 닫혀 있는지에 따라 큰 기압차를 유발할 수는 있지만- 실내에서 측정된 기압도 정확하다. 그러나 창문과 문을 통하고 굴뚝과 같은 열린 공간을 횡단하여 부는 바람의 효과는 여러 문제를 일으키기 때문에 큰 오차를 나타낸다. 바람 효과를 최소화하기 위해서 열린 공간이 적으면 적을수록 좋다. 폭풍이 부는 조건에서는 정합에 중첩되는 기압 섭동이 3 hPa에 달한다.

10.3.4 포르탕 수은 기압계의 관측 방법

포르탕 수은 기압계로 기압을 관측하는 순서와 그에 따른 주의사항은 다음과 같다.

(1) 관에 붙어 있는 부착 온도계로 기온을 0.1 ℃까지 읽는다. 관측자가 측기에 접근하게 되면 부착 온도계가 체온의 영향을 먼저 받기 때문에 제일 먼저 부착 온도계의 눈금을 읽는다.

(2) 기압계 하단에 붙어 있는 조정나사로 수은 면을 서서히 올려 상아 침 끝부분과 수은 면이 대략 일치하도록 한다.

(3) 수은주 상단에 해당되는 구리 쇠관을 손가락 끝으로 가볍게 두드려 수은주 상단의 메니스커스(Meniscus)의 형태를 정상화시킨다.

(4) 기압계 하단 나사를 회전시켜 상아 침 끝부분이 수은 면에 겨우 접촉되도록 한다.

(5) 눈을 수은주의 상단과 같은 높이에 두고 손잡이를 돌려 부척의 하단(기점선)과 수은주의 상단 메니스커스의 가장 높은 부분이 같은 시선 상에 수평으로 일치되도록 한다. 이때 수은주의 메니스커스 정상과 부척의 하단 기점선이 동일 수평면상에서 일치되고 그 사이에서 빛이 보일 듯 말 듯한 곳에서 조정해야 한다.

(6) 부척의 하단 기점선과 수은주의 메니스커스 정점이 정확히 일치되면 주척과 부척을 이용하여 시도를 읽는다.

(7) 기압계 시도의 관측이 끝나면 수은조의 수은 면을 내려서 상아 침과 약간 틈이 생기게 한다. 부착 온도계의 눈금을 읽기 시작해서 기압계의 시도를 읽는 데까지의 시간은 될 수 있는 대로 빠르게 하여 1분 이내에 끝내야 한다.

수은 기압계와 같은 몇몇 기상 측기에는 부척이라 부르는 움직이는 자가 부착되어 있다.

이것은 고정된 주척의 두 눈금 사이를 세분하는 데 이용된다. 부척의 눈금은 주척의 9눈금에 해당하는 길이를 10등분하여 그려져 있다.

주척 1눈금의 길이를 S라 하고 부척 1눈금의 길이를 V라고 하면 S와 V의 관계는 다음과 같다.

$$V = \frac{9}{10}S \qquad\qquad\qquad\qquad (10\text{-}1)$$

$$S - V = S - \frac{9}{10}S = \frac{1}{10}S \qquad\qquad\qquad (10\text{-}2)$$

위의 식에 의하면 양 눈금의 차는 1/10 즉 0.1인 것을 알 수 있다. mm 눈금의 수은 기압계인 경우 양 눈금의 차는 0.1 mm인 것이다.

10.3.5 오차와 보정

세계기상기구에서 제정한 바에 의하면, 수은 기압계에 대한 정확성과 해상도는 0.1 hPa이 되어야 하며 최대 허용 오차 값은 1,000 hPa에서 ±0.3 hPa이다.

수은 기압계의 측정에서 현지기압(관측소 기압)을 산출하려면 기차보정, 온도보정, 중력보정이 필요하게 된다.

(1) 기차보정
수은 기압계의 유리관 내의 수은주 상단은 모세관 작용으로 가운데가 볼록하게 되어 있기 때문에 실제 높이보다 약간 높게 나타난다. 이 영향은 관의 내경의 대소와 메니스커스의 높이에 따라서 변화하며 보통 포르탕 수은 기압계는 0.2~0.3 mmHg 정도가 된다. 그러므로 기차를 될 수 있는 대로 적게 하기 위하여 상아 침 끝부분이 척도의 0선보다 다소 높게 제작되어 있다. 이와 같이 하여도 약간의 오차는 있게 되는데 이것을 기차라 하며 측기마다 다르다. 기차는 기계 검정증에 기재되어 있다. 기압계의 시도에는 첫째 기차의 보정 값을 가감해야 한다.

(2) 온도보정
기압계의 척도는 그 온도가 결빙점(0 ℃)일 때에 정확한 길이를 나타낸다. 즉 온도가 영상일 때는 늘어난 척도로 잰 것이 되므로 시도는 낮게 되고, 반대로 온도가 영하일 때는 시도가 높아진다. 따라서 척도가 빙점인 때에 나타나는 시도로 보정해야 한다. 또한 같은 기압에 상당하는 수은주의 높이일지라도 수은의 온도에 따라서 다르다. 온도가 높으면 수은주의 높이는 높게 나타나고 온도가 낮으면 낮게 나타난다. 따라서 수은의 온도가 빙점이 아니기 때문에 생기는 오차를 보정해야 한다. 이 보정 값은 앞서 언급한 척도에 대한 보정 값에 비하면 큰 비중을 차지한다. 이상 두 가지 보정을 일괄해서 온도 보정이라 한다.

　기차보정을 한 기압 시도를 H_1 mm(또는 hPa)로 하고 부착 온도계의 시도에 기차 보정을 한 온도를 T ℃, 수은의 체적 팽창계수를 μ, 척도의 선팽창계수를 λ로 하면 온도 보정 값 C_t는 다음 식으로 산출할 수 있다.

$$C_t = -H\frac{(\mu-\lambda)\,T}{1+\mu T} \tag{10-3}$$

　여기서 $\mu = 18.18 \times 10^{-5}(℃)^{-1}$, $\lambda = 1.84 \times 10^{-5}(℃)^{-1}$ 이므로 식 (10-3)은 다음과 같이 쓸 수 있다.

$$C_t = -H \times 0.000163\ T \tag{10-4}$$

　이 C_t의 값을 여러 온도에 대해서 계산한 것이 기상상용표의 온도 보정표이다. 온도보정 값은 빙점 이상에서는 음수(-)가 되고, 빙점이하에서는 양수(+)가 된다. 부착 온도계의 시도 T의 오차가 1 ℃라면, 보정 값의 오차는 0.1 - 0.2 hPa 정도이다.

(3) 중력보정

　기압계의 시도에 기차보정과 온도보정이 끝나면 중력보정을 해야 한다. 중력보정은 표준중력(980.665 dyne)이 작용하는 때의 수은주의 높이로 보정하는 것을 말한다. 중력 보정 값은 관측소의 중력값에 따라 달라지며 한 관측소에서는 기차 및 온도보정을 한 기압계의 시도에 의해서 변하는 값이 된다. 중력 보정 값을 계산하기 위해서는 관측소의 중력에 대한 실측값이 필요하다.

　표준 중력값을 $g_{\phi 0}$, 관측소의 중력을 g, 기차 및 온도보정을 한 기압계의 시도를 H_2, 표준중력으로 보정된 기압을 H_3라 하면 중력 보정 값 C_g는 아래와 같다.

$$C_g = H_3 - H_2 = H_2 \frac{g - g_{\phi 0}}{g_{\phi 0}} \qquad\qquad (10-5)$$

관측소의 중력이 표준중력보다 클 때는 보정치는 양의 수(+)가 되고 적을 때에는 음의 수(-)가 된다. 예를 들면 H_2가 1,006.8 hPa이고, g가 978.88 cm/s^{2}이라면, 중력 보정 값 C_g는 식 (10-5)를 사용하여 다음과 같이 계산된다.

$$C_g = 1006.8 \frac{978.88 - 980.665}{980.665} = -1.8$$

따라서 중력 보정을 행한 기압 값 H_3는 1006.8-1.8 = 1005.0 hPa이 된다.

10.3.6 해면경정

지상 일기도를 그리기 위해서는 현지기압을 평균 해수면에서의 기압 값으로 고쳐야 한다. 기압은 해발고도가 높을수록 감소되기 때문에 여러 관측지점의 기압을 서로 비교하기 위해서는 평균 해수면의 값으로 고쳐야만 된다. 이러한 것을 해면경정이라 한다. 해면경정을 하려면 기주의 가온도를 T', 건조공기 1 g의 기체상수를 R, 기압계의 해발고도를 H m라 할 때 H m에 있어서의 기압 P와 해면기압 Po와의 사이에는 다음과 같은 관계가 있다.

$$\ln \frac{p_0}{p} = \frac{1}{R} \int_0^H \frac{G dz}{T} \qquad\qquad (10-6)$$

여기서 G는 관측소의 중력값을 SI 단위로 표시한다. 평균 가온도를 고려하면 식 (10-6)은

$$Po = P \ Exp(Gh/RT'm) \qquad\qquad (10-7)$$

가 된다. 가온도는 식 (10-8)로 정의된다.

$$T'_m = \frac{H}{\int_0^H \frac{dz}{T'}} \qquad\qquad (10-8)$$

따라서 해면경정값 ΔP는 다음과 같다.

$$\Delta P \;=\; Po \;-\; P \;=\; P(Exp(Gh/RT'm)-1)$$

여기에서 T'_m = 273.16 + T_m + ε_m로 정의되고 T_m은 기주의 평균기온, ε_m은 대기 중에 포함된 습기로 인한 영향을 의미한다. 평균기온에 의해 정해지는 함수를 사용하면 ε_m 값을 통계적으로 구할 수 있다. 일반적으로 지표 부근의 기압은 고도가 100 m 증가할 때마다 평균 10 hPa씩 감소한다.

10.4 기압 자료의 전문화와 해석

기상관측이 실시되어 그 결과가 기록되면 이 기록을 교환하기 위하여 송신에 적합한 기상 전문을 작성하게 된다. 관측한 기상상태를 기상전문으로 작성할 때에는 명시된 규정에 맞게 작성하여야만 다른 사람이 이를 해석하여 이용할 수 있게 된다.

지상 일기도상에서는 각 관측소의 세 자리의 인식숫자로 전문화된 기압자료들이 hPa 단위로 표시되어 있다. 이 세 개의 인식 숫자 중에는 소수점 이하의 값을 포함되어 있으나 그 소수점은 생략되어 있다. 이 세 개의 인식숫자 앞에는 첫째자리 또는 첫째 및 둘째 자리수가 생략되어 있다.

예를 들면 기압 값이 989.3 hPa이라면 일기도 상에는 893으로 표시되어 있다. 또한 1,018.7 hPa이라면 187로 전문화되어 표시되어 있다. 이들 전문의 해석은 역으로 이루어진다. 즉 전문화된 964는 996.4 hPa로 해석되며, 또한 075는 1,007.5 hPa로 해석된다.

그러면 어떤 경우에 9를 떼어버리고, 또 어떤 경우에는 10을 떼어버리는가? 일반적으로 이 결정은 경험적으로 이루어진다. 즉 어떤 지역의 일반적인 기압 상황으로 결정되는 것이다. 실제상으로는 일반적인 법칙으로 결정하는 데 전문화된 세 자리 인식 숫자 중 첫 숫자가 5이상이면 그 앞에 9가 떼어진 것이고 5미만이면 10이 떼어진 경우가 된다. 이러한 법칙은 관측된 기압 값 중에서 99 %에 해당되는 960 hPa에서부터 1,050 hPa 범위에서는 매우 유용하다.

10.5 등압선 묘화법

등압선은 기류의 흐름을 파악하기 위하여 유선을 대신하여 분석되므로 일기예보에 중요한 역할을 한다. 등압선은 기압이 같은 곳을 연결한 선이라고 할 수 있다. 그러나 관측소 중에 기압이 꼭 같은 곳은 거의 없으므로 실제로 등압선을 그릴 때에는 주위의 관측값으로 내삽 또는 외삽하고 풍향과 풍속을 고려하여 그린다. 등압선을 분석할 때에는 다음과 같은 요령으로 분석한다.

(1) 등압선은 1,000 hPa 선을 기준으로 하여 겨울은 4 hPa(여름 : 2 hPa) 간격으로 그린다.
(2) 일기도에 기입되어 있는 관측값에 내삽법 및 외삽법을 적용하여 등압선이 지나갈 지점을 구한다.
(3) 한 등압선을 경계로 하여 그 부근에서 한 쪽은 모든 지점의 기압 값이 등압선 시도 보다 낮아야 하고 다른 쪽은 모두 높아야 한다.
(4) 등압선은 언제나 폐곡선이다. 그러나 한정된 범위의 일기도상에서는 폐곡선으로 되지 않고 일기도 연변에서 끊어지는 것도 있다.
(5) 등압선은 그리기 쉬운 곳, 즉 자료가 조밀하게 기입되어 있는 부분(육상)으로부터 그리기 시작하여 점차로 어려운 부분으로 그려 나간다.
(6) 등압선을 그리기 어려운 곳에서는 2 hPa 혹은 1 hPa 간격으로 등압선을 그려 보는 것이 도움이 될 때도 있다.
(7) 등압선은 너무 복잡하게 굴곡된 곡선이 되지 않게 되도록 매끈한 곡선으로 그린다.
(8) 같은 기단 내에서는 근접한 등압선은 거의 평행으로 된다. 단 직선상으로 너무나 긴 등압선은 그리지 않도록 해야 한다.
(9) 바람(풍향과 풍속)과의 관계를 충분히 고려하며 그려야 한다. 등압선과 바람벡터가 이루는 각은 해상에서 20~25°, 육상에서 30~35° 정도 되나 지형에 따라 예외가 있을 수 있다.
(10) 전선부근의 등압선은 전선을 끼고 기압경도가 불연속이라는 것이 표현되도록 굴곡시켜야 한다. 단 뾰족하게 모나게 그려서는 안 된다.
(11) 고기압 중심부의 기압경도는 완만하고 저기압 중심부의 기압경도는 급격하기 때문에 등압선 간격은 저기압 중심부에서 좁아진다. 특히 태풍 중심부에서는 현저하게 좁은 동심원군이 된다.
(12) 등압선은 일정한 물리법칙에 따라 시간적으로 변화하고 이동하는 것이므로 전시간의 일기도와 논리적으로 연관성이 맺어지도록 그려야 한다.

＊ 과 학 자 탐 방 ＊

에반젤리스타 토리첼리(Evangelista Torricelli, 1608~1647)

이탈리아의 수학자·물리학자

에반젤리스타 토리첼리는 1608년 10월 15일 이탈리아의 파엔차(Faenza) 근교에서 태어났다. 어린 시절에 부모를 여의고, 수도사인 그의 삼촌인 자코포(Jacopo) 밑에서 성장하였다. 토리첼리는 파엔차에 있는 예수회 학교에서 공부하였다. 1627년 과학과 수학을 공부하기 위해서 로마로 유학하여 갈릴레오 갈릴레이(Galileo Galilei, 1564~1642)의 친구인 베네데토 카스텔리(Benedetto Castelli, 1578~1643) 밑에서 수학하였다. 곧 그가 수학에 남다른 재능이 있다는 것이 여러 사람들에게 알려졌다. 1638년 그는 갈릴레오의 일부 업적을 읽게 되었다. 이로 인하여 역학(mechanics)에 관한 갈릴레오의 아이디어를 발전시킨 논문 「운동에 관하여(*De Motu Gravium*)」를 쓰게 되었다.

1641년 갈릴레오가 토리첼리를 조수로 선발함에 따라 토리첼리는 플로렌스로 이사하였다. 갈릴레오는 토리첼리에게 진공의 문제에 대해서 연구하도록 하였으나 그가 온 지 3개월 후 갈릴레오가 죽고 말았다. 갈릴레오의 사망 후, 대공작인 페르디난트 II세(Ferdinand II de Medici, 1610~1670)는 토리첼리를 갈릴레오의 후임으로 플로렌스의 궁중 철학자 겸 수학자로 임명하였다.

1643년 토리첼리는 물보다 밀도가 13.6배 더 큰 수은을 사용하여 그의 아이디어를 시험 하였다. 그는 접시에 수은을 일부 채우고, 한 쪽 끝이 뚫린 1.2 m 길이의 유리관에 수은을 가득 채웠다. 그런 다음 엄지손가락으로 뚫린 끝을 막은 후 유리관을 뒤집어 접시에 넣고 손가락을 떼었다. 유리관 속의 수은 기둥은 접시 속의 수은 면보다 약 760 mm 높았다. 유리관 안의 수은 기둥 위에는 소량의 수은 증기를 제외하고는 비어 있었다. 토리첼리는 최초로 진공을 만든 사람이 되었다. 이렇게 만들어진 진공을 오늘날에도 토리첼리 진공으로 알려지고 있다.

"토리첼리 실험"이라 불리는 유명한 실험은 1644년 토리첼리와 빈센치오 비비아니(Vincenzio Viviani, 1622~1703)가 공동으로 수행한 실험이다. 토리첼리 자신은 직접 이 실험 결과를 발표하지는 않으나, 1644년 6월 11일 그의 친구인 미켈란젤로 리치(Michelangelo Ricci, 1619~1682)에게 편지로 이 실험을 알렸다. 그의 친구 리치는 파리

에 있던 프랑스 신부 마린 메르센느(Marin Mersenne, 1588~1648)에게 편지로 이 사실
을 알렸다. 메르센느 신부는 아주 영향력 있는 사람이라 곧 유럽 전역으로 이 실험을 알
려지도록 하였다.

1644년 토리첼리는 그의 대표작인 『기하학 연구(*Opera Geometrica*)』를 출간하였다.
이 책에는 유체운동과 포물체운동에 관한 자신의 발견이 포함되어 있다. 토리첼리는
1647년 10월 25일 장티푸스 열병을 앓은 직후 사망하였다.

실습일자	년　월　일	학과	번	성　명	

실 습 보 고 서

【실습 문제】

1. 표준대기에서의 평균 해수면 기압 값들을 아래에 채워 넣으시오.

_____	mb
_____	mmHg
_____	hPa
_____	atm
_____	Pa

2. [표 10-1]로부터 고층 일기도에서 사용하는 표준등압면의 고도를 미터(m)로 표시하시오.

표준 등압면	미터
1000 hPa 면	_____
850 hPa 면	_____
700 hPa 면	_____
500 hPa 면	_____
400 hPa 면	_____
200 hPa 면	_____
100 hPa 면	_____

[표 10-1] 표준 기압 고도

표준 등압면	추정 해발고도(m)	표준 등압면	추정 해발고도(m)
1013 hPa	해수면	300 hPa	9,000
1000 hPa	120	200 hPa	12,000
850 hPa	1,500	100 hPa	16,000
700 hPa	3,000	50 hPa	20,500
500 hPa	5,500	10 hPa	30,800
400 hPa	7,200		

3. 기압 경도란 단위 수평거리당 기압의 변화이다. 즉 두 지점 사이의 기압차를 두 지점 사이의 거리로 나눈 것이다. 아래 도시들의 기압 자료와 두 지점과의 거리 자료를 이용하여 기압 경도를 계산하시오.

도시명	기압	두 지점과의 거리	두 지점간의 기압경도
서울	1025 hPa─────		
	↕──	170 km	───── ( )
대전	1020 hPa─────		
	↕──	160 km	───── ( )
대구	1016 hPa─────		
	↕──	120 km	───── ( )
부산	1013 hPa─────		

4. 아래 주어진 자료들을 전문화 하거나 해독하시오.

해독된 기압	전문화된 기압	전문화된 기압	해독된 기압
(1) 1052.3 hPa	_____	(10) 095	_____
(2) 1035.7 hPa	_____	(11) 127	_____
(3) 1016.8 hPa	_____	(12) 253	_____
(4) 1009.0 hPa	_____	(13) 920	_____
(5) 1002.8 hPa	_____	(14) 838	_____
(6) 1000.0 hPa	_____	(15) 337	_____
(7) 996.8 hPa	_____	(16) 981	_____
(8) 974.3 hPa	_____	(17) 786	_____
(9) 958.1 hPa	_____	(18) 907	_____

(19) 전문화된 위의 값 중에서 해독하기에 어려운 것은 어느 것인가?

5. 다음 경우에 등압선 묘화법을 적용하여 4 hPa 간격으로 등압선을 그려라.

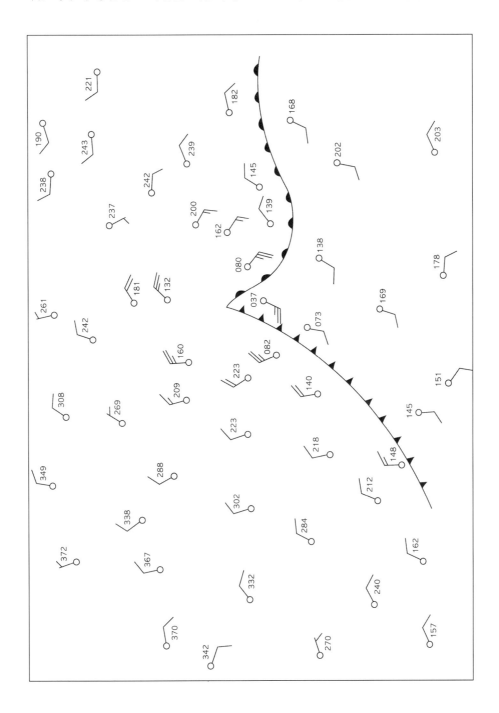

6. 〈그림 10-7〉과 〈그림 10-8〉은 겨울과 여름의 전구 기압 분포도이다. 이들 자료를 이
   용하여 아래 물음에 답하시오.

 (1) 다음 경우에 대해서 위도별 기압 분포도를 그리시오(각기 다른 색으로 표시하시오).

 1) 겨울철 동경 120°인 경우

 2) 여름철 동경 120°인 경우

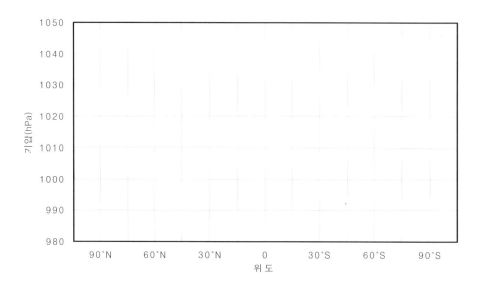

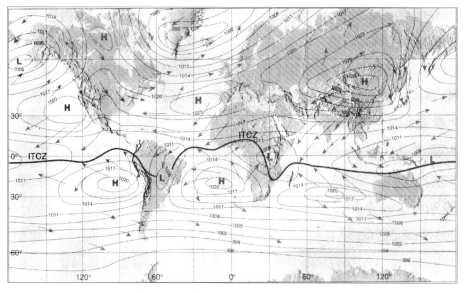

〈그림 10-7〉 1월의 전 세계 기압 분포

(2) 다음 경우에 대해서 경도별 기압 분포도를 그리시오(각기 다른 색으로 표시하시오).
 1) 겨울철 북위 40°인 경우
 2) 여름철 북위 30°인 경우

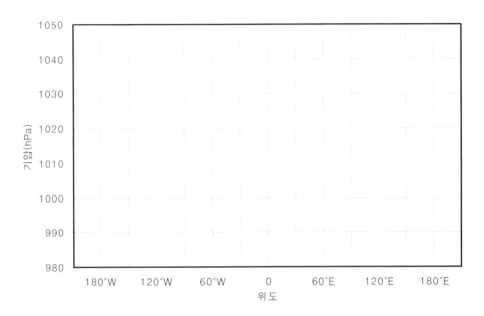

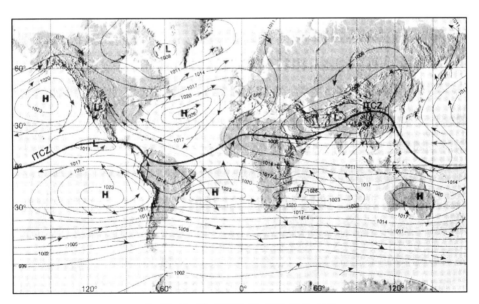

〈그림 10-8〉 7월의 전 세계 기압 분포

【복습과 토의】

1. 기압을 정의하시오.

2. 고도 증가에 따라 기압이 낮아지는 이유를 설명하시오.

3. 수은기압계에서 관측한 자료에서 필요한 보정과정에 대해 설명하시오.

4. 왜 차고 건조한 공기는 따뜻하고 습한 공기보다 높은 기압을 생성하는지 설명하시오.

제11장 바 람

11.1 목 적

바람의 측정, 바람의 종류와 일기도 기입 방식에 대해서 알아보고자 한다.

11.2 개 관

바람은 대기 중의 온도와 기압차에 의해서 발생하여 평형 상태를 시도하기 위해서 공기를 움직이게 하는 것이다. 그러나 태양 가열에 의해서 결코 평형 상태에 도달하지 못한다. 비록 공기 움직임이 3차원이지만 수평 성분이 연직 성분보다는 훨씬 크기 때문에 보통 공기 움직임의 수평 성분을 바람이라 하고 연직 성분을 기류라고 한다. 지면 근처에는 지표면 거칠기와 장애물들에 의해서 상방과 하방의 연직 성분 모두를 가지는 맴돌이(eddy)인 난류가 만들어진다. 사실 이 난류가 없다면, 가열된 공기와 증발된 물은 지표면에서부터 효과적으로 전달되지 못할 것이다. 연직 공기 움직임은 또한 대류에 의해서 유발된다. 즉, 태양복사에 의해 지표면 가열이 일어나면 공기가 온난화 되고 물이 증발되어 상공으로 올라가면 급속히 대기 중으로 분포된다.

난류 때문에 지상풍의 수평성분들은 급격히 변동하게 되어 진동수와 진폭 모두가 불규칙한 방법으로 연속적으로 변동한다. 이런 성질을 돌풍도(gustiness)라 한다. 그러나 기상관측에서는 평균적인 수평 속도를 사용한다. 종관 기상학에서는 10분간 평균값을 사용하나 수문학과 농업에서는 그 이상 기간의 평균값을 사용한다. 보통 평균은 어느 기간 동안 바람이 달린 길이로 표현된다. 임의의 시간에 발생하는 극값 또한 최대 속도를 나타내는 데 사용된다.

지상에서부터 처음 100 m 높이까지는 풍속이 거의 지수 함수적으로 급격히 증가한다. 높이가 증가하면 지상의 효과가 점진적으로 약해지기 때문에 500 m와 2,000 m 사이에서는 높이에 따라 풍속의 증가가 약해져 결국에는 일정한 값을 갖게 된다. 실제로 높이에

따른 풍속의 증가율은 온도, 풍속 지형 그리고 위도에 따라 변하기 때문에, 높이에 따른
풍속의 평균 변동은 다음 식으로 가정된다.

$$U_h = U_{10}[0.233 + 0.656 \log_{10}(h + 4.75)] \qquad\qquad (11-1)$$

여기서 U_h는 h m 높이에서의 풍속이고 U_{10}은 10 m 높이에서의 풍속이다. 〈그림
11-1〉은 이 방정식으로 구한 풍속 곡선이다. 또한 풍향도 높이에 따라 변한다. 높이를
증가시키면서 각 높이의 풍향을 지상에 투영시켜 이으면 나선이 나타나는데 이를 에크만
나선이라 한다. 그러나 지상 기상관측소에서 관심을 가지는 것은 지상의 평균 풍속과 풍
향이다.

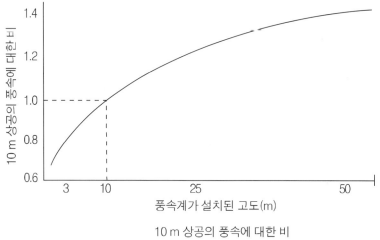

10 m 상공의 풍속에 대한 비

〈그림 11-1〉 지상 100 m 높이까지 풍속은 높이에 따라 급격히 증가한다. 국제적으로 공인된 표준
높이 10 m 이외의 높이에서 측정된 풍속은 10 m 높이의 풍속으로 보정되어야 한다. 그래프는 10
m에서의 풍속에 대한 각 높이에서의 풍속의 비를 나타낸 것이다.

11.2.1 단위와 용어

일부 다른 단위가 사용되지만, 오늘날 풍속을 표현하는 데 광범위하게 사용되는 단위
는 m s^{-1}이다. 0에서부터 12까지의 단계로 나누어지는 보퍼트 풍력계급은 관측되는 사실
로부터 풍속을 나타내는 방법이다. 풍향은 바람이 불어오는 쪽의 방향으로 결정되고 정
북(00°)을 기준으로 시계 방향으로 5 또는 10°단위로 표시하거나 8, 16 또는 32 방위로
표시한다.

11.2.2 보퍼트 풍력 계급

19세기 초, 아일랜드 수로학자인 프랜시스 보퍼트(Admiral Sir Francis Beaufort, 1774~1857)는 관측되는 사실로부터 추정한 풍속에 대한 풍력 계급을 만들었다. 이 풍력 계급은 육상과 해상, 2가지로 나누어 작성되었다. 육상 풍력계급을 [표 11-1]에 요약하였다. 보퍼트가 처음 작성한 것은 이 형태가 아니지만 현재는 그것을 일부 수정하여 사용하고 있다.

11.2.3 바람 센서의 노출

풍속은 초기에 높이에 따라 급격히 증가하기 때문에, 풍속 센서는 국제적으로 합의된 표준 고도인 10 m 높이에서 노출되어야 한다. 그러나 실제적인 이유로 보통은 이 높이와 다르게 노출되고 있다. 이런 경우에는 10 m 높이의 값으로 보정해야만 한다(〈그림 11-1〉).

[표 11-1] 보퍼트 풍력 계급

풍력계급	이 름	육지에서의 상태	바다에서의 상태	풍 속 범 위 $m\ s^{-1}$	kts
0	고 요 Clam	연기가 똑바로 올라간다.	해면이 거울과 같이 매끈하다.	0~0.2	〈 1
1	실바람 Light air	연기의 흐름으로 풍향을 알 수 있으나 풍향계는 움직이지 않는다.	비늘과 같은 잔물결이 인다.	0.3~1.5	1~3
2	남실바람 Slight breeze	얼굴에 바람을 느낀다. 나뭇잎이 움직이고 풍속계도 움직인다.	잔물결이 뚜렷해진다.	1.6~3.3	4~6
3	산들바람 Gentle breeze	나뭇잎이나 가지가 움직인다.	물결이 약간 일고 때로는 흰 물결이 많아진다.	3.4~5.4	7~10
4	건들바람 Moderate breeze	작은 가지가 흔들리고 먼지가 일고 종이조각이 날려 올라간다.	물결이 높지는 않으나 흰 물결이 많아진다.	5.5~7.9	11~16
5	흔들바람 Fresh breeze	작은 나무가 흔들리고 연못이나 늪의 물결이 뚜렷해진다.	바다 일면에 흰 물결이 보인다.	8.0~10.7	17~21
6	된바람 Strong breeze	나무의 큰 가지가 흔들린다. 전선이 울고 우산을 받을 수 없다.	큰 물결이 일기 시작하고 흰 거품이 있는 물결이 많이 생긴다.	10.8~13.8	22~27
7	센바람 Moderate gale	큰나무 전체가 흔들린다. 바람을 안고 걷기가 힘들게 된다.	물결이 커지고 물결이 부서져서 생긴 흰 거품이 하얗게 흘러가고 있다.	13.9~17.1	28~33

풍력계급	이 름	육지에서의 상태	바다에서의 상태	풍 속 범 위 m s^{-1}	kts
8	큰바람 Fresh gale	작은 가지가 부러진다. 바람을 안고 걸을 수 없다.	큰 물결이 높아지고 물결의 꼭대기에 물보라가 날리기 시작한다.	17.2~20.7	34~40
9	큰센바람 Strong gate	굴뚝이 넘어지고 기왓장이 벗겨지고 간판이 날아간다.	큰 물결이 더욱 높아진다. 물보라 때문에 시계가 나빠진다.	20.8~24.4	41~47
10	노대바람 Whole gale	큰나무가 뿌리째 쓰러진다. 가옥에 큰 피해를 입힌다. 육지에서는 드물다.	물결이 무섭게 크고 거품 때문에 바다전체가 희게 보이며 물결이 격렬하게 부서진다.	24.5~28.4	48~55
11	왕바람 Storm	큰 피해를 입게 된다. 아주 드물다.	산더미 같은 큰 파도가 인다.	28.5~32.6	56~63
12	싹쓸바람 Typhoon	피해는 말할 수 없이 크다.	파도와 물보라로 대기가 충만되어 시계가 아주 나빠진다.	32.7이상	64~71

그러나, 10 m 규칙은 단지 장애물이 없는 지점에서만 적용된다. 장애물이 존재하는 곳에서는 바람 센서들(속도와 방향)이 10 m 이상에서 노출되어야만 할 것이다. 장애물의 높이, 분포, 모습 그리고 거리에 의존되기 때문에, 10 m 규칙은 복잡하게 된다. 10 m 이상에 설치되어야 할 필요성이 있을 경우, 풍속계(anemometer)는 유효 고도(effective height)에 설치된다. 유효 고도란 더 높은 고도에서 풍속계에 의해서 실제 관측되는 풍속이 장애물이 없는 지점에서 관측되는 풍속과 일치하는 높이다. 이것은 주관적인 판단이다. 예를 들어, 나무 주위의 차폐 효과를 피하기 위해서 만약 풍속계를 20 m에 설치하였다면, 그리고 장애물이 없는 지점에서는 8 m 높이에서 동일한 풍속이 관측되게 되면 유효 고도란 8 m가 된다. 이 높이에서의 풍속은 〈그림 11-1〉의 곡선을 이용하여 표준 고도 10 m 높이로 보정되어야 한다. 유효 고도는 장애물의 위치에 의존되므로 풍향에 따라서 변하게 된다.

11.3 바람 측정

11.3.1 풍향 측정

관측자가 손에 나침반을 들고 바람이 불어오는 쪽을 향하여 놓는 가장 기본적인 측정 방법으로 풍향을 알 수 있다. 또한 풍향은 연기 또는 깃발이 움직이는 방향을 눈으로 보고 추정할 수 있다. 이런 경우 장애물의 영향으로 방향을 지시하는 것들이 오류를 발생시키지는 않는지 조심할 필요가 있다. 상층의 구름 이동을 관측하면 풍향을 나타낼 수 있다. 그러나 하층 구름은 지상 부근에서는 구름 이동 방향과 동일하게 움직이지 않는다. 왜냐하면 풍향이 높이에 따라 변하기 때문이다.

〈그림 11-2〉 대부분의 기상관측소에서 운용되고 있는 간단한 풍향계

기상관측에서 풍향의 측정은 풍향계(wind vane)로 이루어진다. 풍향계는 연직 방향으로 회전하는 화살대에 평형을 유지하면서 가지 끝에 달린 연직 판으로 구성된다(〈그림 11-2〉). 눈금을 읽기 위해서, 관측자는 아래쪽에 설치되어 있는 방향 판을 이용하여 15초 동안 풍향계가 움직인 방향을 직접 읽어 추정한다. 정확하게 읽는 것이 결코 쉽지 않다.

11.3.2 풍속 측정

(1) 컵 풍속계

컵 풍속계(cup anemometer)는 북아일랜드 아르마(Armagh) 출신으로 목사이면서 천문학자인 존 토머스 롬니 로빈슨(John Thomas Romney Robinson, 1792~1882)에 의해서 1846년에 발명되었다. 이 풍속계의 기본 디자인은 지금까지 거의 변하지 않았다. 바람에 노출될 때, 컵의 오목한 열린 부분의 압력은 비슷한 위치에 있는 컵의 볼록한 뒷부분보다 더 크게 나타나기 때문에 샤프트를 회전시키게 된다. 풍속에 대한 회전 속도는 거의 직선적이고 정확성을 기하기 위해 보정을 하여야 한다. 또한 반응은 수평 풍향과 무관하고 공기 밀도에 의한 영향도 미비하다. 컵 중심의 속도에 대한 풍속의 비는 일정하다는 가정은 맨 먼저 로빈손에 의해서 주장되었지만 후에 이것은 더 복잡한 풍속계 인자(anemometer factor)로 알려졌다. 풍속계 인자는 풍속뿐만 아니라 계측기 차원과 더 상세한 디자인에 의존된다. 일정한 바람이 부는 경로 내에서 정지한 컵에 가해지는 힘을 계산하는 것은 비교적 간단한 반면, 풍속을 변동시키고 풍향을 변화시키는 자연 조건하에서 회전하는 컵의 복잡한 공기역학적 특성을 이론적으로 분석한다는 것은 아주 어렵다. 이론적으로 풍속계 인자가 무엇인가를 결정하는 것은 불가능하지 않지만, 풍속계 인자는 주로 풍동 실험(wind-tunnel test)에 의해서 결정된다. 또한 최상의 컵 풍속계를 디자인하기 위해서는 풍동 실험을 통해 각 컵의 특성을 개별적으로 변화시켜 가며 최적의 상태를 도출해내야 한다. 그러나 풍동은 정상 상태의 공기 층류 흐름만을 만드므로 난류 흐름이 존재하는 실제 조건 하에서 시연하여 예측한다는 것은 어렵다.

그러나 이러한 풍동 실험을 통해 컵의 개수는 4개보다는 3개가 좋고, 원뿔형의 컵이 반구형보다 더 좋으며, 구슬과 같은 가장자리를 가진 컵이 평면으로 마무리한 컵보다 난류에 덜 민감하다는 사실을 발견하였다(〈그림 11-3〉).

풍속 측정에는 순간 풍속을 측정하는 휴대용 컵 풍속계(hand-held cup anemometer)도 사용된다. 이 풍속계는 샤프트 회전을 자석 항력 원리를 이용한 기계적인 방법으로는 전압계 눈금으로 보여주는 발전기 방법으로 이루어진 눈금을 가리키는 지시침으로 전환하여 보여준다. 실제 사용에는 관측자가 공기 흐름의 요란을 최소화하기 위해서 바람이 부는 방향에 옆으로 팔을 뻗어 들고 서 있게 된다. 적어도 15초 정도의 평균 풍속으로 추정된다. 이런 관측을 10분 동안 2번 이상 반복한다. 그런 다음 이 값을 〈그림 11-1〉의 곡선을 이용하여 10 m 높이의 값으로 보정하여야 한다.

(2) 프로펠러 풍속계

전통적인 관측소에서는 일반적으로 사용되지는 않지만, 간단히 풍속을 알 필요가 있는 일부 관측소에서는 컵이 위치하는 곳에 프로펠러가 달린 풍속계를 사용하는데, 이를 프로펠러 풍속계라 한다. 프로펠러 풍속계는 고속도로의 날씨 조건을 자동적으로 측정하기 위해 영국의 고속도로에 설치되면서 널리 알려지게 되었다. 프로펠러의 이론과 수학은 컵 풍속계와 유사하지만, 프로펠러들이 바람 방향에 대해서 항상 일정하게 유지되어야만 한다. 이렇게 되지 않으면 편주각(yaw angle)이 생기기 때문에 부차적인 오차가 만들어진다. 한 직선 상에 맞추기 위해서 풍향계와 함께 결합된다. 프로펠러 풍속계는 컵 풍속계보다 풍속에 더 직접적으로 반응하기 때문에 부분적으로 개선된 컵이 사용된다. 프로펠러 풍속계는 보통 컵 풍속계와 유사한 전압 또는 펄서 신호인 전기 출력을 만든다.

〈그림 11-3〉 전 세계 기상관측소에서 전형적으로 사용되는 3배 풍속계

11.4 바람 측정의 기호

11.4.1 풍향

풍향의 결정은 항상 바람이 불어오는 방향에 의해 16방위로 이루어진다. 즉 남서쪽으로 부는 바람은 '북동풍'이라 한다. 일기도 상에 바람을 기입하는 경우에는 기호를 사용하여 풍향을 표시한다. 만약 남서풍인 경우에는 와 같이 표시하고 동풍인 경우에는 ○—, 그리고 바람이 불지 않는 무풍인 경우에는 ◎로 표시한다.

11.4.2 풍속

풍속의 표시는 화살 끝의 깃대로 표시하는데 막대 전체는 $5\,m\,s^{-1}$로 표시하고 $10\,m\,s^{-1}$가 되면 깃발로 표시한다([표 11-2]). 막대의 방향은 풍향에 대해서 항상 시계 방향으로 표시한다. 풍향계의 화살은 바람이 불어오는 쪽을 가리키기 때문에 일반적으로 생각하는 화살의 방향과는 정반대로 나타난다.

[표 11-2] 풍속을 나타내는 기호

기 호	$m\,s^{-1}$	kts	km/h
◎	고요	고요	고요
	0.5-1.4	1-2	1-3
	1.5-3.4	3-7	4-13
	3.5-6.4	8-12	14-19
	6.5-8.4	13-17	20-32
	8.5-11.4	18-22	33-40
	11.5-13.4	23-27	41-50
	13.5-16.4	28-32	51-60
	16.5-18.4	33-37	61-69
	18.5-21.4	38-42	70-79

기 호	m s^{-1}	kts	km/h
____	21.5-23.4	43-47	80-87
____	23.5-26.4	48-52	88-96
____	26.5-28.4	53-57	97-106
____	28.5-31.4	58-62	107-114
____	31.5-33.4	63-67	115-124
____	33.5-36.4	68-72	125-134
____	36.5-38.4	73-77	135-143
____	51.5-53.4	103-107	144-198

11.5 바람을 일으키는 힘

11.5.1 뉴턴의 운동 법칙

단위 질량의 공기덩이에 가해지는 힘에 의해서 공기덩이는 운동한다. 이러한 공기덩이의 운동은 잉글랜드 물리학자인 아이적 뉴턴(Sir Issac Newton, 1643~1727)의 운동 법칙에 따른다. 뉴턴의 운동 법칙에는 제1운동법칙인 관성의 법칙, 제2운동법칙인 가속도의 법칙, 그리고 제3법칙인 작용 반작용의 법칙이 있다.

관성의 법칙이란 "힘이 가해지지 않는 한 정지 상태에 있는 모든 물체는 그 운동 상태를 유지한다"는 것이다. 가속도의 법칙이란 "한 물체에 가해진 힘은 그 물체의 질량과 가속도의 곱과 같다"는 것이다. 즉, 이 법칙은 '힘 = 질량 × 가속도'로 나타낼 수 있다. 작용 반작용의 법칙이란 "모든 작용에는 항상 크기가 같고 방향이 반대인 반작용이 존재한다"이다. 즉, 두 개의 물체들의 상호작용은 항상 크기가 같고 방향은 반대이다.

대기 운동은 여러 가지 힘들의 종합적인 결과로 나타난다. 즉, 뉴턴의 제2법칙은 항상 결과적으로 나타나는 힘의 순힘(net force) 또는 초과되는 양에 관한 것이다. 그러므로 바람의 세기와 방향을 알기 위해서는 공기의 수평과 연직 이동에 영향을 미치는 모든 힘들을 검토하여야 한다. 여기에 관련되는 힘은 기본 힘과 겉보기 힘으로 구분된다. 기본 힘에는 기압 경도력, 만유인력 그리고 마찰력이 있고, 겉보기 힘에는 전향력과 원심력이 있다.

11.5.2 기본 힘

(1) 기압 경도력

모든 대기 운동을 유도하는 힘은 기압의 변동이다. 기압차가 생기면, 〈그림 11-4〉와 같이 기압이 높은 곳에서부터 낮은 곳으로 작용하는 힘이 생기게 된다. 이 힘을 기압 경도력(pressure gradient force)이라 한다.

예를 들면, 동서 방향의 기압 경도력 F_{PG}는 단위 질량당 다음과 같이 주어진다.

$$F_{PG} = -\frac{1}{\rho} \frac{\Delta p}{\Delta x} \qquad\qquad (11-2)$$

여기서 Δp는 기압차, Δx는 동서 방향의 거리 차, 그리고 ρ는 대기 밀도이다. $\Delta p / \Delta x$는 동서 방향의 기압 경도이다. 그리고 음의 부호는 기압이 높은 쪽에서 낮은 쪽으로 작용한다는 것을 의미한다.

실제 지상 일기도 상에서 기압 경도력은 〈그림 11-4〉와 같이 등압선에 수직한 방향으로, 고기압에 저기압으로 나타난다. 기압 경도력의 크기는 등압선이 조밀하면 크고, 반대로 등압선의 간격이 벌어지면 기압 경도력은 작게 나타난다. 이에 따라 바람의 세기도 다르게 나타난다.

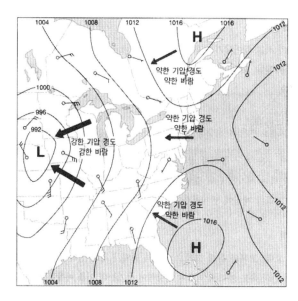

〈그림 11-4〉 지상 일기도 상에서 기압 경도력의 크기가 화살표의 굵기로 표시되어 있다. 저기압 중심부에는 기압 경도력이 크고 고기압 중심부에는 기압 경도력이 작다.

위쪽으로 작용하는 연직 방향의 유사한 기압 경도력이 존재한다 하더라도, 아래쪽으로 작용하는 중력에 의해서 거의 정확하게 평형이 된다. 구름 형성 동안과 같은 상황에서는 연직 운동이 중요하다. 일반적으로 대부분의 대기운동에 있어서 수평기압 경도력은 연직 기압 경도력에 비해 약 10^3 정도 더 크고, 수평 풍속도 연직 풍속보다 훨씬 더 크다. 현재 분석에 의하면 바람을 단지 수평 성분만 있는 것으로 간주하는 가정을 단순화시키는 것이 매우 편리하다. 자전하지 않는 행성에서는 압력 경도력의 영향 하에서는 뉴턴의 운동 제2법칙의 결과로 공기의 흐름은 저기압 쪽으로 향한다. 흐름의 속도는 힘의 크기에 의존되며, 이는 지상 일기도 상에서는 등압선의 간격에 반비례하고 상층 일기도에서는 등고선의 간격에 반비례한다.

(2) 만유인력

두 물체 사이에 서로 끌어당기는 힘을 만유인력이라 한다. 〈그림 11-5〉와 같이 지구(질량 M)와 공기덩이(질량 m) 사이에 나타나는 만유인력은 다음 식으로 표시된다.

$$F_g = -G\frac{Mm}{r^2}$$

(11-3)

여기서 r은 지구 중심과 공기덩이 사이의 거리이고 G는 만유인력 상수이다.

만유인력의 세기는 단위 질량의 공기덩이를 생각한다면 지구 중심과 공기덩이 사이의 거리의 제곱에 반비례한다.

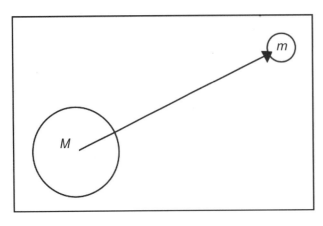

〈그림 11-5〉 지구(질량 M)와 공기덩이(질량 m) 사이의 만유인력

(3) 마찰력

고체와 고체, 고체와 유체 그리고 유체와 유체가 접한 상태에서 상대 운동을 하면 두 물체 간의 속도 차이에 의하여 발생하는 저항력이 생기는데 이를 마찰력이라 한다.

예를 들면, 공기덩이가 동서방향으로 지표면 위를 움직일 때 나타나는 지면 마찰력은 다음 식으로 표시된다.

$$F_{Fr} = -ku \qquad (11-4)$$

여기서 k는 마찰 계수이고 u는 공기덩이의 속도이다. 음의 부호의 의미는 마찰력은 운동 방향에 대해서 반대로 작용한다는 것이다.

11.5.3 겉보기 힘

(1) 전향력

자전하는 지구에서 바람의 속력은 기압 경도력의 지배를 받지만, 자전은 흐름의 방향을 변경시킨다. 뉴턴의 제2법칙의 항들에서 자전에 의해서 생성되는 다른 힘은 공기덩이를 움직이도록 작용한다. 이 힘을 전향력 또는 코리올리 힘(Coriolis force)이라 한다.

어떤 위도에서 지표면을 횡단하여 어떤 속도로 단위 질량의 공기덩이가 이동할 때, 공기덩이에 작용하는 전향력은 다음 식으로 주어진다.

$$F_{Co} = 2\Omega \sin\phi V \qquad (11-5)$$

여기서 Ω는 지구 자전 각속도, ϕ는 위도 그리고 V는 공기덩이의 이동 속도이다. 코리올리 매개변수로 알려진 양 f는 임의의 위도에서는 상수로써 다음과 같다.

$$f = 2\Omega \sin\phi \qquad (11-6)$$

지구의 각속도는 2π 라디안이고 24시간 동안에는

$$\Omega = 2\pi/(24\times60\times60) = 7.27\times10^{-5} \ s^{-1} \qquad (11-7)$$

이다.

이래서 f는 항상 작은 값을 나타낸다. 이 값은 적도에서는 영이고 극점들에서는 $1.5 \times 10^{-4} s^{-1}$이다. 그러나 이 힘은 경도에 따른 대기 운동의 동·서 성분을 나누어준다.

지구의 지표면을 횡단하여 주어진 속도로 어떤 투사체를 던지게 되면 겉보기 힘을 경험하게 될 것이다. 이 물체는 시계 반대방향으로 자전하는 북반구에서는 오른쪽으로 휘어지고, 시계 방향으로 자전하는 남반구에서는 왼쪽으로 휘어진다(〈그림11-6〉).

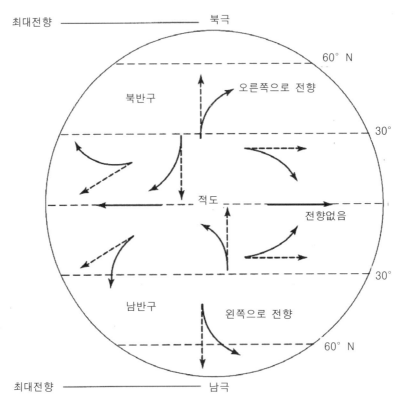

〈그림 11-6〉 남반구와 북반구에서의 전향 효과. 북반구에서는 오른쪽으로 남반구에서는 왼쪽으로 나타난다.

(2) 원심력

공기 흐름은 거의 직선 경로를 따라 움직이지 않는다. 굽어진 경로를 따라 움직이는 공기덩이는 고기압과 저기압 주위를 흐를 때 중심으로부터 벗어나는 힘이 생기는데, 이를 원심력이라 한다.

곡률 반경이 R이고 단위 질량의 공기덩이가 회전하는 속도를 V라고 할 때, 원심력의 크기는 다음과 같이 주어진다.

$$F_{Ce} = \frac{V^2}{R}$$

(11-8)

바람은 앞서 설명한 여러 힘들의 종합적인 결과에 의해서 나타난다. 그러면 어떠한 힘들의 평형이 어떤 바람들을 지상과 상층에 나타나게 하는지 알아보자.

11.5.4 바람의 분류

바람은 앞서 언급한 힘들의 평형 상태에 따라 지상풍, 지균풍, 경도풍, 관성풍, 선형풍 등으로 나타난다. 이들을 간단히 살펴보면 다음과 같다.

(1) 지상풍

지표면에 접근하게 되면 지표면 마찰의 영향이 증가하는 것을 느낄 수 있다. 이 마찰력(frictional force)은 직접적으로 기류에 반대로 작용하기 때문에 풍속을 감소시킨다. 전향력은 풍속의 함수이기 때문에 전향력 또한 감소되며 등압선이 직선이고 평행하다 하더라도 기류는 평형 상태로 유지되지 않는다(〈그림 11-7〉).

지표면 부근에서의 바람은 지표면 마찰력 때문에 풍속이 작아진다. 풍속이 작아지면 전향력도 작아지기 때문에 기압 경도력과 평형을 이루지 못한다. 그러므로 〈그림 11-7〉에서 보는 바와 같이, 기압 경도력은 전향력과 마찰력의 벡터 합으로 평형 상태를 이루게 된다. 이때 마찰력의 반대 방향으로 부는 바람을 지상풍이라 한다. 지상풍과 등압선이 교차하는 각을 경각이라고 하며 경각은 마찰력이 커질수록 커지나, 중위도의 육상에서는 30~35°, 해상에서는 20~25°의 각도를 이룬다.

지상풍의 경우 마찰력의 크기에 따라 그 세기와 풍속이 결정된다. 마찰력은 지표면에서 최대가 되고 높이에 따라 점진적으로 감소하기 때문에 지상풍의 세기는 높이에 따라 증가한다. 또한 높이에 따른 마찰력의 감소는 높이에 따른 풍향 변화를 가져와 에크만 나선을 만들게 된다. 지상풍의 방향은 〈그림 11-8〉과 같이 북반구에서 바람을 등지고 있을 때 저기압을 왼쪽에 두고, 고기압을 오른쪽에 두었을 때 등압선과 각을 이루면서 분다. 이 법칙을 바이스-발로트의 법칙(Buys-Ballot's law)이라 한다.

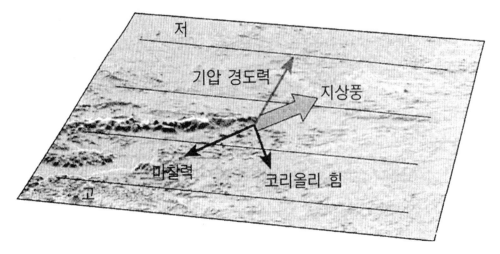

〈그림 11-7〉 북반구에서 지상풍의 힘의 관계

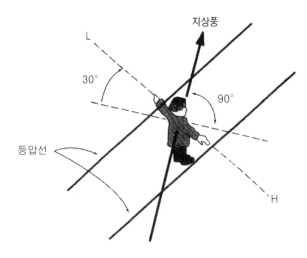

〈그림 11-8〉 북반구의 지상풍에 적용되는
바이스-발로트의 법칙

(2) 지균풍

　등압선들이 직선이고 평행하고 지표면 마찰 효과로부터 벗어난 단지 기압 경도력과
코리올리 힘이 공기덩이에 작용하는 자유 대기를 고려하고자 한다. 기압 경도력은 운동
을 만들고 즉각적으로 전향력은 공기덩이를 편향시키기 시작한다. 두 힘은 급격히 평형
상태에 도달하여 등압선에 평행하게 부는 지균풍이 존재하도록 한다(〈그림 11-9〉).

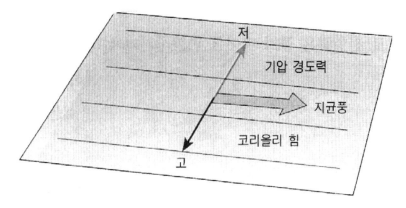

〈그림 11-9〉 북반구에서 지균풍의 힘의 관계

식 (11-2)와 식 (11-5)를 이용하여 재정리하면 다음과 같은 식을 얻을 수 있다.

$$V_g = -\frac{1}{\rho f}\frac{\Delta p}{\Delta x} \tag{11-9}$$

여기서 V_g가 지균풍(geostrophic wind)이다. 그러므로 이 바람은 북반구에서는 우리가 바람을 등지고 서 있을 때 저기압을 왼쪽에 두고 등압선에 평행하게 분다(〈그림 11-10〉). 남반구에서는 반대가 된다. 지균풍의 속력은 등압선의 간격에 반비례한다. 전적으로 관측된 기압분포에 의해 결정되는 지균풍은 등압선이 직선이고 평행할 때와 공기가 지표면으로부터 훨씬 높은 곳에서 운동될 때는 실제 바람과 동일하다. 지균풍은 물론 실제 상황에서는 이러한 제한요소들을 완벽하게 만족시키지는 않는다. 그러나 많은 시간 동안, 등압선이 크게 휘지 않으면, 지균풍은 실제 바람과 거의 유사하게 된다. 지균 근사는 단지 남·북위 약 30°에서부터 극 쪽으로만 사용될 수 있다. 왜냐하면 적도지역에서는 코리올리 힘이 (0)이 되어 바람을 강하게 편향하지 않기 때문이다.

식 (11-9)의 사용에 대한 주요 장애는 온도와 높이에 따라 변동하는 공기 밀도를 포

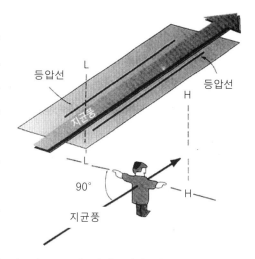

〈그림 11-10〉 북반구에서 지균풍에 적용되는 바이스-발로트의 법칙

함하는 것이다. 이 어려움은 정역학 방정식을 도입함으로서 극복될 수 있다. 밀도를 대체시키면, 지균풍 방정식은 다음과 같이 된다.

$$V_g = (g/f)\Delta h/\Delta x \qquad\qquad (11-10)$$

여기서 $\Delta h/\Delta x$는 등압면의 높이에 따른 변화율이다. 이것은 등압면 일기도로부터 직접적으로 얻을 수 있다. 이 식은 식 (11-9)보다 사용하는 데 훨씬 간단하다. 왜냐하면 단지 코리올리 매개변수, 중력 가속도, 그리고 경사 $\Delta h/\Delta x$만이 필요하기 때문이다.

등압선들이 직선인 경우는 드물다. 대부분의 경우 어느 정도의 곡률이 존재한다. 저기압 지역 주변의 시계반대방향 운동을 가지고 있는 공기의 저기압성(cyclonic) 곡률 또는 고기압 주변에 시계방향의 운동을 하는 고기압성(anticyclonic) 곡률이 존재한다. 이들 방향은 북반구인 경우에 주어진다. 이것들은 남반구에서 고려될 때는 그 방향이 반대가 된다. 그러나 소규모 운동 또는 강력한 폭풍과 연관된 운동을 제외하면 지균 근사는 이러한 곡률 운동을 가지게 될 것이다.

(3) 경도풍

등압선이 뚜렷한 곡률을 가지고 있을 때 세 번째 힘, 즉 원심력(centrifugal force)이 도입되어야만 한다. 원심력은 어떤 곡률 운동의 중심으로부터 바깥쪽으로 작용한다. 그것은 실에 매단 돌을 돌림으로써 쉽게 보일 수 있다. 이런 행동 동안 팔에 느껴지는 장력이 이 힘으로 표현된다. 고기압 지역 주변을 회전하는 경우에는 이 힘은 기압 경도력의 방향과 동일하며 그래서 지균풍으로 계산된 풍속보다는 증가하게 된다.

〈그림 11-11〉에서 보는 바와 같이, 저기압 주위에서는 기압 경도력이 전향력과 원심력의 합으로 평형을 이루고, 고기압 주위에서는 전향력이 기압 경도력과 원심력의 합으로 평형을 이루며 바람이 불게 된다. 그러므로 북반구에서 바람은 〈그림 11-11(a)〉와 같이 고기압 주위에서는 시계방향으로, 〈그림 11-11(b)〉와 같이 저기압 주위에서는 시계반대방향으로 불게 되는데, 이러한 바람을 경도풍이라고 한다. 경도풍은 지균풍과 마찬가지로 등압선과 평행하게 분다. 그러나 기압 경도가 큰 경우, 곡률이 심할 때의 경도풍의 풍속은 지균풍의 풍속보다 더 약하게 나타난다. 예를 들면, 태풍인 경우 계산된 지균풍속은 500 m s^{-1}이지만 경도풍속은 단지 75 m s^{-1}에 불과하다.

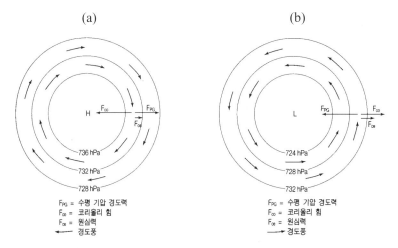

(a)   (b)

F_PG = 수평 기압 경도력
F_CO = 코리올리 힘
F_CE = 원심력
──→ 경도풍

〈그림 11-11〉 북반구의 (a) 고기압과 (b) 저기압에서 나타나는 경도풍의 방향

(4) 관성풍

기압 경도력이 존재하지 않는 지오포텐샬 면에서 마찰이 없을 때의 흐름인 경우에 일어나는 바람을 관성풍(inertial wind)이라 한다. 만약 공기덩이의 남북간 이동에 따른 위도변화를 무시한다면(코리올리 매개변수가 일정), 곡률 반경은 일정한 원이 된다. 이러한 원을 관성원이라 부른다. 관성원에 따른 공기의 진행방향은 북반구에서 시계방향(고기압성), 남반구에서 반시계방향(저기압성)이다. 이 관성원에서의 운동주기 T는 원둘레를 속도로 나눠줌으로써 얻어진다. 따라서 공기덩이는 완전히 원운동을 하지 못하고 고리모양의 진로를 그리면서 서편으로 움직인다(〈그림 11-12〉).

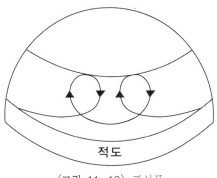

적도

〈그림 11-12〉 관성풍

(5) 선형풍

소규모 운동계에서의 곡률반경은 보통 일기도에서 보여지는 운동의 곡률반경보다 훨씬 작다. 이러한 이유로 소규모 운동계에서는 원심력이 아주 크다. 그러므로 원심력과 기압경도력이 평형을 유지하며 등압선에 평행하게 부는 바람을 선형풍(cyclostrophic wind)이라 부른다. 힘이 약하기 때문에 저위도에서 잘 들어맞으며, 태풍의 중심 근처, 토네이도 등에 잘 적용된다.

(6) 온도풍

대기의 고층으로 올라갈수록 풍향과 풍속은 현저하게 변한다. 따라서 온도풍은 층 두께의 값이 작은 곳을 왼쪽으로 하고 층후선(thickness line)에 평행하게 분다(북반구). 층후선은 일기도에서 하층 등압면의 등고선 위에 상층 등압면의 등고선을 중첩하여 도식감법으로 쉽게 얻을 수 있다(〈그림 11-13〉). 그림에서 상층면의 등고선은 굵은 선이고, 하층면의 등고선은 파선이며 층후선은 점선과 파선으로 나타나 있다. 따라서 온도풍은 낮은 온도(찬 공기)를 왼쪽에 두고 평균 가온도선에 평행하게 분다. 이것이 연직분포에 따른 두 지균풍의 벡터차를 온도풍이라 부르는 이유이다.

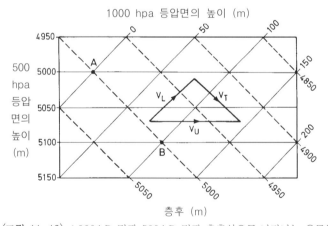

〈그림 11-13〉 1,000 hPa면과 500 hPa면과 층후선으로 나타나는 온도풍

11.5.5 국지풍

국지적인 조건에 따라 발생하는 소규모의 풍계를 국지풍(local wind)이라 하며, 국지풍

에는 다음과 같은 것들이 있다.

(1) 산곡풍

맑은 날 오후에는 골짜기보다 산정에서 더욱 빨리 가열되어 골짜기로부터 산정으로 국지적인 기압 경도력이 일게 된다. 기압 경도력에 의해 골짜기에서 산정으로 향하는 바람이 불게 되는데 이러한 바람을 곡풍이라 한다.

밤에는 반대현상이 일어나 산정에서 골짜기로 향하는 산풍이 있다. 특히 겨울동안에 눈이 덮여 있는 산정에서 복사에 의한 열의 방출이 심할 경우, 많은 양의 찬 공기가 축적되어 있다가 자기중력에 가속되어 강풍이나 돌풍의 형태로 골짜기나 평원에 도달되는 바람을 활강바람(katabatic wind)이라 한다.

이런 형태로 잘 알려진 바람은 보라(아드리아의 북부해안), 미스트랄(프랑스의 남부해안), 산타나(북아메리카의 남부캘리포니아) 등이 있으며, 로키산맥 동부에서 풍설과 강설을 동반한 블리자드가 있는데 이것은 강한 저기압 후면에서 일어나고 있다.

(2) 푄

공기가 산맥을 넘는 경우, 풍상 측에서는 단열 냉각되고 풍하 측에서는 단열 승온한다. 이때, 상승하는 공기는 응결고도까지는 건조단열냉각(1 ℃/100 m)을 하게 되고, 이 고도에서 구름이 발생하여 비가 내리기도 한다. 상승응결고도 이상에서는 습윤 단열냉각(0.5 ℃/100 m)을 하여 정상에 이른다.

하강할 때는 건조 단열적으로 승온하므로, 결국 산맥을 넘는 공기는 고온 건조한 바람이 된다. 이 바람을 독일 지방에서는 푄이라 부르며, 북미에서는 치누크라 부르고 우리나라에서는 높새바람이라 한다. 이러한 현상은 알프스산맥 북측과, 로키산맥의 동측에서 현저하다.

(3) 해륙풍

육지의 흙이나 암석은 비열이 작고 해수의 비열은 크기 때문에 냉각과 가열되는 정도가 해수보다 육지에서 빠르다. 낮 동안에 더욱 빨리 가열된 육상의 공기가 수직으로 팽창하므로, 육지 쪽이 해상보다 저압으로 되어 바다에서 육지로 향하는 바람이 분다. 이것을 해풍이라 한다. 그러나 야간에는 정반대로 되어 육풍이 분다.

11.6 대기 대순환

대기 대순환의 특성은 기상학과 기후학 모두에서 중심 문제로 대두되고 있다. 대기 대순환의 3세포 모델(three-cell model)은 알려진 사실을 이론에 적용시키는 것으로 개발되었다. 비록 이것이 너무 단순화된 것으로 알려져 있지만, 아직도 유용한 개념 도구를 제공한다.

이 모델은 적도 부근과 위도 60도에 동서로 저기압대가 존재하고 있다는 관측으로부터 개발된다. 고기압은 위도 30도 부근과 극에서 나타난다. 저기압은 수렴과 관련된 상승기류와 연관되고, 고기압은 침강에 의해서 지상에서 발산하기 때문에, 저기압, 고기압은 대기 대순환 3세포 모델의 주된 구성 요소이다. 열대와 한대 세포는 가정상 지표면 가열의 효과에 의해서 움직이며 이를 '열적 직접세포'(즉 온난한 지역은 상승, 한랭한 지역은 하강)라 하고 반면 중위도 세포는 그들에 반응하는 '열적 간접세포'라 한다.

저위도 관측에 따르면, 상승은 구름과 강수를 생성하고 하강은 건조하고 구름이 없는 조건을 주게 된다. 코리올리 효과를 결합한 후 지표면에서의 공기 운동은 관측값과 아주 잘 반응한다.

11.6.1 3세포 순환 모델에 모순되는 경험적인 자료

특히 상층공기의 관측이 더 많이 이루어짐에 따라, 3세포 모델이 모든 지역에서 완전하지 못하다는 것이 명백해졌다. 그것은 적어도 한 지역에서는 옳지 않았다. 중위도에서의 상층 기류는 모델에서 예측한 편동풍이 아니라 편서풍이다. 실제로, 중위도 상층풍은 연중 위치가 변하는 제트류의 중심부에 나타나는 강한 편서풍에 의해서 결정된다.

이러한 편서풍은 파동모양의 운동으로 이루어지며 이 파동을 로스비 파(Rossby wave) 또는 지구규모파(planetary scale)라 한다. 로스비파는 방향의 온도 경도와 각속도의 함수이고 지표면의 특성에 의해서 영향을 받는다.

이런 이유로 열적 간접 중위도 세포는 가정한 것보다는 훨씬 더 복잡하다. 실제로 그것을 세포로 생각하는 것은 이미 적절하지 못하다. 대신에 적도와 극으로의 에너지 수송은 수평적인 파동 운동과 그들의 내재된 요란에 의해서 수행된다. 비록 그들의 발생 메커니즘의 개념이 변했다 하더라도, 두 개의 열적 직접 세포는 그대로 존재한다.

대기대순환의 가장 중요한 특징은 동서 바람 패턴을 지배하는 양반구의 상층 강한 풍속을 가진 편서풍의 흐름(로스비 파 ; 〈그림 11-14〉)과 연직 바람 장에서 뚜렷하게 볼 수 있는 적도 부근의 강한 세포상순환이다. 그러나 순환은 위성에서 유도한 자료를 이 그림에 결합시킬 때 강하게 강조되는 부분으로 모든 부분과 연계된 한 시스템으로 보여 줘야만 한다. 그러나 고쳐야 하는 필요성에도 불구하고, 3 세포 또는 아마도 더 나은 3 구분 체제(해들리 세포, 로스비파, 한대 세포)는 아직도 대기대순환의 그림에서 확실하고 명백히 여러 가지 기후 지역을 반영하고 있다.

중위도 순환은 열대 또는 한대 지역에서 보다는 훨씬 복잡한 것으로 보인다. 비록 우리가 다른 지역보다 중위도에 대해서 더 많이 알아야 된다는 것을 마음속에 간직해야 한다고는 하지만, 이것은 거의 확실한 사실이고 쉽게 복잡성을 인식하게 될 것이다. 에너지와 수증기 재분배에 반응하는 상이한 메커니즘 때문에 차이는 더 크게 일어난다. 세포와 같은 운동인 남북 수송은 열대지역에 뚜렷한 반면 수평 파동 운동인 에디 수송은 중위도를 지배한다. 이래서 비교적 간단한 세포모양의 기술은 열대와 가능하면 한대 과정들의 일반적인 고려에서는 적절하다(후자는 현재까지 잘 이해되지 않지만). 그러나 중위도에서는 전혀 적절하지 않다.

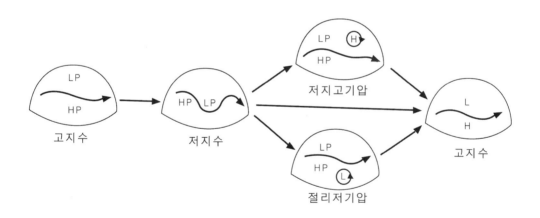

〈그림 11-14〉 로스파의 변동을 보여주는 모식도

11.6.2 해들리 세포

열적으로 직접 열대 또는 해들리(Hadley) 세포는 일반적으로 상당 순압 대기 내에서 존재한다. 확연한 열 겨울과 여름이 존재하지 않는 이러한 저위도에서, 대륙도 효과는 미미하다. 그래서 지상 기온 분포는 극 쪽으로 가면서 기온은 감소하지만 대략적으로 동서로 일정하다. 기본 기압 분포도 대상이다. 태양복사 흡수에 의해서 가열된 지표면은 하층 대기에서 열원으로 제공된다. 각 반구들에서 세포들이 만나는 열대수렴대(intertropical convergence zone ; ITCZ)의 상승 공기내의 대류 운동에 의해서 방출되는 잠열은 두 번째 열원으로 제공된다. 열 흡수원은 대기의 꼭대기와 세포의 극 쪽으로 향하는 가장자리에서 나타난다.

해들리 순환은 상당 순압 대기에서 열의 계속적인 공급에 의해서 움직이게 된다. 기류의 수평적인 성분들은 이러한 저위도에서는 코리올리 전향에 의해서 약하게 영향을 미친다. 그래서 합성 바람인 무역풍(trade wind)은 등압선에 평행하게 불지 않지만 하층에서는 적도 쪽으로 향하여 불고 대류권 상층에서는 극 쪽으로 향하는 뚜렷한 등압선 횡단 성분을 가진다. 이렇기 때문에 바람 패턴은 적도로부터 불어나가는 자오면류(남북류)에 의해서 직접적인 에너지 전달을 허용한다.

어떤 지역에서 지표면 특성의 변동은 특히 하층에서는 다른 순환 패턴의 추가를 이끌어 낼 수 있다. 예를 들면, 지표면 가열과 지형 효과들은 몬순(계절풍)으로 알려진 뚜렷한 순환을 유발한다. 반면 일반적으로 30° 근처에서 발생하는 사막 지역상의 지표면 온도는 적도지역의 온도보다는 빈번하게 높게 나타난다. 소규모 대기 요란과 함께 이러한 차이는 날씨와 기후의 국지 또는 지역 변동을 유발한다. 그럼에도 불구하고, 전 세계적으로 조망하면 열대 조건들은 해들리 순환에 의해서 적절히 기술되고 설명된다.

11.6.3 한대 지역

이론적으로 한대 세포는 해들리 세포와 유사하다. 눈과 얼음으로 덮여 있는 표면은 상당 순압 조건과 세포 운동을 유발하는 균등한 온도 분포를 만든다. 물론 이 경우 그들은 코리올리 힘에 의해서 대상류에 완전히 편향된다. 합성적인 지상 편동풍은 고위도 북극에서 연중 비교적 약하지만 남반구 여름철 남극 대륙 상에서는 아주 강한 특징이 존재한다. 총체적인 대기 침강이 존재한다. 양반구의 겨울 동안 특별히 남반구에서 잘 발달되어 있는 제트모양의 구조를 가진 75-80°에서 국지 속도인 경우 최대가 나타난다. 중위도 편서풍의 확장으로 간주될 수 있는 이 특징은 한대 순환을 지배한다. 그래서 '순수한' 한대 세포는 훨씬 약하게 발달되어 비교적 적은 자오면 수송이 존재한다.

11.6.4 중위도 지역의 경압성

중위도 지역은 빈번하게 상당 순압 대기를 가지는 지역이고 세포와 같은 자오면 전도와 자오면 에너지 수송에 대한 경향성이 존재한다. 그러나 에너지 전달 메커니즘과 날씨 및 기후 모두에서 복잡성을 생성시키는 중위도의 유일한 특성은 빈번하게 형성되는 경압 조건이다. 3개의 주요 지역으로 나누어지는 대기대순환의 현재 배치는 비교적 안정된 형상으로 나타난다. 이것은 수치 모의 결과와 회전원판(dishpan) 실험 결과 모두를 통하여 확립되었다. 회전원판은 유체로 채워진 원통으로 여러 다른 비율로 회전할 수 있고 밑바닥과 바깥쪽 가장자리에서 가열될 수 있다. 그러므로 그것은 지구 대기의 규모 모델의 형태이다. 밑부분과 바깥 가장자리에서 약간 가열시키고 비교적 저속으로 회전시키면, 단일 세포 순환이 확립되고, 이는 해들리 순환의 특징과 유사하다. 대기조건에 더 근접하게 모의하기 위해서 회전율과 가열률을 증가시키면 이 단일 시스템은 깨어지게 된다. 해들리 순환은 바깥 가장자리 근처인 열대에 한정되며 로스비파와 같은 순환은 중위도와 고위도에서 발달된다. 어떤 경우에는 대단히 약한 한대 순환이 확립되기도 한다.

이 배치는 비교적 넓은 범위의 회전율과 가열 경도에 의해서 유지된다. 현재 대기 형태는 쉽게 예측할 수 있는 회전율과 에너지 경도에 대해서는 안정한 것으로 제안되고 있다. 물론, 결과들은 변화하지 않는 기후를 지적하는 것이 아니라 대기의 대순환의 형태에 의해서 지워지는 한계 내에서 변화할 수 있는 것 이상으로 지적된다.

11.7 바람장미

바람은 순환하기 때문에, 바람장미(wind rose)를 이용하여 주관적으로 바람의 빈도를 해석하고 형상화하는 것이 쉬울 때가 있으며, 바람장미는 풍향의 방위각에 따라 각 방향으로 바람 빈도를 나타낸다. [표 11-3]은 서산 지방에서 5년간(1980~1984) 풍향 및 풍속 등급의 연평균 발생빈도를 나타낸 것이고 이것에 의한 연평균 바람장미를 〈그림 11-15〉에 제시하였다. 가장 많은 빈도는 북풍과 북북동풍이며, 가장 낮은 빈도는 동남동풍과 남동풍이다. 풍속 등급은 1등급과 2등급이 80 % 이상을 나타내었다.

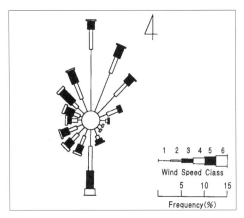

<그림 11-15> 서산 지방의 연평균 바람장미

[표 11-3] 서산지방에서 5년간(1980~1984) 풍향 및 풍속 등급의 연평균 발생빈도(%)

풍향 \ 풍속등급	1	2	3	4	5	6	합 계
N	10.56	2.73	1.24	0.16	0.00	0.00	14.69
NNE	7.89	2.57	1.83	0.15	0.01	0.00	12.45
NE	5.29	2.90	0.82	0.12	0.00	0.00	9.13
ENE	2.64	1.91	0.56	0.02	0.00	0.00	5.13
E	2.28	0.52	0.14	0.02	0.00	0.00	2.96
ESE	1.86	0.17	0.03	0.00	0.00	0.00	2.06
SE	1.88	0.21	0.07	0.01	0.00	0.00	2.17
SSE	2.44	0.65	0.33	0.11	0.00	0.00	3.53
S	3.77	3.71	2.96	0.88	0.03	0.01	11.36
SSW	2.36	1.48	1.19	0.38	0.03	0.00	5.44
SW	2.77	1.41	1.03	0.29	0.03	0.01	5.54
WSW	2.17	1.49	1.13	0.24	0.03	0.01	5.07
W	2.14	0.88	0.68	0.16	0.03	0.01	3.90
WMW	1.76	0.96	1.12	0.58	0.05	0.00	4.47
NW	2.55	1.77	1.86	0.64	0.03	0.00	6.85
NNW	3.46	2.59	2.01	0.29	0.00	0.00	8.35
합 계	55.82	25.95	11.00	4.05	0.24	0.04	103.10

* 과학자 탐방 *

윌리엄 페렐(William Ferrel, 1817~1891)

미국의 교사, 기상학자, 해양학자.

윌리엄 페렐은 1817년 2월 29일 미국 펜실베이니아 주 풀턴(Fulton) 카운티에서 농부의 아들로 태어났다. 그가 장성하여, 1846년부터 1857년까지 주 순회 수학 교사로서 몬태나 주, 켄터키 주, 테네시 주 학생들을 가르쳤다. 그는 수학과 결합시켜 조석과 날씨에 강한 관심을 가지게 되었다. 그의 과학적인 경력은 프랑스의 수학자인 피에르 시몽 드 라플라스(Pierre Simon de Laplace, 1749~1827)의 책인 『항성 역학(Celestial Mechanics)』에 관심을 가진 이후인 인생의 후반부에서 찾을 수 있다. 페렐은 라플라스의 연구에 일부 중요한 점을 첨가하였다.

1855년 윌리엄 페렐은 『내슈빌 의학 저널(Nashville Journal of Medicine)』에 게재된 기사에서 "해들리의 하나 세포 모델은 관측상 맞지 않으며 3세포 모델이 더 적절하다"고 지적하였다. 1856년 그는 대기 대순환에 대한 매슈 모리(Matthew Fountain Maury, 1806~1873)의 연구 방법을 알게 되었고, 대기 순환의 수학적인 모델을 발표하였다. 이 모델은 중위도 세포의 존재를 제안하였다. 이 세포에서 공기의 연직 움직임은 적도 부근 쪽에서는 해들리 세포에 의해서 극 부근 쪽에서는 한대 세포에 의해서 유도된다. 이 3번째 세포를 "페렐 세포"라 하였다. 1859년부터 1860년 사이 그는 자전하는 지구 대기인 경우 복잡한 정역학 방정식에 근거를 둔 대기 대순환의 이론을 구축하여 그의 모델을 수정하였고, 1889년 그는 다시 모델을 수정하였다.

페렐은 조석에 특별한 관심을 가지게 되었고 그는 1857년 『The American Ephemeris and Natural Almanac』 출판의 집필위원으로 초대받게 되었다. 이 책은 매사추세츠 주 케임브리지에서 출판되었다. 이 출판을 위하여 일하는 동안, 페렐은 기압경도력의 효과와 코리올리 효과를 결합하면 등압선을 횡단하지 않고 기압경도력에 대해 오른쪽으로 90° 편향하여 등압선에 평행하게 부는 바람(지균풍)이 발생한다는 것을 계산하였다. 결론에 도달한 지 몇 개월 후, 그는 동일한 현상이 네덜란드의 기상학자인 크리스토퍼 바이스-발로트(Christoph Hendrick Diderik Buys-Ballot, 1817~1890)에 의해서 발표된 것을 알았다. 그래서 이 법칙을 바이스 발로트 법칙이라 한다.

1867년 7월 1일, 페렐은 미국 해안선측지국(U.S. Coast and Geodetic Survey)의 직원으로 임명되었다. 그의 임무는 조석의 일반 이론을 개발하는 것이었다. 이에 대해서 그는 이미 상당한 연구를 수행하였기 때문에 많은 발전을 가져온 연구 결과를 발표하였다. 그는 이 자리를 1886년까지 지켰다.

윌리엄 페렐은 지표면의 열수지, 해류, 폭풍우 등을 연구하였다. 또한 높이에 따른 지균풍의 변화(온도풍)에 대한 공식을 유도하였고 저기압의 대류 이론을 제시하였다.

은퇴 후, 그는 캔자스 주 메이우드(Maywood)로 이사하였고, 그곳에서 1891년 9월 18일 영면하였다.

실습일자	년 월 일	학과	번	성 명	

실 습 보 고 서

【실 습 문 제】

1. 아래 여백에 해륙풍 순환을 스케치하라. 지상 고. 저기압 지역을 H나 L로 각각 표시
   하시오.

A. 낮   B. 밤

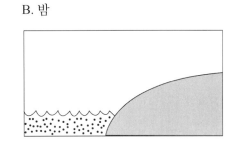

2. 아래 여백에 산곡풍 순환을 스케치하시오.

A. 낮   B. 밤

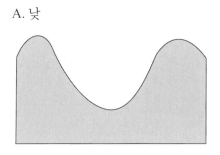
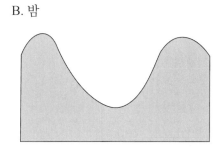

3. 아래 주어진 기호들은 일기도에 기입된 각 관측소의 풍향과 풍속이다. 이들을 설명하시오.

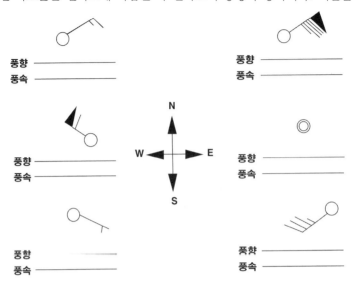

풍향 ─────────
풍속 ─────────

풍향 ─────────
풍속 ─────────

풍향 ─────────
풍속 ─────────

풍향 ─────────
풍속 ─────────

풍향 ─────────
풍속 ─────────

풍향 ─────────
풍속 ─────────

4. 아래에 주어진 두개의 그림은 바람의 순전(veering)과 반전(backing)을 보여주고 있다. 각 그림에서 1의 표시는 처음 바람의 풍향이다. 그 다음 풍향부터 숫자를 계속하여 써 넣으시오.

   (1) 순전   (2) 반전

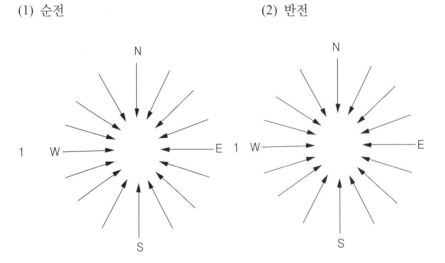

   (3) 바람의 순전과 반전에 대하여 어떻게 풍향의 전환을 설명할 수 있을까?

5. 아래 그림에서 코리올리 효과가 가장 큰 지점은 어디인가?

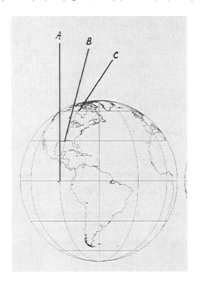

6. 아래 그림과 같은 지상풍이 나타날 때 세 힘의 평형을 그림에 표시하시오.

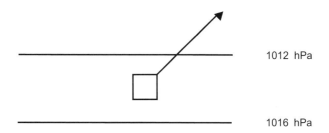

1012 hPa

1016 hPa

7. 아래 그림은 500 hPa 면의 등고선을 나타낸 것이다. 공기덩이(사각형)에 작용하는 힘의 평형을 표시하고 지균풍의 방향을 표시하시오.

5,400 m

5,460 m

5,520 m

8. 대기 대순환에 있어서 지상풍계를 아래 그림에 표시하였다. 아래 지도에 지리적인 장
   소들과 바람의 명칭을 보기에 골라 완성하시오.

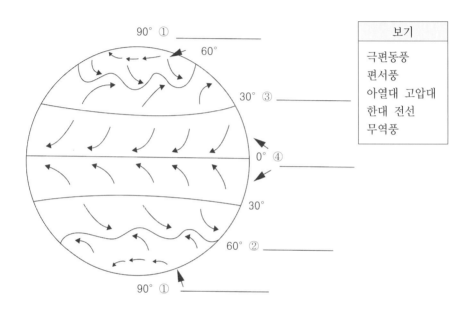

90° ① _____
60°
30° ③ _____
0° ④ _____
30°
60° ② _____
90° ① _____

보기
극편동풍
편서풍
아열대 고압대
한대 전선
무역풍

9. 아래 주어진 값은 1년 동안 어떤 두 지점의 풍향의 발생 빈도의 백분율을 표시한 것
   이다. 두 지점의 바람장미(바람 빈도 분포도)를 그려라. 무풍(calm)의 백분율은 제일
   안쪽의 원 안에 표시하시오.

A 지점	풍향	B 지점
8	N	10
6	NE	19
9	E	28
4	SE	25
7	S	6
24	SW	4
24	W	2
18	NW	5

(1) A 지점

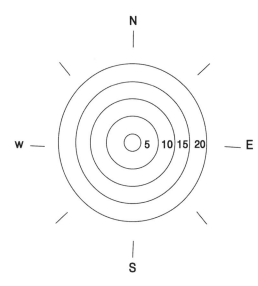

(2) B 지점

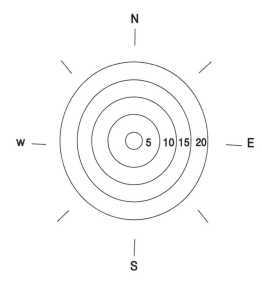

(3) 이들 두 지점의 바람장미를 비교·설명하시오.

【복습과 토의】

1. 풍향과 풍속을 결정하는 요인들을 열거하고 설명하시오.

2. 풍향과 풍속에 마찰력은 어떤 영향을 주는가?

3. 바이스-발로트의 법칙(Buys-Ballot's Law)을 설명하시오.

4. 국지풍을 일으키는 원인에 대해서 설명하시오.

제12장 기단과 전선

12.1 목 적

기단의 분류와 전선의 종류 및 위치 결정법에 대하여 알아보고자 한다.

12.2 기 단

12.2.1 기단발원지

무풍 또는 무풍 조건들이 수일동안 지속되는 지역은 기단(air mass)을 생성시키는 발원지가 될 수 있다. 기단은 온도가 대략 수평적으로 균일하고 대기 조건이 순압인 곳의 대기의 일부분이다. 그래서 보통 이 지역은 맑은 하늘과 약한 풍속을 가진다. 비록 이론적으로 지구상의 어떤 지역도 발원지가 될 수 있지만, 뚜렷한 순환 특징이 나타나도록 충분히 발달되도록 하는 특성을 나타내기 위해서는 수백만 km^2 또는 그 이상의 면적이 필요하다. 그래서 실제 발원지는 극히 적게 존재하는 것이 보통이다. 대부분 주목하는 곳은 해들리 세포의 바깥 한계에 위치한 반영구적인 고기압의 중심과 겨울철에 극 쪽으로의 대륙 가장자리 상에 열적으로 유도된 고기압 지역이다. 다른 일반적인 발원지는 중위도에서 위도가 높은 지역의 반영구적 저기압 지역으로 특히 해상 위에 나타난다. 공기는 여러 날 동안 발원지에 머물기 때문에 그 지역의 열적 및 수분 특성을 지니게 된다. 또한 그것들의 안정도는 밑에 놓인 지표면에 의하여 영향을 받는다. 한랭 발원지속으로 들어온 공기는 밑에 놓인 지표면에 열을 빼앗기게 되어 안정 기단이 될 것이다. 반면 온난 발원지로 이동되어 들어온 공기는 정역학적으로 불안정하게 될 것이다. 안정도의 변동은 밑에 놓인 지표면 온도에 영향을 미치는 해류의 효과 때문에 해양성 열대 기단에서 일어나는 것으로 지적된다. 우리는 거의 중립 안정도를 가지는 기본 조건들에 대해서 생각할 수 있다. 그러나 해양의 서쪽면의 온난 수들은 이것을 불안정 경향성으로 변환시키는 반면 동쪽면의 한류는 이것이 안정도를 가지도록 유도한다. 그것은 수많은 기단의 부수적인 종류들을 제공하도록 한다. 그러나 합성 변동은 자연 현상과 맞지 않는 경우가 있다.

12.2.2 기단의 분류

스웨덴의 기상학자인 토르 베르세론(Tor Bergeron, 1891~1976)은 1927년 발원지에 따라 한대(polar, P) 기단, 극(Arctic, A) 기단, 열대(tropical, T) 기단과 같이 체계적인 기단 분류를 제안하였다. 또한 이들 기단들은 대륙성(continental, c)과 해양성(maritime, m)으로 다시 분류된다. 더군다나 기단이 아래 지표면보다 더 높은 경우에는 소문자 w로 더 한랭한 경우에는 k로 표시된다. 이 관례는 오늘날에도 여전히 사용된다.

(1) 온도(위도)에 의한 분류
  1) 극기단(Artic air mass ; A) : 북극 해분과 그린란드 극관에서 발생(극심하게 한랭하고 매우 건조한 기단).
  2) 한대기단(Polar air mass ; P) : 대륙에서는 유라시아의 시베리아 지방, 북아메리카의 알래스카 및 캐나다 내륙 지방에서 발생(매우 한랭하고 건조한 기단). 해양에서는 북태평양과 대서양 서북 지역에서 발생(한랭하고 습윤한 기단).
  3) 열대기단(Tropical air mass ; T) : 대륙에서는 양쯔강 유역, 미국의 서남부 지방과 멕시코의 북부 내륙 지방에서 발생(무덥고 건조한 기단), 해양에서는 아열대 태평양과 멕시코 만, 카리브 해 및 대서양 서부지역에서 발생(무덥고 습윤한 기단).
  4) 적도기단(Equatorial air mass ; E) : 적도부근 열대해상에서 발생하는 매우 온도가 높고 습윤한 기단.

(2) 수증기량(지표면 성질)에 따른 분류
  1) 대륙성 기단(continental air mass ; c) : 수증기량이 적고 응결이 쉽다.
  2) 해양성 기단(maritime air mass ; m) : 수증기량이 많고 응결이 쉽지 않다.

위의 두 가지 분류 기준을 조합하면 8가지의 기단형이 존재하나 실제 사용되는 것은 6가지이다 : 즉, A, cP, mP, cT, mT 그리고 E 형이다.

12.2.3 기단의 보존성

기단의 보존성을 가지는 대표적인 기상요소는 다음과 같다.

(1) 자유대기 온도 : 준 보존성을 가진다(24시간 사이 1~2 ℃)

(2) 온위(θ) : 건조 단열 과정에 대해 보존성을 가진다.

(3) 혼합비와 비습 : 건조단열과정에 대해 보존성을 가진다.

(4) 상당온위(θe)와 습구온위(θw) : 건조 및 습윤 단열 과정에 대해 보존성을 가진다.

12.2.4 우리나라 부근의 기단

우리나라 부근에 존재하는 기단(〈그림 12-1〉)은 다음과 같다.

(1) 시베리아 기단 : 한랭 건조한 대륙성 한대 기단으로 겨울철 날씨를 지배한다.

(2) 오호츠크해 기단 : 한랭 다습한 해양성 한대 기단으로 장마철 날씨를 지배한다.

(3) 양쯔강 기단 : 온난 건조한 대륙성 열대기단으로 봄과 가을철 날씨를 지배한다.

(4) 북태평양 기단 : 온난 다습한 해양성 열대 기단으로 여름철 날씨를 지배한다.

(5) 적도 기단 : 고온 다습한 적도 기단으로 여름철 태풍의 내습 시 영향을 미친다.

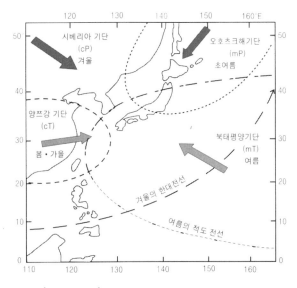

〈그림 12-1〉 우리나라에 영향을 미치는 기단

12.3 전선

12.3.1 개념

서로 다른 기단 사이의 지대를 전선(front)이라 부른다. 19세기에는 한랭 전선을 스콜선(squall line)으로 불렀다. 'front'란 용어는 1920년 베르겐 기상 학파에 의해서 만들어졌다. 이 용어는 제1차 세계대전의 전쟁 용어에서 따왔다. 전선대를 넘어서면 기온, 습도, 바람은 보통 짧은 거리에서 급격하게 변화한다.

1850년대에 미국 기상학자인 제임스 에스피(James Pollard Espy, 1785~1869)는 종관 일기도를 작성하는 도중에 전선 선(front line)을 발견하였다. 그는 이것을 '폭풍의 중심선(center line of storm)'이라 불렀다. 또한 다른 미국 기상학자인 윌리엄 블라시우스(William Blasius, 1818~1899)는 그가 '상호작용의 면(surface of interaction)'이라 명명한 전선면(frontal surface)의 개념을 사용하였다. 1868년 독일 물리학자인 헤르만 헬름홀츠(Hermann Ludwig Ferdinand von Helmholtz, 1821~1894)는 불연속의 면이 존재할 수 있다는 것을 보였고 자전하는 지구상에 한랭 기단으로부터 온난 기단을 구분하여 지표면의 평형 상태를 나타내는 분석 조건을 연구하였다. 1922년 야코브 비야크네스(Jacob Bjerknes, 1897~1975)와 할보르 쉴베르그(Halvor Sølberg, 1895~1975)는 저기압계의 생존 주기에 관한 이론을 발표하였다. 이 이론에 따르면, 파동 저기압은 보통 위도 60° 부근에 나타나는 정체전선인 한대전선(polar front)를 따라 발달하기 시작한다. 파동 저기압이 발달하는 일련의 단계를 〈그림 12-2〉에 제시하였다.

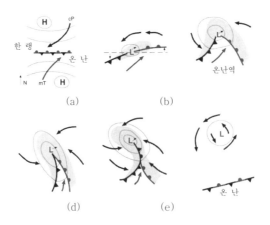

〈그림 12-2〉 파동저기압의 발생과 소멸

몇 가지 용어를 정의하면 다음과 같다.
(1) 전선면 : 밀도가 다른 두 기단이 접촉하여 그 면을 경계로 기상요소가 급격히 변하는 불연속면
(2) 전선 : 전선면이 지면과 만나는 선
(3) 전선대 : 경계층이 지면과 만나는 대역

12.3.2 전선의 구분

(1) 한랭한 공기가 따뜻한 공기 위로 올라가느냐, 밑으로 가느냐에 따라 온난전선 ,한랭전선, 폐색전선, 정체전선 등으로 나눈다.
(2) 온난 공기가 한랭한 공기 위를 상승하는 활승전선(Ana Front), 온난공기가 전선면을 따라 하강하는 비활승전선(Kata Front)으로 나눈다.

12.3.3 전선의 발생

(1) 전선을 강화시키는 과정(frontogenesis)과 전선의 온도경도를 약화시키는 과정(frontolysis)은 공기의 흐름과 온도분포의 상호관계에서 따라 전선이 발달하거나 소멸한다.
(2) 변형장
전선이 형성되는 조건은 기압과 기류에 의해서 형성되는 변형장이다(〈그림 12-3〉). 이 흐름은 Y축을 따라 흘러들어 와서 X축을 따라 흘러간다. 이 흐름을 타고 북쪽에서 한랭한 공기가, 남쪽에서 온난한 공기가 동서쪽으로 흘러간다. 이로 인해 X축을 따라 등온선이 밀집하게 되어 온도 경도가 커지므로 전선이 발생하게 된다.

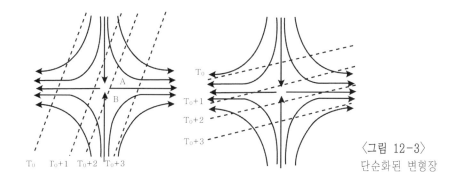

〈그림 12-3〉
단순화된 변형장

12.4 전선 분석

전선은 성질이 다른 두 기단의 경계를 나타내므로 그 양쪽의 기상 요소들을 비교하면 불연속적인 변화가 있을 것이다. 그러나 실제로는 전선의 종류라든지 활동성 여하에 따라 뚜렷한 변화를 찾아내기 힘들 때가 많으므로 일기도에 기입되어 있는 여러 가지 기상 요소에 대하여 면밀히 검토하고 전시간의 일기도를 참조하여 연관성도 고려하여야 한다.

12.4.1 전선 위치 결정의 일반사항

전선분석은 등 고도면(또는 등압면), 일기도, 연직단면도, 단열선도 등을 종합하여 전선의 위치와 강도, 활성과 일기상태, 이동 방향과 속도, 발생과 소멸 등을 종합 분석함을 말한다. 이것은 두 기단의 경계에 관한 운동이나 성질을 조사하는 것이 되므로 앞으로의 날씨를 예상하기 위하여 대단히 중요한 일이다.

전선은 다음과 같은 점에 유의하여 그 위치를 찾아낸다.

(1) 전선은 갑자기 발생하거나 갑자기 소멸하는 일이 없으므로 전 시간의 일기도로부터 연속적으로 추적할 수 있다.
(2) 전선에서는 기압경도가 불연속(기압 자체는 연속)을 이루어 등압선이 급격히 굽어지는 곳, 또는 등압선은 평행해도 그 간격이 급격한 변화를 이루는 지역에 위치할 가능성이 크다.
(3) 이동중인 전선에서는 기압경향이 불연속이므로 기압의 상승과 하강지역의 경계선 부근에 전선이 있을 가능성이 크다.
(4) 전선은 성질이 서로 다른 기단의 경계 현상이므로 기온, 노점온도가 불연속을 이루어 그 등치선이 밀집되는 지역이며, 풍향도 불연속을 이루어 풍향이 급변하는 지역에 해당된다.
(5) 전선 상에서는 일반적으로 날씨가 악화된다. 강수 등 나쁜 일기가 줄지어 나타날 경우에 전선이 있을 가능성이 크다. 이때 전선의 종류에 따라 나타나는 일기 형태가 다르다. 온난전선의 경우 그 전방에서는 넓게 일기가 좋지 못하지만 후방에서는 비교적 좋은 날씨를 보이나, 한랭전선에서는 전방과 후방의 구별 없이 전선 상에서 비교적 좁은 지역에 날씨가 나쁘게 나타난다.

(6) 단열선도 또는 연직단면도 상에서 기온 역전층이 있고 이 역전층에서 고도에 따른 풍향 변화가 반전인 경우는 한랭전선, 순전인 경우에는 온난전선이므로 이로부터 전선의 경사를 참작하여 지상의 전선위치를 추정할 수 있다. 즉, 한랭전선의 경우 풍향의 연직변화는 하층에서 북서풍이고 상층에서 남서풍이 보통이며, 온난전선에서는 하층에서 보통 남동풍이고 상층에서는 남서풍이 되는 경우가 많다. 단, 전선이라 하더라도 저기압의 중심 부근에서와 같이 상승기류가 왕성한 곳에서는 전선이 약하여 명확한 역전층이 없는 경우도 많다.

(7) 전선에서는 대부분의 기상요소는 불연속을 이루나 온난 전선은 한랭 전선에서와 같은 현저한 불연속 현상을 보이지 않는 경우가 많다. 즉, 온난전선은 경사가 완만(특히 지면부근에서)하여 지표면으로부터 열, 수증기의 공급을 많이 받고, 강수로 인하여 변질되기 쉽기 때문에 일기도에서 전선이 있는 경우라도 온도와 노점온도의 불연속이 뚜렷하지 않아 그 위치 결정이 어려운 경우가 많다.

(8) 지상전선은 상층일기도에서 등온선 조밀지역의 난기류의 경계에 위치한다. 층후도에서도 등 층후선 조밀지역의 난기류 경계(또한 이류의 종류가 바뀌는 경계)에 위치한다. 따라서 지상의 위치가 명확하지 않을 때는 상층일기도나 층후도 등을 이용하여 그 위치를 조정한다.

12.4.2 전선 종류별 위치 결정

(1) 한랭전선
한랭전선(cold front)은 다음과 같은 특성을 가지고 있다([표 12-1] 참조).

1) 한랭전선은 보통 저기압의 남서쪽에 위치한다.
2) 한랭전선 후방에서는 보통 북서풍이 강하게 불고, 전방에서는 남서풍이 분다.
3) 기온이 급격히 변하는 곳으로 전방에서는 기온이 높고, 후방에서는 기온이 급강하하여 등온선이 밀집하여 기온의 불연속이 있는 곳이다.
4) 보통 뇌우나 돌풍 또는 우박 등이 있는 곳에 위치한다.
5) 한랭전선 전방에서는 기압이 하강하고, 후방에서는 기압이 급상승하는 경계를 이루는 곳에 위치한다.

[표 12-1] 전형적인 한랭전선 통과 시의 특성

요소	접근 시	통과 시	통과 후
기압	하강	갑자기 상승	서서히 계속 상승
풍향	반전	갑자기 순전	약간 반전 후 일정
풍속	증가, 돌풍 화	돌풍 화	돌풍 후 일정
온도	일정(전선성강수중 증가)	갑자기 하강	낮은 상태로 거의 일정
이슬점온도	거의 일정	갑자기 하강	낮은 상태로 거의 일정
상대습도	일정(전선성강수중 증가)	강수와 함께 고습도 유지	강수종료와 함께 급하강
구름	Sc, Ac, 또는 As → Cb	Fs,Fc 동반한 Cb(또는 Ns)	곧 갬(가끔 단기간 As Ac후에도 Cu,Cb 있음)
날씨	보통비(가끔 뇌우)	호우(가끔 뇌우, 우박)	단시간 호우 후 갬 (후에도 가끔 소나기)
시정	중 – 악화(안개)	일시 나빠지나 곧 회복	좋음

(2) 온난전선

온난전선(warm front)은 보통 다음과 같은 특성이 있다([표 12-2] 참조).

1) 온난전선은 보통 저기압의 동쪽에 위치한다.
2) 전선 후방에서는 풍향이 보통 남서풍이고 전방에서는 남동풍이다.
3) 기온이 급격히 변하여 전방에서는 기온이 낮고 후방에서 기온이 상승한다. 특히 이슬점 온도의 상승이 현저하다.
4) 구름이 상층운으로부터 서서히 낮아져서 지속적인 비가 내리는 곳의 후방에 위치한다. 안개가 넓게 끼어 있는 곳에 위치한다.

[표 12-2] 전형적인 온난전선 통과 시의 특성

요소	접근 시	통과 시	통과 후
기압	점차하강	하강 멈춤	거의 일정
풍향	반전	순전	일정
풍속	증가	감소	거의 일정
온도	일정-약간 상승	상승	거의 일정
이슬점온도	일정(강수중 증가)	증가	일정
상대습도	일정(강수중 증가)	약간 상승	거의 일정
구름	Ci->Cs->As->Ns	낮은 Fs, Fc	St 또는 Sc(가끔 Ci)
날씨	계속적인 비 또는 눈	강수(거의 멈춤), 우박	갬(가끔 가랑비 또는 단속적 약한 비)
시정	좋음(강수중 악화)	나쁨(실안개, 안개)	대체로 나쁨(실안개, 안개)

(3) 폐색전선

한랭전선은 온난전선보다 더 빠르게 움직이기 때문에 결국에는 온난전선을 따라잡아 폐색전선을 형성한다. 폐색되는 기단의 온도에 따라 대기 내에서는 2가지 형의 폐색전선이 관측된다. 한랭형 폐색(cold-type occlusion)인 경우는 한랭전선 아래의 공기가 온난전선 아래의 공기보다 더 한랭할 때 일어난다. 반대로 온난형 폐색(warm-type occlusion)은 한랭전선 아래의 공기가 더 온난하고 온난전선 아래의 더 한랭한 공기 위를 타고 올라간다. 한랭형 폐색이 더 일반적이지만 온난형 폐색도 유럽과 북서 태평양의 서해안의 북쪽 지방에서 자주 발견된다.

1) 남북으로 접근된 저기압 사이에는 흔히 폐색전선이 위치한다.
2) 폐색전선 전방에서는 보통 남동풍, 후방에서는 북서풍이 부는 경우가 많다.
3) 비교적 넓은 범위에 비교적 강한 비가 내린다.
4) 폐색전선 후방에는 2차전선(secondary front)이 형성될 가능성이 크다.

(4) 정체전선

정체전선(stationary front)은 두 기단의 세력이 비슷하여 오랜 기간 동안 전선이 머무는 것을 말한다. 우리나라의 장마전선이 하나의 예이다.

1) 약한 저기압이 동서로 여러 개 줄을 지어 있을 때는 보통 정체전선으로 연결된다.
2) 동서로 뻗친 기압골에서는 정체전선이 있는 경우가 많다.
3) 특성이 온난전선의 경우와 매우 비슷하다.

12.4.3 전선 부근의 등온선과 등이슬점선 분석

전선 부근에서 기온과 이슬점온도의 분포는 다음과 같은 특성을 가지고 있다.

(1) 전선 구역에서는 온도 및 이슬점온도가 불연속을 이루고 있어서 등온선과 등이슬점선 자체와 그 간격도 불연속을 이룬다.
(2) 그러나 다음과 같은 경우에는 그 불연속이 잘 나타나지 않는다.
1) 따뜻하고 안정한 기단 내에서 바람이 약하고 하늘이 맑은 야간에는 지표의 복사냉

각 때문에 온도 불연속이 잘 나타나지 않는다.

2) 분지 모양의 지형에 찬 공기가 안정층을 이루고 있는 경우에는 온난전선이 통과하여도 따뜻한 공기가 차가운 안정층 위로 지나가기 때문에 온도 변화가 나타나지 않는다.

3) 한랭전선에서 차가운 공기 중의 풍속이 고도증가에 따라 증가하여 전선면 바로 아래에서 강한 하강기류가 있어 단열 승온되는 경우에는 전선양측에서 기온 차이가 나타나지 않는다.

4) 전선 부근에서 등온선 분포는 전선에서 차가운 공기 쪽으로 등온선 조밀 지역이 나타난다.

12.4.4 전선의 기울기

(1) 한랭전선은 전선면의 경사가 후방으로, 온난전선은 전방으로 기울어져 있고 이 기울기는 지면의 마찰의 영향으로 한랭전선의 경사는 1/50~1/100정도로서 온난전선의 경사 1/100~1/200보다 더 크다.

(2) 상층일기도에서 한랭전선의 위치는 지상 일기도에서의 위치보다 서북쪽에, 온난전선의 위치는 동북쪽에 나타난다. 이때 지상과 상층 전선의 수평거리는 해당 전선의 기울기에 따라 결정된다. 예를 들면, 1/100 기울기를 가진 한랭전선인 경우 850 hPa 일기도에서의 전선 위치는 지상위치의 북서쪽 약 150 ㎞에 있다.

12.4.5 전선 부근의 기압변화 분석

지상 일기도에 기입되어 있는 과거 3시간 동안의 기압 변화 경향과 변화량으로 1 hPa 간격의 등 기압 변화선(isallobar)을 분석할 수 있다(〈그림 12-4〉). 이는 기압계(특히 전선)의 위치를 파악하며, 국지적 단기간 동안의 기압계 이동 상황을 판단하는 데 사용된다. 이러한 단 기간의 기압변화량의 분석 시에는 기압 자체가 반일주기로 변한다는 사실에 유의하여야 한다. 해상 관측치인 경우는 관측 선박의 이동에 의한 기압의 변화도 포함되어 있음에 유의하여야 한다. 전선을 경계로 나타나는 전형적인 등 기압변화선의 분포를 참고할 수 있다.

등 기압 변화선은 0 hPa를 기준으로 1 hPa 간격으로 묘화하며, 색으로 구별할 때는

0 hPa 선은 보라색, 기압상승에 해당하는 1 hPa 이상의 선은 푸른색, 그리고 기압하강에 해당하는 −1 hPa 이하는 붉은색으로 그린다. 기압변화가 최대가 되는 중심에는 각각 해당 색으로 +, −를 표시한다. 한랭전선을 경계로 하여 변화의 불연속은 현저하나 온난전선의 경우는 그렇지 못하다.

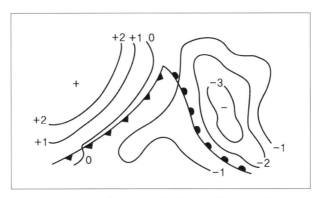

〈그림 12-4〉 전선부근의 등 기압변화선 분석

* 과학자 탐방 *

야코브 비야크네스(Jacob Aall Bonnevie Bjerknes, 1897~1975)

노르웨이의 기상학자. 야코브 비야크네스는 현대 기상학 창시자 중의 한 사람이다. 그는 20세에 중위도 저기압의 구조를 발견함으로서 과학무대에 등장하였다. 이 발견은 대단히 중요하게 되었고 이론 기상학뿐만 아니라 실용적인 날씨 예보에 풍성한 발달을 가져오는 시발점이 되었다. 이 발견을 주도한 사람은 야코브의 아버지인 유명한 물리학자 겸 지구물리학자인 빌헬름 비야크네스(Vilhelm Frimann Koren Bjerknes, 1862~1951)였지만 야코브 비야크네스도 주 연구자였다.

라이프치히 대학교 독일 박사과정 학생인 헤르베르트 페촐트(Herbert Petzold, ?~1916)는 바람 장에서 수렴선(convergence line)을 연구하고 있었다. 그러나 페촐트는 전장에 나가 1916년 프랑스 북동부 도시인 베르됭(Verdun)에서 전사하였다. 야코브는 그의 연구를 넘겨받게 되었다. 그는 수렴선이 동쪽으로 편향하면서 수천 km까지 길게 늘어진다는 것을 발견하였다. 그리고 이 선과 연관되어 구름과 강수가 일어난다는 것을 발견하였다. 1917년 그는 이러한 결과들을 보고한 그의 첫 번째 논문인 「수렴과 발산 지역 상공의 공기 이동」을 그가 20세가 되기 전에 출판하였다.

1918년 가을에 작성된 야코브의 박사 논문은 1919년에 〈이동하는 저기압의 구조에 관하여(*On the Structure of Moving Cyclones*)〉이란 제목으로 출판되었고 여기에서 그는 유명한 한대전선 저기압 모델을 제시하였다. 이 모델에서 전선은 저기압 중심의 북과 서쪽에 자리 잡은 한랭 공기와 남과 남동쪽의 온난역 내의 온난 공기를 분리하는 경계면으로 설명하는 것으로 가정되었다. 이러한 전선 경계면은 1903년 오스트리아 기상학자인 막스 마르굴레스(Max Margules, 1856~1920)가 유도한 공식에 따라, 한랭 공기와 함께 아래쪽으로 경사를 이룬다고 가정되었다. 더 나아가, 야코브는 그의 논문에서 경사를 나타내는 전선면을 따라 온난 공기가 상승하여 전선을 따라 구름의 띠와 강수를 일으키고 반면에 한랭 공기는 하강하고 지상에서 퍼져나간다는 것을 언급하였다. 그는 이러한 연직 운동이 위치 에너지(potential energy)를 감소시켜 이러한 감소가 저기압의 운동 에너지의 형성을 설명할 수 있다는 것을 알아차렸다. 이것은 15년 전에 발표된 마르굴레스의 이론과 일치하였다.

실습일자	년 월 일	학과	번	성 명	

실 습 보 고 서

【실습 문제】

1. 기단의 6개 주요 형과 약자 및 온도 - 습도 특성을 써넣으시오.

기 단 명 칭	약 자	온도 - 습도의 특성

2. 지상전선의 4개의 주요 종류와 기호 및 각각의 특성을 쓰시오.

지상전선의 이름	일기도에 기입되는 기호 및 특성

3. 아래 그림에는 한랭전선과 온난전선이 그려져 있다. 한랭전선은 하루에 960 km 이동하고(그림에서는 약 3.4 cm). 반면 온난전선은 하루에 640 km 가량 이동한다(그림에서는 약 2.3 cm). 아래 그림에 이들 전선의 하루의 움직임을 그리시오. 필요하면 새로운 전선을 만들 수도 있다.

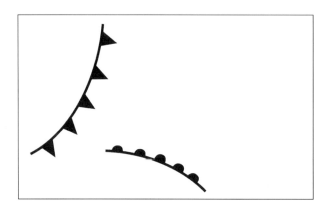

4. 아래 그림 안에 지면에서부터 대류권 하층까지의 전형적인 연직 단면도를 그리시오.
 (1) 한랭전선

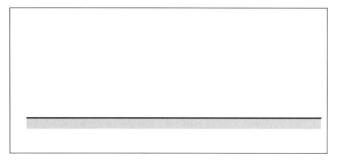

 (2) 온난전선

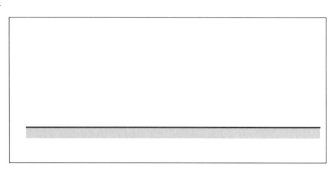

(3) 정체전선

(4) 폐색이 일어나는 순간의 폐색전선

(5) 온난형 폐색전선

(6) 한랭형 폐색전선

5. 아래 그림에서 전선을 그리고 등압선 묘화법으로 등압선을 4 hPa 간격으로 그리시오.

 1) 전선이 하나 있는 경우

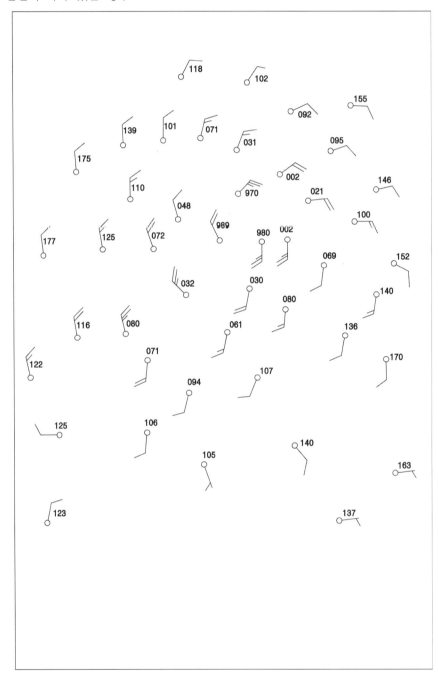

2) 전선이 두 개 있는 경우

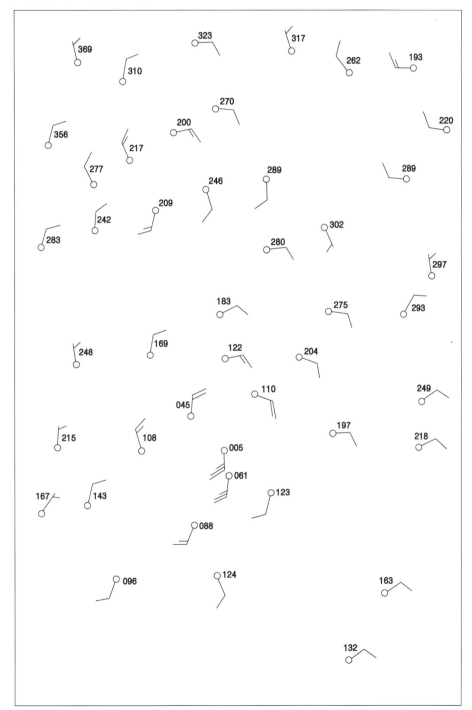

【복습과 토의】

1. 기단의 변화에 영향을 미치는 요인을 설명하시오.

2. 기단 발원지로 적절한 장소 요건에 대해서 설명하시오.

3. 한대전선이론을 이용하여 파동 저기압의 발달과 소멸 단계를 설명하시오.

4. 온난전선 상에서 권운을 관측하고 24시간 후에 비가 내렸다. 그 이유에 대해서 설명
   하시오.

제13장 태풍과 장마

13.1 목 적

우리나라의 여름 날씨를 지배하는 태풍과 장마에 대해서 알아보고자 한다.

13.2 열대 저기압

13.2.1 열대 저기압은 언제, 어디서 발생하는가?

열대 해상에서 발생하는 열대 저기압은 발생하는 장소에 따라 태풍, 허리케인 그리고 사이클론으로 각각 다르게 불린다. 〈그림 13-1〉은 열대 저기압의 발생장소와 발생시기를 나타낸 것이다. 태풍은 북태평양 서쪽 해상에서 주로 6월에서 12월 사이에 발생하는 것이고, 허리케인은 북대서양, 카리브 해, 멕시코 만에서는 8월에서 10월 사이 그리고 북태평양 동쪽 해상에서는 6월에서 10월 사이에 발생하는 것을 말한다. 사이클론은 인도양, 아라비아 해 그리고 벵골 만에서 6월에서 11월 사이에 발생한다. 남반구는 1월과 3월 사이에 발생한다.

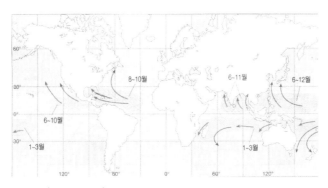

〈그림 13-1〉 열대 저기압의 발생장소와 발생시기

13.2.2 태풍의 발생 지역과 발생 빈도

태풍은 북태평양 서쪽 북위 5~25°, 동경 120~160°의 광범위한 열대 해상에서 수온이 26 ℃ 이상인 경우에 발생한다. 이 지역 해상은 〈그림 13-2〉와 같이 북동 무역풍과 남동 무역풍이 수렴하는 곳이다. 이 수렴대는 계절에 따라 변동하기 때문에 태풍 발생 위치가 바뀌게 된다.

1951년부터 1998년까지 태풍의 월별 평균 발생 일수를 나타낸 [표 13-1]을 보면 연평균 27.3개가 발생하며 발생 빈도가 큰 달은 8월, 9월, 10월 그리고 7월 순으로 나타났다. 8월의 발생 빈도는 평균 5.7개 정도이다.

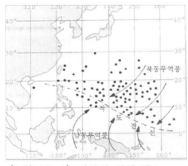

〈그림 13-2〉 태풍의 발생 장소

[표 13-1] 태풍의 월별 평균 발생 일수(1951~1998)

월	1	2	3	4	5	6	7	8	9	10	11	12	계
횟수	0.5	0.2	0.5	0.7	0.9	1.8	4.0	5.7	5.0	4.1	2.6	1.3	27.3

13.2.3 태풍의 발달과 소멸

열대 저기압이 태풍으로 발달하기 위한 조건은 높은 해수면 온도와 풍부한 수증기 양이며 또한 상층의 강한 발산이다. 세계기상기구는 태풍을 그 발달 단계에 따라 '약한 열대 저기압', '열대 폭풍', '강한 열대 폭풍', 그리고 '태풍'으로 구분하고 각 단계별 최대풍속을 규정하고 있으나([표 13-2] 참조), 우리나라에서는 '열대 폭풍', 즉 중심부근 최대풍속이 17 m s^{-1} 이상일 때를 보통 태풍이라 한다.

[표 13-2] 중심 부근 최대 풍속에 따른 태풍의 구분

중심 부근 최대 풍속	$17\,\mathrm{m\ s^{-1}}$ 미만	$17{\sim}24\,\mathrm{m\ s^{-1}}$	$25\sim32\,\mathrm{m\ s^{-1}}$	$32\,\mathrm{m\ s^{-1}}$ 이상
세계기상기구 (WMO)	약한 열대 저기압(TD)	열대 폭풍(TS)	강한 열대 폭풍(STS)	태풍(TY)
한 국	약한 열대 저 기 압	태 풍	태 풍	태 풍

약한 열대 저기압 단계는 중심 부근의 최대 풍속이 $17\,\mathrm{m\ s^{-1}}$ 미만이고 저기압 중심의 기압이 하강하고 닫힌 등압선이 형성되어 중심으로 공기가 모여든다. 눈의 특성이 약하게 나타나기도 한다. 열대 폭풍 단계는 풍속이 $17{\sim}24\,\mathrm{m\ s^{-1}}$로 나타나고 닫힌 등압선의 개수가 증가한다. 이때부터 태풍의 이름이 정해진다. 강한 열대 폭풍 단계는 벽 구름이 형성되고 저기압 중심으로 뚜렷한 회전이 존재한다. 중심 부근의 최대 풍속은 $24{\sim}33\,\mathrm{m\ s^{-1}}$로 나타난다. 태풍 단계는 중심 최대 풍속이 $33\,\mathrm{m\ s^{-1}}$ 이상을 가지고 중심의 회전이 강력하고 보통 중심 기압은 950 hPa 이상을 나타낸다. [표 13-3]은 태풍의 크기와 강도에 따른 분류를 나타낸 것이다. 태풍의 크기는 풍속 $25\,\mathrm{m\ s^{-1}}$ 이상의 폭풍권의 반지름으로 구분되고 태풍의 강도는 중심기압과 최대 풍속으로 구분된다. 태풍이 소멸되는 경우는 해수면 온도가 낮은 해상에 태풍이 위치하게 될 때, 육지에 상륙하여 수증기 공급이 차단될 때, 그리고 태풍을 유지시키기 어려운 대규모 대기 조건의 지역에 도달했을 때이다.

[표 13-3] 태풍의 크기와 강도의 분류

태풍의 크 기	폭풍권(풍속 $25\,\mathrm{m\ s^{-1}}$ 이상)의 반지름	태풍의 강도	중심 기압(최대풍속)
초대형	400 km 이상	초 A급(맹렬한)	900 hPa 이하($>55\,\mathrm{m\ s^{-1}}$)
대형	300 km 전후	A급(대단히 강한)	$900{\sim}929$ hPa($45{\sim}54\,\mathrm{m\ s^{-1}}$)
중형	200 km 전후	B급(강한)	$930{\sim}959$ hPa($35{\sim}44\,\mathrm{m\ s^{-1}}$)
소형	100 km 전후	C급(보통)	$960{\sim}989$ hPa($25{\sim}34\,\mathrm{m\ s^{-1}}$)
극소형	100 km 이하	D급(약한)	990 hPa 이상($<25\,\mathrm{m\ s^{-1}}$)

13.2.4 태풍의 이름

세계기상기구에서는 열대폭풍 이상에 대해서 인식번호와 이름을 붙이도록 권고하고

있다. 태풍의 이름은 2000년 이전에는 미국태풍합동경보센터에서 명명해 왔으나, 2000
년부터는 서양식 태풍 이름 대신 아시아(14개국) 각국의 고유이름으로 변경하여 사용하
고 있다. 이는 태풍에 대한 아시아 각국 국민들의 관심을 높이고 태풍에 대한 경계태세
를 강화하자는 취지에서 비롯된 것이다. 태풍 이름 및 인식번호는 일본 동경태풍센터에
서 부여한다. 인식번호는 태풍 이름 다음 ( ) 안에 4자리 숫자로 표시한다. 태풍 이름 목
록(표 13-4)은 각 국가별로 10개씩 제출한 총 140개가 각 조 28개씩 5개조로 구성되고,
1조부터 5조까지 순환하면서 사용하게 된다. 태풍이름 순서는 제출국가의 알파벳순이다.

[표 13-4] 태풍이름(2008년 1월 1일 현재)

국가명	1조	2조	3조	4조	5조
Cambodia	Damrey	Kong-rey	Nakri	Krovanh	Sarika
캄보디아	돔레이	콩레이	나크리	크로반	사리카
China	Longwang	Yutu	Fengshen	Dujuan	Haima
중국	롱방	위투	펑셴	두지앤	하이마
DPR Korea	Kirogi	Toraji	Kalmaegi	Maemi	Meari
북한	기러기	도라지	갈매기	매미	메아리
HK, China	Kai-tak	Man-yi	Fung-wong	Choi-wan	Ma-on
홍콩	카이탁	마니	풍웡	초이완	망온
Japan	Tembin	Usagi	Kammuri	Koppu	Tokage
일본	덴빈	우사기	간무리	곳푸	도카게
Lao PDR	Bolaven	Pabuk	Phanfone	Ketsana	Nock-ten
라오스	볼라벤	파북	판폰	캣사나	녹텐
Macau	Chanchu	Wutip	Vongfong	Parma	Muifa
마카오	잔쯔	우딥	봉퐁	파마	무이파
Malaysia	Jelawat	Sepat	Rusa	Melor	Merbok
말레이지아	절라왓	서팟	루사	멀로	머르복
Micronesia	Ewiniar	Fitow	Sinlaku	Nepartak	Nanmadol
미크로네시아	이위냐	피토	신라쿠	니파탁	난마돌
Philippines	Bilis	Danas	Hagupit	Lupit	Talas
필리핀	빌리스	다나스	하구핏	루핏	탈라스
RO Korea	Kaemi	Nari	Changmi	Sudal	Noru
한국	개미	나리	장미	수달	노루
Thailand	Prapiroon	Vipa	Megkhla	Nida	Kularb
태국	프라피룬	비파	멕클라	니다	쿨라브

U.S.A	Maria	Francisco	Higos	Omais	Roke
미국	마리아	프란시스코	히고스	오마이스	로키
Viet Nam	Saomai	Lekima	Bavi	Conson	Sonca
베트남	사오마이	레기마	바비	콘손	손카
Cambodia	Bopha	Krosa	Maysak	Chanthu	Nesat
캄보디아	보파	크로사	마이삭	찬투	네삿
China	Wukong	Haiyan	Haishen	Dianmu	Haitang
중국	우콩	하이옌	하이셴	디앤무	하이탕
DPR Korea	Sonamu	Podul	Pongsona	Mindulle	Nalgae
북한	소나무	버들	봉선화	민들레	날개
HK, China	Shanshan	Lingling	yanyan	Yingting	Banyan
홍콩	산산	링링	야냔	팅팅	바냔
Japan	Yagi	Kajiki	Kujira	Kompasu	Washi
일본	야기	가지키	구지라	곤파스	와시
Lao PDR	Xangsane	Faxai	Chan-hom	Namtheun	Matsa
라오스	상산	파사이	찬홈	남테우른	맛사
Macau	Bebinca	Vamei	Linfa	Malou	Sanvu
마카오	버빈카	와메이	린파	말로우	산우
Malaysia	Rumbia	Tapah	Nangka	Meranti	Mawar
말레이지아	룸비아	타파	낭카	머란티	마와
Micronesia	Soulik	Mitag	Soudelor	Rananim	Guchol
미크로네시아	솔릭	미톡	소델로	라나님	구촐
Philippines	Cimaron	Hagibis	Imbudo	Malakas	Talim
필리핀	시마론	하기비스	임부도	말라카스	탈림
RO Korea	Chebi	Noguri	Koni	Megi	Nabi
한국	제비	너구리	고니	메기	나비
Thailand	Durian	Ramasoon	Morakot	Chaba	Khanun
태국	두리안	라마순	모라콧	차바	카눈
U.S.A.	Utor	Chataan	Etau	Aere	Vicente
미국	우토	차타안	아타우	아이에라이	비센티
Viet Nam	Trami	Halong	Vamco	Songda	Saola
베트남	차미	할롱	밤코	송다	사올라

13.2.5 태풍의 이동 경로

〈그림 13-3〉은 태풍의 월별 평균 이동 경로를 표시한 것이다. 6월의 태풍은 발생 지

역에서부터 계속 서쪽으로 진행하여 남중국해 쪽으로 향하는 경우가 많다. 7월의 태풍은
대만 부근에서 중국 연안을 따라 북쪽으로 전향하여 서해를 거쳐 우리나라 쪽으로 진행
한다. 8월의 태풍은 동중국해에서 전향하여 우리나라를 가로질러 동해로 진행한다. 9월
의 태풍은 오키나와 해상에서 전향하여 일본열도쪽으로 진행한다. 10월의 태풍은 일본열
도 남쪽 해상으로 지나간다. 그러나 모든 태풍이 이러한 정상 경로로 진행하지는 않는다.

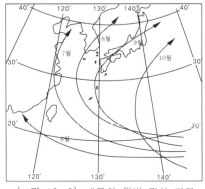

〈그림 13-3〉 태풍의 월별 정상 경로

13.2.6 태풍의 구조

태풍의 중심에는 바람이 약하고 구름이 적은 구역이 존재하는데 이를 태풍의 눈이라
한다. 보통 눈의 지름은 20~50 km이고 큰 것의 지름은 100 km이다. 눈의 주위에는 벽
구름이 형성되어 있다. 〈그림 13-4〉는 태풍의 연직 구조를 나타낸 것으로 눈의 중심에
는 하강 기류가 존재한다. 〈그림 13-5〉는 태풍의 눈이 뚜렷한 경우의 정지 기상위성 사
진이다.

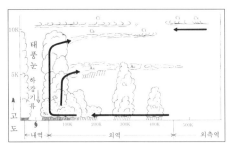

〈그림 13-4〉 태풍의 연직 구조

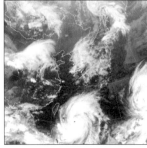

〈그림 13-5〉 눈
이 뚜렷한 태풍의
정지 기상위성의
적외선 영상 사진

풍속은 중심으로 갈수록 증가하나 〈그림 13-6〉에서와 같이 중심인 태풍의 눈에는 고요한 상태를 보이고 있다. 일반적으로 최대 풍속은 중심에서 약 40 km 떨어진 곳에서 나타난다.

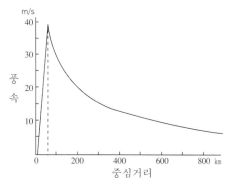

〈그림 13-6〉 태풍 권내의 풍속 분포

태풍에 의한 강수는 중심 부근에서 발생하는 강한 상승기류로 인해 호우의 형태를 띤다. 태풍이 북상할 때는 태풍의 동쪽에 북태평양 고기압이 위치하여 둘 사이에 수렴이 형성되는 경우에도 강한 상승 기류가 나타난다. 여기에 지형 상승이 겹치면 그 지역에는 호우가 발생한다.

〈그림 13-7〉은 태풍 통과 시의 기압과 풍속 변화를 나타낸 것이다. 어느 지역에 태풍이 접근하게 되면 기압은 서서히 하강한다. 일반적으로 태풍 중심이 통과하는 약 3시간 전부터 급격한 기압 하강이 이루어지며 통과 후에는 기압 상승이 서서히 이루어진다. 풍속의 변화는 기압과 정반대로 나타난다.

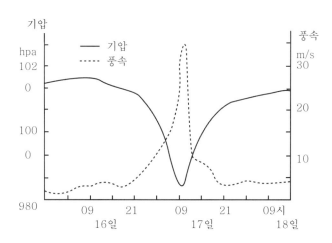

〈그림 13-7〉 태풍 사라 통과 시의 기압과 풍속 변화(1959년 9월 16~18일, 여수)

13.2.7 태풍에 의한 피해

연평균 3개 정도의 태풍이 우리나라에 직접적인 영향을 끼친다([표 13-5] 참조). 태풍 내습이 가장 많은 달은 8월이며, 그 다음은 7월, 9월이다. 이 3개월 동안 내습한 태풍의 수가 전체의 91 %를 차지한다. 아주 드물게 6월 혹은 10월에 태풍이 내습하는 경우도 있다.

[표 13-5] 우리나라에 영향을 미친 태풍 수(1904~1999)(기상청, 1996)

월	1	2	3	4	5	6	7	8	9	10	11	12	합계	연평균
횟수	–	–	–	–	1	17	84	110	76	8	–	–	296	3.1

태풍에 의한 피해는 파랑, 해일, 수해 그리고 풍해가 있다. 파랑의 경우 해안 침식, 항만 시설의 파괴, 해난사고 그리고 직접적인 인명피해를 초래한다. 해일에 의한 피해로는 침수피해, 전답 등의 염분 피해, 선박의 침몰 충돌, 떠다니는 목재 등에 의한 피해, 제방과 도로 등의 파괴, 가옥의 파괴유실 그리고 인명피해 등을 들 수 있다. 또 수해의 피해로는 축대붕괴, 산사태, 침수 그리고 홍수에 의한 재산 및 인명피해 등이 있다. 풍해는 풍화작용, 송전선 절단에 의한 정전, 보행 및 작업 곤란, 전선합선에 의한 화재, 선박의 유실·전복, 차량전복, 가옥철탑 등의 파괴 및 인명피해를 유발한다.

13.3 장마

13.3.1 장마의 정의

우리나라의 장마는 동남아시아의 몬순(계절풍)과 연관되어 시작하는 것으로 중국, 한국, 일본 등지에서 유사하게 발생하는 계절 현상이다. 중국에서는 메이유(Meiyu) 그리고 일본에서는 바이우(Baiu)라 부른다. 우리나라의 장마는 해양성 열대기단인 북태평양 고기압과 해양성 한대 기단인 오호츠크 해 고기압에 의해서 발생한다. 그러나 대륙성 한대 기단인 대륙 고기압에 의해 발생하는 경우도 있다. 이로 인해 북쪽의 찬 고기압과 남쪽의 따뜻하고 습한 고기압 사이에 정체전선이 형성되며 계절의 진행에 따라 남해상에서 북상하여 한반도에 접근하는데 이를 장마전선이라 한다. 장마는 우리나라에 6월 하순부터 7월 하순에 걸쳐 많은 비를 내리게 한다.

13.3.2 장마의 유형

장마의 시작과 끝, 장마 기간 동안의 강우량 및 강우일수 등을 기준으로 우리나라의 장마를 12가지로 분류할 수 있는데, 그 내용은 아래의 [표 13-6]과 같다.

[표 13-6] 장마의 유형

종 류	분 류 기 준
과우형	강우량이 예년값의 1/2 미만
다우형	강우량이 예년값의 2배 이상
장기형	장마기간이 예년값의 1.5배 이상
단기형	장마기간이 예년값의 1/2 미만
조기시작형	예년보다 7일 이상 빨리 시작할 때
조기종료형	예년보다 7일 이상 빨리 끝날 때
만기시작형	예년보다 7일 이상 늦게 시작할 때
만기종료형	예년보다 7일 이상 늦게 끝날 때
시작역위상형	장마가 북쪽에서 먼저 시작한 경우
종료역위상형	장마가 북쪽에서 먼저 종료한 경우
휴식기장기형	장마기간 중 무강우일이 10일 이상 계속된 경우
정상형	장마기간과 강우량이 예년과 비슷한 경우

13.3.3 장마의 발생 메커니즘

중국 대륙 동안에서 이동해 오는 대륙 고기압은 대륙의 가열로 그 활동은 약해지나, 오호츠크 해 고기압은 해수면 온도가 유빙 등에 의해서 낮아지기 때문에 하층으로부터 냉각되어 안정해지면 정체하는 경우도 많다. 장마의 발생 또는 장마 초기에는 북쪽의 이들 두 고기압과 남쪽의 북태평양 고기압의 상호활동이 장마전선의 위치와 강도에 많은 영향을 준다.

대규모 풍계가 합류하거나 수렴하는 영역에서는 기온 경도가 아주 심하게 나타나 연직 순환이 형성되는 장마전선대를 형성한다. 장마전선대에서는 수증기가 많고 상승 기류에 의한 응결열의 방출도 크기 때문에 연직 순환은 강화된다(그림 13-8). 이외에도 하층 남서 기류에 동반되는 많은 양의 수분에 의해 대류 불안정이 생성된다.

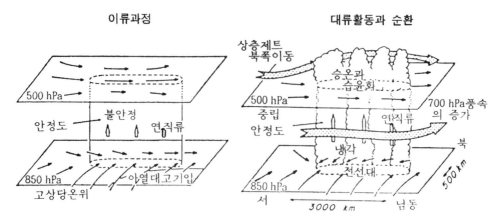

〈그림 13-8〉 장마전선대 생성 메커니즘

13.3.4 장마전선의 위치

〈그림 13-9〉는 장마전선의 평균 위치를 나타낸 것으로 6월 하순이 되면 일본열도에 걸치게 되고, 7월 중순이 되면 우리나라 중부 지방까지 북상한다. 그러나 이 무렵에는 오호츠크 해 고기압의 세력이 약화되는 시기이므로 장마전선의 활동도 점차 약화되기 시작하면서 조금씩 북쪽으로 올라간다. 7월 중순이 되면 북한 지방까지 북상하고, 7월 하순경에는 한만 국경 지방까지 올라가서 소멸되어 버린다. 장마전선은 〈그림 13-9〉와 같이 규칙적으로 북상하는 것이 아니고 장마전선 양쪽 고기압의 세력에 따라 올라갔다 내려갔다 한다. 〈그림 13-10〉은 전형적인 장마철형 일기도를 제시한 것으로 (a)는 남부 지방에 위치한 것이고 (b)는 중부 지방에 위치한 경우이다.

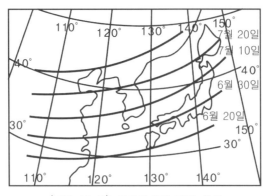

〈그림 13-9〉 장마전선의 평균 위치

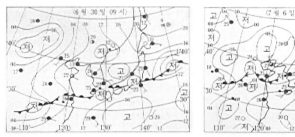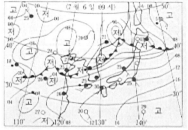

〈그림 13-10〉 (a)남부지방 그리고 (b)중부지방에 위치한 장마형 일기도

13.3.5 장마기간 동안의 날씨

장마 초기에는 북쪽 고기압의 세력이 강화되어 장마전선이 우리나라에 상륙하게 되면 강한 비가 내리는 경우도 있다. 장마전선의 남쪽에 위치한 지역은 한여름 날씨가 되고, 북쪽에 위치한 지역은 장마철의 음산한 날씨가 되어 뚜렷한 날씨 차이가 나타난다. 이와 같을 때 북쪽 고기압 세력이 일시적으로 강해지면 장마전선은 남쪽으로 내려가서 북쪽 고기압의 세력권 안에 들게 되므로 비교적 산뜻한 맑은 날씨가 된다. 이런 경우가 오래 지속되면 이를 마른장마라 한다. 반대로 남쪽 고기압의 세력이 일시적으로 강화되어 장마전선을 북쪽으로 밀어 올리면 남쪽 고기압의 세력권 안에 들게 되어 무더운 여름 날씨가 된다. 이와 같이 두 고기압의 세력 여하에 따라 장마기간 중에도 가끔 맑은 날씨가 되는 경우도 있지만 오래 지속되지 않는 것이 보통이다. 장마전선이 우리나라에 완전히 상륙하게 되면 북태평양 고기압으로부터 고온 다습한 열대기류가 장마전선 상에 흘러 들어오기 때문에 지역적으로 집중호우가 내리는 일이 많다. 장마기에 산꼭대기에서는 바람이 강하고 구름이 많이 끼기 때문에 앞이 잘 보이지 않을 뿐만 아니라, 지형에 따라서는 큰 비가 내리는 일이 있으므로 등산은 삼가는 것이 좋다.

장마기간 동안 지역적인 날씨 특징을 분류하면 다음과 같다.

(1) 전국저온형 : 동해안은 물론 전국적인 이상저온이 되는 형으로 강우량은 동해지방에서 많고 장마시작이 일반적으로 빠르며 장마종료는 늦어진다(북동기류형).
(2) 전국고온형 : 남부지방에 이상고온을 나타내며 일반적으로 강우량은 적지만 국지적으로는 호우가 있고 장마시작이나 종료는 빠르다(남서기류형).
(3) 북냉남난형 : 북쪽으로부터 고기압이 남으로 세력을 크게 펼칠 때 발생한다.

(4) 북난남냉형 : 비가 오는 날이 많아지며 장마시작이 지역에 따라 다양하다.

우리나라 남해안의 안개는 늦은 봄부터 시작하여 장마 때에 가장 많이 낀다. 따라서 안개로 인한 해난사고가 많으며 국지적 규모의 안개라도 해난사고가 의외로 많이 발생한다.

13.3.6 장마기간

1961년부터 1990년까지의 통계에 의하면, 장마시작은 남쪽의 서귀포(6월 21일)에서 가장 빠르고 서울이 가장 늦게 시작(6월 25일)한다([표 13-7]). 그러나 울릉도나 강릉 지방은 북동 기류에 의해 서울보다 1일 정도 빠른 편이다. 장마 종료일도 제주도 지방에서 가장 빠르며(7월 21일), 서울이 가장 늦게 끝나지만(7월 24일), 울릉도 지방은 남쪽에서 확장하는 해양성 열대기단의 영향을 받아 남부지방에서와 같이(7월 22일) 일찍 종료된다.

[표 13-7] 전국 주요도시의 장마기간

지 역	지 방	장마시작	장마종료	일수	지역별 기간
제주도	서귀포	6월 21일	7월 21일	31	6월 21일 ~7월21일
	제 주	6월 22일	7월 21일	30	
남부	여 수	6월 23일	7월 22일	30	6월 22일 ~7월23일
	부 산	6월 23일	7월 22일	30	
	광 주	6월 22일	7월 21일	31	
	전 주	6월 23일	7월 23일	31	
	대 구	6월 23일	7월 22일	30	
중부	대 전	6월 24일	7월 23일	30	6월 24일 ~7월24일
	울릉도	6월 24일	7월 22일	29	
	서 울	6월 25일	7월 24일	30	
	강 릉	6월 24일	7월 23일	30	
전 국 평 균		6월 24일 ~6월 25일	7월 21일 ~7월24일	30	

13.3.7 장마기간 동안의 강우량

평균적으로 장마기간 동안의 강우량은 제주도 지역 329~435 mm, 남부 지방 259~

379 mm 그리고 중부 지방 165~434 mm이지만, 장마전선의 활성 여부에 따라 강우량의 차이가 커진다. [표 13-8]은 주요 도시별 강우량을 나타낸 것으로 서귀포와 서울이 435 mm 내외로 가장 많고 울릉도가 165 mm 가량으로 가장 적게 나타난다.

[표 13-8] 장마기간 동안 주요 도시별 강우량(단위 : mm)

구 분 지 역		최다 (0.1 mm)		평균 (1 mm)		최소 (0.1 mm)	
		년	강우량	지역별	전체	년	강우량
제주도	서귀포	1985	1337.6	435	329~435	1973	45.6
	제 주	1985	900.4	329		1973	16.2
남 부	여 수	1985	778.2	369	260~379	1968	52.7
	목 포	1985	619.9	300		1973	55.1
	부 산	1963	847.6	379		1973	57.3
	광 주	1989	733.3	379		1968	35.5
	울 산	1970	757.9	308		1973	44.9
	전 주	1969	625.6	355		1973	40.8
	대 구	1970	552.4	294		1973	37.6
	포 항	1970	679.1	260		1977	30.5
중 부	대 전	1969	871.5	368	165~434	1985	93.4
	울릉도	1963	352.7	165		1961	39.7
	인 천	1987	730.5	339		173	75.5
	서 울	1966	1031.5	434		1973	71.9
	강 릉	1970	542.2	260		1942	13.2
종 합	서귀포	1985	1337.6	전국 규모	165~435	강릉 1972년	13.2

매년 장마기간 중 가장 비가 많이 온 해는 1985년 서귀포의 1,337.6 mm이며 그 다음이 1966년 서울의 1,031.5 mm이다. 가장 비가 적게 온 해는 1972년 강릉의 13.2 mm이며, 그 다음이 1973년 제주의 16.2 mm 순이다.

13.3.8 장마 때의 집중호우

집중호우는 적운이나 적란운 집합체의 활동에 의해 일어난다. 이와 같은 집합체를 중규모 대류 복합체(MCS ; Mesoscale Convective System)라 하며 보통 때의 종관 기상관측 망에서는 파악하기 어려운 작은 저기압일 경우가 많다.

7월 중순~하순의 장마 말기에서 집중호우가 발생하기 쉽고 큰비는 수 시간 간격으로 주기성을 갖는 것이 특징이며 좁은 지역에 집중된 강우는 이동성인 것과 정체성인 것이 있다. 정체성의 것은 지형의 영향을 크게 받으며 기류의 수렴과 상승기류의 강화에 동반되는 경우이다. 집중호우에서 중규모 수렴 지역에 발달한 적란운 군에 의해 뇌전 현상이 종종 관측되며, 이는 집중호우가 일어날 위험신호이다.

집중호우와 깊은 관련이 있고 그 예측에 중요한 지표가 되는 것으로 하층 제트류와 습설이 있다. 상층 편서풍 제트류의 지상 1,000~4,000 m 대류권 하층에서는 풍속의 최대값을 나타내는 하층 제트류가 출현할 수가 있다. 수증기량의 분포가 혓바닥 모양(설상)으로 나타난다고 하는 것은, 주변에 건조 지역이 있다는 뜻이며 집중호우 때 이 부근에서 매우 건조한 지역이 관측되는 것은 이 지역으로부터 수증기가 보급되는 것으로 보인다. 또한 강수는 대류 활동에 수반되어 일어나지만 대기 상층의 불안정이 집중호우의 필수조건이다.

장마 초기에는 강우량이 그다지 많지 않으나 중반 또는 말기에는 큰비가 오기 쉽고 특히 장마말기의 집중호우는 예보하기 어려울 때가 많다. 즉, 장마말기에는 장마전선 상에 적란운을 포함한 활발한 대류운이 발생하여 집중호우를 가져온다. 장마말기에 장마전선이 우리나라에 걸쳐 있을 때는 주야 구분 없이 뇌전 현상과 함께 집중호우가 발생하며 장마전선의 남북진동에 의해 곳에 따라 많은 비가 내린다. 〈그림 13-11〉은 중부지방에 집중호우를 가져온 경우의 정지기상위성의 적외선 영상이다.

〈그림 13-11〉 중부지방에 집중호우를 가져온 경우의 정지기상위성의 적외선 사진 영상(2000년 7월21일 1200 UTC)

13.3.9 장마 때의 기상재해

장마 때 발생하는 기상재해로는 다음과 같은 것들을 들 수 있다.

(1) 집중호우로 인한 홍수
(2) 산, 절벽사태, 토석류, 도시 하천 범람
(3) 택지 조성지, 산간 부락, 골짜기, 온천지, 최근 개통한 도로 등의 지반 침하
(4) 관광객의 조난
(5) 돌발성, 국지소규모성, 동시 다발적으로 발생

* 과학자 탐방 *

조지 해들리(George Hadley, FRS, 1685~1768)

잉글랜드의 기상학자·법률가.

조지 해들리는 1685년 2월 12일 잉글랜드 런던에서 태어났다. 옥스퍼드 대학교에서 법학을 공부한 후 런던에 법률 사무소를 냈다.

1686년 에드먼드 핼리(Edmund Halley, 1656~1742)가 무역풍의 실체에 대해서 설명하였다. 그의 이론은 그럴듯하였지만, 그는 북반구에서는 북동풍으로, 남반구에서는 남동풍으로 부는 무역풍의 풍향을 설명하는 데는 실패하였다. 조지 해들리는 무역풍 풍향을 완벽하게 규명하는 것을 목표를 삼았다. 그는 따뜻한 공기는 적도에서 상승하고, 서늘한 공기가 자리 잡은 고위도에서부터 적도 쪽을 향하여 분다는 핼리의 의견에 동의하였다. 그와 함께 그는 지구 자체가 동일한 시간으로 동쪽으로 자전한다는 사실을 깨달았다. 결과적으로 편서풍 내에서 움직이는 공기는 지구 자전에 의해서 편향하며 따라서 관측되는 방향으로 바람이 불었다. 1735년 해들리는 무역풍을 만드는 대기 움직임을 설명한 논문인「일반 무역풍의 원인에 관하여(Concerning the Cause of the General Trade Winds)」를 영국학술원에 제출하였다.

해들리는 대기의 대순환(general circulation)에 관한 첫 번째 모델을 만들었다. 이것은 각 반구에 커다란 대류 세포를 가정한 것으로 온난한 공기는 적도 상에서 상승하여 극으로 움직이고 극에서 하강하여 다시 적도로 되돌아온다는 것이었다. 그러나 비록 이 모델이 무역풍의 편동풍 성분을 설명하였다 하더라도, 중위도에 탁월한 편서풍에 대한 설명에는 실패하였다. 그의 실수는 각 반구 내에 단일 대류 세포를 가정한 것이었다. 실제로 3종류의 세포가 대기 대순환의 3세포 모델에 포함된다. 코리올리 효과가 저위도에서는 약하고 적도에는 존재하지 않다는 사실을 해들리가 간과하였기 때문에 무역풍에 대한 전반적인 설명을 할 수 없었다. 19세기에 윌리엄 페렐(William Ferrel, 1817~1891)이 편향의 진짜 이유를 발견하였지만, 조지 해들리는 대기 순환을 과학적으로 설명한 최초의 사람 중 한 명이다. 영국학술원에 제출한 그의 논문은 그 당시 별로 흥미를 끌지 못했으나, 오랜 세월이 지난 1793년 존 돌턴(John Dalton, 1766~1844)에 의해서 그 중요성이 인식되었다. 오늘날 '해들리 세포(Hadley cells)'가 기상학에 공헌하고 있다.

실습일자	년 월 일	학과	번	성 명	

실 습 보 고 서

【실 습 문 제】

1. [표 13-9], [표 13-10], [표 13-11], [표 13-12]에 주어진 전문을 이용하여 다음 물음에
   답하시오.
  (1) 태풍의 방향과 이동속도를 일기도에 기입하시오(태풍 세쓰는 적색, 태풍 도우그는 청
     색, 태풍 엘레는 흑색, 매미는 녹색으로 묘사). 단, 열대성 폭풍(TS)일 경우는 ♂으로,
     태풍(TY)인 경우에는 ➍으로 표시하고 다음 물음에 답하시오.

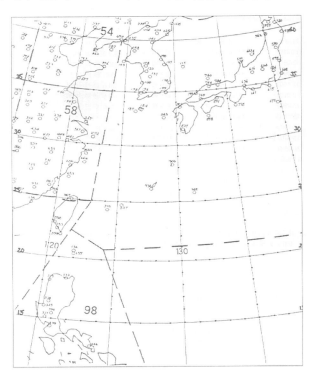

(2) 각 태풍의 전향점을 결정하시오.

 1) 태풍 세쓰의 전향점 :   위도 : _____,   경도 : _____

 2) 태풍 도우그의 전향점 : 위도 : _____,   경도 : _____

 3) 태풍 엘레의 전향점 :   위도 : _____,   경도 : _____

 4) 태풍 매미의 전향점 :   위도 : _____,   경도 : _____

(3) 전향점이 달라지는 이유에 대해서 설명하시오.

(4) 3개의 태풍 중에 태풍에서 열대성 폭풍으로 변화된 태풍이름과 위치를 쓰고 그 이유를 설명하시오.

[표 13-9] 태풍 세쓰의 이동 경로

일/시간(UTC)	중심풍속	위도	경도
09/0300	50.0 m s^{-1}	21.3° N	124.2° E
09/1500	52.5 m s^{-1}	23.0° N	124.0° E
09/2100	45.0 m s^{-1}	24.3° N	123.8° E
10/0900	42.5 m s^{-1}	25.4° N	122.5° E
10/2100	37.5 m s^{-1}	27.0° N	122.5° E
11/0300	37.5 m s^{-1}	28.6° N	123.2° E
11/1500	27.5 m s^{-1}	30.7° N	124.1° E
11/2100	22.5 m s^{-1}	32.2° N	125.0° E
12/0300	20.0 m s^{-1}	33.8° N	126.2° E
12/0500	20.0 m s^{-1}	34.5° N	127.5° E
12/0900	20.0 m s^{-1}	35.3° N	129.0° E
12/1200	20.0 m s^{-1}	38.0° N	130.0° E
12/2400	15.0 m s^{-1}	43.0° N	135.6° E

[표 13-10] 태풍 도우그의 이동경로

일/시간(UTC)	중심풍속	위도	경도
05/0900	52.5 m s^{-1}	15.1° N	132.3° E
05/1500	62.5 m s^{-1}	15.3° N	131.0° E
05/2100	62.5 m s^{-1}	16.0° N	129.2° E
06/0900	70.0 m s^{-1}	17.2° N	127.0° E
06/2100	70.0 m s^{-1}	19.0.° N	125.5° E
07/0300	70.0 m s^{-1}	20.0° N	124.4° E
07/1500	65.0 m s^{-1}	22.0° N	123.3° E
07/2100	62.5 m s^{-1}	23.9° N	122.5° E
08/0300	47.5 m s^{-1}	25.0° N	122.1° E
08/0500	40.0 m s^{-1}	26.7° N	121.5° E
09/0300	37.5 m s^{-1}	27.8° N	121.3° E
09/1500	27.5 m s^{-1}	30.2° N	123.2° E
10/0300	30.0 m s^{-1}	31.8° N	124.0° E
10/1500	30.0 m s^{-1}	33.7° N	123.8° E
10/2100	22.5 m s^{-1}	34.0° N	123.7° E
11/0900	22.5 m s^{-1}	34.5° N	125.0° E
11/2100	17.5 m s^{-1}	34.4° N	126.1° E

[표 13-11] 태풍 엘리의 이동경로

일/시간(UTC)	중심풍속	위도	경도
11/0900	30.0 m s^{-1}	23.8° N	138.8° E
11/2100	32.5 m s^{-1}	25.3° N	137.3° E
12/0300	32.5 m s^{-1}	26.2° N	136.2° E
12/0900	35.0 m s^{-1}	27.0° N	135.2° E
12/1500	35.0 m s^{-1}	28.0° N	134.0° E
12/2100	35.0 m s^{-1}	28.5° N	132.5° E
13/0300	35.0 m s^{-1}	29.3° N	131.0° E
13/0900	37.5 m s^{-1}	30.0° N	130.0° E
13/1500	37.5 m s^{-1}	31.8° N	128.8° E
13/2100	37.5 m s^{-1}	32.0° N	127.2° E
14/0300	35.0 m s^{-1}	31.5° N	125.5° E
14/0900	35.0 m s^{-1}	32.5° N	124.2° E
14/2100	35.0 m s^{-1}	33.0° N	122.8° E
15/0900	32.5 m s^{-1}	33.5° N	122.0° E
15/1500	32.5 m s^{-1}	34.5° N	121.4° E
15/2100	32.5 m s^{-1}	36.0° N	121.5° E
16/0300	27.5 m s^{-1}	37.0° N	122.3° E

[표 13-12] 태풍 매미의 이동경로

일/시간(UTC)	중심풍속	위도	경도
08/00	23.5 m s^{-1}	19.7N	133.9E
08/03	30 m s^{-1}	20.1N	133.3E
08/06	30 m s^{-1}	20.0N	132.8E
08/09	30 m s^{-1}	20.2N	132.4E
08/12	30 m s^{-1}	20.4N	132.0E
08/15	30 m s^{-1}	20.6N	131.5E
08/18	30 m s^{-1}	21.0N	131.2E
08/21	30 m s^{-1}	21.6N	130.9E
09/00	35 m s^{-1}	22.0N	130.6E
09/03	35 m s^{-1}	22.2N	130.0E
09/06	40 m s^{-1}	22.6N	129.4E
09/09	40 m s^{-1}	22.7N	129.1E
09/12	42.5 m s^{-1}	22.9N	128.7E
09/15	42.5 m s^{-1}	23.1N	128.2E
09/18	45 m s^{-1}	23.3N	127.8E
09/21	45 m s^{-1}	23.4N	127.4E
10/00	47.5 m s^{-1}	23.6N	127.2E
10/03	47.5 m s^{-1}	23.7N	126.9E
10/06	50 m s^{-1}	24.0N	126.6E
10/09	50 m s^{-1}	24.2N	126.3E
10/12	52.5 m s^{-1}	24.3N	126.0E
10/15	52.5 m s^{-1}	24.6N	125.7E
10/18	52.5 m s^{-1}	24.7N	125.4E
10/21	52.5 m s^{-1}	25.0N	125.3E
11/00	52.5 m s^{-1}	25.2N	125.1E
11/03	52.5 m s^{-1}	25.5N	125.2E
11/06	52.5 m s^{-1}	25.9N	125.3E
11/09	50 m s^{-1}	26.3N	125.4E
11/12	47.5 m s^{-1}	27.0N	125.6E
11/15	45 m s^{-1}	27.8N	125.7E
11/18	42.5 m s^{-1}	28.4N	125.8E
11/21	40 m s^{-1}	29.5N	126.1E
12/00	40 m s^{-1}	30.5N	126.5E
12/03	40 m s^{-1}	31.7N	126.9E
12/06	40 m s^{-1}	32.7N	127.1E
12/09	40 m s^{-1}	33.9N	127.5E
12/12	37.5 m s^{-1}	34.9N	128.3E
12/15	32.5 m s^{-1}	36.0N	129.0E
12/18	30 m s^{-1}	37.0N	129.8E
12/21	30 m s^{-1}	37.7N	130.7E
13/00	27.5 m s^{-1}	39.1N	131.8E

2. 아래 〈그림 13-12〉는 2003년 제14호 태풍 매미의 진로도이다. 아래 그림에 진로를
   예측하여 그려 넣고 그 이유를 제시하시오.

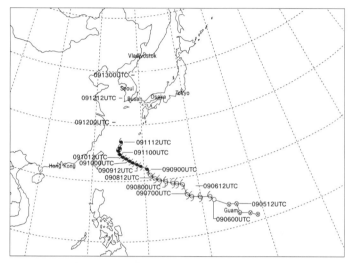

〈그림 13-12〉 제14호 태풍 매미의 진로도

3. [표 13-13]은 서울, 대전, 대구, 부산에서 2003년 7월에 관측한 일 강수량 자료이다.
 (1) 아래 그래프에 4개 지점의 일 강수량을 기입하시오.

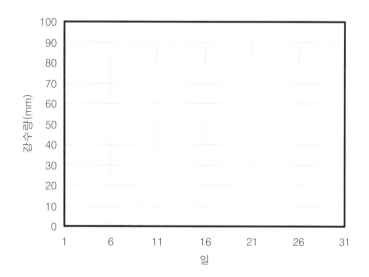

[표 13-13] 2003년 7월의 일 강수량(mm)

지점	서울	대전	대구	부산
1	0.3	4.0	7.0	36.0
2	1.5	2.0	0.1	1.5
3	14.0	65.0	55.5	79.5
4	0.0	1.0	3.5	5.0
5		1.5	32.0	29.5
6		4.0	56.5	37.5
7		0.1	2.0	17.5
8		6.0	0.0	5.0
9	44.0	154.5	48.5	2.0
10	0.5	24.0	52.5	17.0
11		1.5	53.5	136.0
12	2.0	4.5	1.5	6.5
13	0.5	41.0	55.0	67.0
14				
15	18.0	0.3	0.0	0.0
16				
17	0.5	5.0	1.5	9.0
18	58.5	47.0	44.0	91.5
19	7.0	1.0	0.5	
20	22.0	31.0	2.5	0.1
21	1.5	0.1	0.0	0.0
22	173.5	64.5	15.5	0.5
23	3.0	64.0	24.0	76.0
24	9.5	0.3	0.0	2.0
25	18.5	6.5	53.5	5.5
26				
27	49.5	6.5	0.0	
28	29.0	21.0	3.0	0.1
29	16.5	20.0	23.5	33.0
30				
31				

(2) 각 지점에서 장마전선이 가장 활발하게 활동한 것은 어느 날인가?

 1) 서울

 2) 대전

 3) 대구

 4) 부산

(3) 각 지점들의 강수량 특성에 대해서 설명하시오.

(4) 각 지점에서 장마가 끝난 날은?

【복습과 토의】

1. 어떤 지역에서는 태풍이 접근하는 계절을 좋아한다. 그 이유는 무엇인가?

2. 태풍이 육지에 상륙했을 때 급격히 소멸하는 이유는 무엇인가?

3. 태풍의 위력을 원자폭탄 이상으로 설명하고 있다. 그 이유는 무엇일까?

4. 장마가 우리나라에 미치는 영향에 대해서 설명하시오.

제14장 기상관측, 분석 및 예보

14.1 목 적

　기상관측과 일기도 분석을 통하여 기상 현상을 이해하고 일기 예보가 이루어지는 과정을 알아보고자 한다.

14.2 기상관측

　기상관측에는 지상 기상관측, 고층 기상관측, 기상 위성 관측, 기상 레이더 관측, 해상 기상관측, 낙뢰 관측 등이 기상청에 의해서 수행되고 있다.

14.2.1 지상 기상관측

　지상 기상관측은 기본적으로 하루 4차례(0000, 0600, 1200, 1800 UTC)에 걸쳐 15종의 기상요소들을 관측하게 된다. 우리나라는 기상청 소속 85개 지점의 정규 관측소와 400여 대의 자동 기상관측소를 통하여 지상 기상관측을 실시하고 있다.

〈그림 14-1〉 정규 관측소의 백엽상과 관측 노장　　〈그림 14-2〉 자동 기상관측소에 설치된 자동 기상 장비

정규 관측소에서는 〈그림 14-1〉과 같은 백엽상과 관측 노장을 설치하여 관측한다. 자동 기상관측소는 〈그림 14-2〉와 같은 자동 기상 장비를 설치하여 관측 자료를 실시간으로 저장하고 있다.

14.2.2 고층 기상관측

고층 기상관측은 〈그림 14-3〉과 같은 라디오존데와 GPS 존데를 사용하여 기본적으로 하루 2차례(0000, 1200 UTC) 기압, 기온, 바람 그리고 습도 등을 관측한다. 우리나라에서는 기상청 소속의 포항, 제주, 백령도, 속초, 흑산도 고층 기상대, 광주의 공군 기상대 그리고 오산의 미 공군 기상대에서 고층 기상관측이 실시되고 있다.

〈그림 14-3〉 라디오존데를 이용한 고층 기상관측

14.2.3 기상 위성 관측

기상 위성 관측은 정지 기상 위성과 극궤도 위성에 의해서 이루어진다. 정지 기상 위성은 35,877~36,000 km 상공에 위치하여 지구 자전 속도와 동일하게 회전하면서 관측한다. 극궤도 위성은 833 또는 870 km 상공에 위치하여 하루에 두 번 우리나라 상공을 통과하면서 관측한다. 기상 위성 관측은 구름 및 순환 패턴의 분포를 알게 해주는 영상을 제공한다. 또한 해상이나 관측소가 드물거나 존재하지 않는 지역의 일기계의 구조와 이동속도를 알 수 있도록 해준다. 〈그림 14-4〉는 정지 기상위성(MTSAT-2)에서 관측한 적외선 영상 사진이고, 〈그림 14-5〉는 극궤도 기상위성(NOAA-16)에서 관측한 적외선 영상 사진이다.

 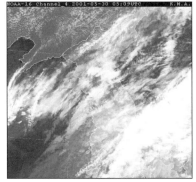

〈그림 14-4〉 정지 기상위성의 적외선   〈그림 14-5〉 극궤도 기상위성의 적
영상 사진   외선 영상 사진

14.2.4 기상 레이더 관측

기상 레이더는 전파를 발사한 후 반사파를 수신하여 반경 300~400 km 이내의 태풍, 강우강도, 강우지역, 강우전선, 집중호우 등 악기상을 수반하는 강수 현상을 탐지한다. 우리나라에서는 기상청 소속의 서울(관악산), 동해, 군산, 부산, 고산(제주도), 백령도, 인천공항, 광덕산, 진도, 면봉산, 성산(서귀포)의 11개소의 레이더 관측소가 운용되고 있다. 〈그림 14-6〉은 기상 레이더 관측소에서 관측한 자료를 합성한 그림으로 강수율을 나타낸다.

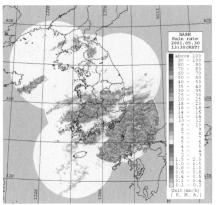

〈그림 14-6〉 기상 레이더 관측 망에서 합
성한 강수율 분포

14.2.5 해상 기상관측

해상 기상관측은 해안기상관서, 해양 기상관측 부이 그리고 해양 기상 영상 감시 장비 (CCTV)를 통하여 이루어지고 있다. 또한 먼 바다의 기상현상 관측 및 부이 관리를 위해 150톤급 기상관측선(기상 2000호)을 운영하고 있다. 해양 기상 부이는 남해 해상 2개소, 서해 해상 2개소, 동해 해상 1개소에 설치하여 운영하고 있다. 〈그림 14-7〉과 같은 해양 기상 부이는 기온, 바람, 기압, 해수면온도, 파도의 높이, 주기 그리고 방향 등을 관측하고 있다.

〈그림 14-7〉 해양 기상 부이

14.2.6 낙뢰 관측

우리나라에서는 16개 지점에 설치한 낙뢰관측 시스템을 이용하여 낙뢰의 발생시각, 위치, 강도, 극성, 구름방전 강도와 빈도를 관측하고 있다. 분석된 자료는 영상으로 표출되어 낙뢰를 동반한 집중호우와 같은 악기상 정보를 발표하는 데 활용하고 있다.

14.3 일기도 작성과 분석

관측된 기상 요소들은 기상 전문으로 작성되어 기상청으로 전송된다. 전송된 기상 전문들은 해석되어 지상 일기도와 고층 일기도에 관측 지점에 기입되어 분석된다.

14.3.1 종관 일기도

최초의 일기도는 독일의 천문학자·수학자·공학자인 하인리히 브란데스(Heinrich Wilhelm Brandes, 1777~1834)에 의해서 작성되었다. 1821년 12월 24일과 25일 그리고 1823년 2월 2일과 3일에 작성된 브란데스의 일기도는 그의 저서『기압의 급격한 변화에 관하여(*On Rapid Changes in Pressure*)』에 수록되어 1826년에 출판되었다. 브란데스의 개념은 일기도 상에 나타나는 날씨 유형을 설명하려는 여러 기상학자들에 의해서 널리 사용되었다.

종관 기상학의 이론적인 면과 실용적인 면은 노르웨이 베르겐에서 20세기 초 빌헬름 비야크네스(Vilhelm Fridmann Bjerknes, 1862~1951)가 이끌던 '노르웨이 지구물리 연구소(Norwegian Geophysical Institute)'의 과학자 집단에 의해서 확립되었다.

1904년 빌헬름 비야크네스는 「역학과 물리학에서 하나의 문제인 날씨 예보(*Weather Forecasting as a Problem in Mechanics and Physics*)」란 제목의 논문을 발표하였다. 이 논문에서 비야크네스는 날씨 예보를 할 수 있는 절차를 계획하였다. 그는 계속해서 일어나는 대기 상태는 물리 법칙에 따라 앞서의 상태로부터 발달한다고 주장하였다. 날씨를 예보하기 위해서는 대기의 초기 상태와 법칙들이 알려져야만 하였다.

또한 비야크네스는 대기의 상태를 적절하게 기술하기 위해서는 기본적인 기상요소(기압, 기온, 습도, 바람)들을 전 세계적으로 관측해야 할 필요성이 있다고 인식하였다. 20세기 초에는 그러한 기상관측망이 존재하지 않았다. 전신(telegraph)과 같은 기술적인 진보가 이루어짐에 따라 날씨 자료를 수집하는 것이 용이해졌다.

날씨 방정식 계에 대한 해답은 20세기로 넘어오는 시기에서는 논외였기 때문에, 비야크네스는 그래프 방법을 도입하여 날씨 예보의 문제를 실용적인 형태로 조사하였다. 그래프 분석과 계산의 토대는 1913년 발간된『기상역학과 수로학(*Dynamic Meteorology and Hydrography*)』제2권에서 비야크네스와 그의 조수들에 의해 확립되었다.

14.3.2 종관 일기도의 종류

종관 일기도에는 지상 일기도, 상층 일기도 그리고 보조 일기도 등이 있다. 지상 일기도에는 관측 지점의 기온, 이슬점 온도, 기압, 기압 변화 경향, 구름, 바람, 시정, 현재와 과거의 날씨 그리고 강수량 등을 숫자와 기호로 기입하여 주로 등압선과 등온선 분석을 한다. 상층 일기도에는 등압면 상의 기온, 기온과 이슬점 온도와의 기온 차, 지오퍼텐셜 고도 그리고 풍향과 풍속 등이 숫자와 기호로 관측 지점에 기입되어, 주로 등고선과 등온선 분석이 이루어진다. 〈그림 14-8〉과 〈그림 14-9〉는 지상 일기도와 상층 일기도에 각종 자료들이 기입된 예를 나타낸 것이다.

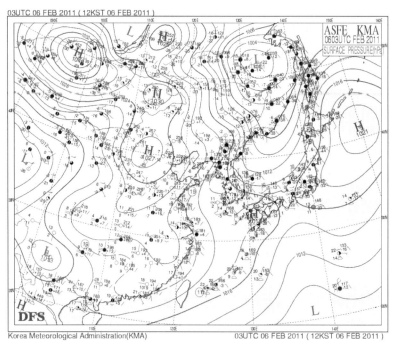

〈그림 14-8〉 지상 일기도

(1) 지상 일기도

등압선으로 그려지는 지상 일기도(surface chart)는 다음과 같은 종류로 작성된다.

1) 북반구 일기도 : 대규모의 기압계, 전선, 온도분포의 개요 분석으로 장기예보용이다.
2) 아시아 태평양 일기도 : 장기예보용 일기도이다.
3) 극동일기도 : 우리나라 주변의 상세한 일기분포 및 일기 파악에 사용된다.
4) 국지일기도 : 뇌우·강수량 등의 상세한 분포 조사, 세밀한 기압배치, 국지기상파악용이다.

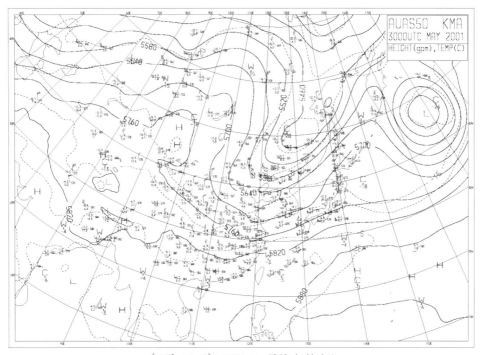

〈그림 14-9〉 500 hPa 등압면 일기도

(2) 상층 일기도

등고선으로 분석되는 상층 일기도(upper chart)는 1,000, 925, 850, 700, 600, 500, 400, 300, 250, 200, 150, 100 hPa의 등압면에서 작성된다.

1) 1,000 hPa 면 일기도 : 지상 일기도와 대응시켜 사용한다.

2) 850 hPa 면 일기도 : 지상 일기도와 대응시켜 사용한다.

3) 700 hPa 면 일기도 : 대류권 하층을 대표하는 고도로 관측치가 많아 수증기 분석이 가능하다.

4) 500 hPa 면 일기도 : 대류권 중층으로(비발산고도) 광범위한 대기 순환 조사에 적합하다.

5) 300 hPa 면 일기도 : 대류권 상층으로 편서풍이 강하게 나타난다. 제트류의 해석이 편리하다.

6) 200 hPa 면 일기도 : 300hPa 면 일기도와 동일하게 사용한다.

7) 100 hPa 면 일기도 : 대류권 계면 분석에 사용한다.

(3) 보조 일기도

대기 상태를 좀 더 상세하게 알아보기 위해서 종관 일기도에서 분석하지 못하는 소용돌이도, 연직 속도도, 이류도, 상당 온위도 그리고 단열선도 등을 작성하여 분석한다.

1) 층후선도 : 어느 두 등압면 사이의 기층 두께를 용량 선으로 표시한 도표이다.
2) 유선도 : 저위도 지방에서는 기압경도가 완만하여 기압해석이 불충분하므로 유선분석이 필요하다.
3) 시간 단면도 : 한 지점에서의 시간적 기상변화, 해석 또는 일기의 경과 추적 시 사용한다.
4) 기타 : 연속도, 평균도, 동서지수 변화도, 기압편차도 등이 있다.

14.4 일기 예보

종관 일기 예보에는 단기 예보, 중기 예보, 장기 예보 그리고 기상 특보 등으로 기상청에서 발표된다.

14.4.1 단기 예보

단기 예보는 오늘, 내일 모레까지 일별, 구역별로 날씨, 기온, 바람, 해상 상태 등을 발표하고 호우, 대설, 폭풍 등 악기상 발생이 예상될 때는 수시로 단시간 예보를 발표하여 재해예방에 대처하고 있다. 한편 연근해 해상항로, 고속도로, 유명 산, 해수욕장 등의 날씨를 별도로 발표하고 있다. 여기에는 단시간 예보와 일일 예보가 있다. 단시간 예보는 예보시각으로부터 12시간 이내의 예보로서 수시로 발표된다. 일일 예보는 예보 당일부터 3일간 이내의 예보로서 하루 5회 발표(0530, 0900, 1130, 1730, 2300 KST)되고 있다.

14.4.2 중기 예보

중기 예보란 단기예보기간 다음부터의 5일간(4~8일 후) 날씨, 기온, 강수 유무 및 바다의 파고 등에 대한 예보이며, 매일 발표된다. 주로 수산업, 농업, 공업 등 산업 생산 활동, 일상생활과 레저 활동에 이용되고 있다. 주간 예보라고도 한다.

14.4.3 장기 예보

장기 예보에는 1개월 기상전망과 3개월 기상전망이 있다. 매월 말에 다음 1개월간의 순별 날씨, 기온, 강수량의 변화 등을 예보하는 것이 1개월 기상전망이다. 3개월 기상전망은 계절별 개략적인 기상변화와 특이기상 현상을 예보하는 것인데, 장기 기상변화에 민감한 산업분야, 장기계획 수립이나 정책 수립 등이 요구되는 분야 사람들에게 특히 유용하다.

14.4.4 기상 특보

악기상의 발생이 예상될 때는 기상특보를 발표하게 된다. 자동기상관측장비, 기상 레이더, 기상 위성, 낙뢰 감지기 등을 분석하여 태풍, 호우, 폭풍우 등의 악기상으로 인하여 재해가 일어날 것이 예상될 때는 주의보를, 막대한 재해가 일어날 것이 예상될 때는 경보를 수시로 발표한다. 이러한 기상특보는 기상재해 예방에 중요한 정보로 활용된다.

14.5 기상전문 기입 및 분석

기상 자료를 교환하기 위해 사용되는 기상전문형식(meteorological code)은 세계기상기구(WMO)에 의하여 국제적으로 협약이 체결되어 있다. 이것을 국제기상전문형식이라고 한다. 국제전문형식 외에도 지역기상전문형식을 개발할 필요가 있을 경우에는 WMO의 권유에 따라 지역별로 이에 대한 규정을 제정하여 사용하고 있다.

기상 자료 교환에 사용되는 기상전문형식은 기상요소들을 표시하는 문자와 숫자로 구성되어 있고, 이러한 문자와 숫자가 실제 전문에서는 관측된 기상요소의 값, 또는 상태를 나타내는 기호나 숫자로 모두 대체된다.

기상전문의 기입은 WMO에서 지정한 각 지점에 주어진 시간의 전문을 수신하여 일기도 각 지점에 기입하는 것을 말하며, 일기도의 분석은 기입된 전문의 기압 값을 내삽 또는 외삽하여 등압선을 묘화하는 것이며 각각의 일기도에서 전선 및 현재 날씨를 분석하여 기압 및 현천의 변화를 분석함으로써 다음 각 지점의 기상을 예측하는 것이다.

14.5.1 지상 종관기상 실황전문 형식

(1) 전문의 형식

지상 종관기상 실황 전문은 육지에 위치한 종관기상관측소와 해상에 정박 중이거나 항해중인 선박에서 관측한 기상 실황을 보고하는 전문이다. 전문의 형식은 [표 14-1]과 같이 구성된다.

[표 14-1] 지상 종관기상 전문의 구성

Section	인식숫자군	내　　용
0 (식별부)	없음	식별자료(형식, 선박 호출부로/부표 인식부호, 날짜, 시간, 위치 등) 및 풍속 단위 지정
1 (공통자료부)	없음	SYNOP 전문 형식과 SHIP 전문 형식에 공통인 국제 교환 자료
2 (해양자료부)	222	해상관측소나 육지의 해안관측소의 해양관측자료
3 (지역별자료부)	333	지역 회원국 간의 교환 관측자료
4 (관측소 고도 이하 구름자료부)	444	국내용으로 사용, 운저가 관측소보다 낮은 구름 관측자료
5 (국가별자료부)	555	국내 교환자료

일반적으로 육상 종관기상 전문의 주요 부분은 section 0와 1로서 식별부와 공통자료부이다. 여기서 사용되는 전문의 형식은 다음과 같다.

section 0 :

$M_iM_iM_jM_j$ $YYGGi_w$ $IIiii$

section 1 :

$_{iR}i_xhVV$ $Nddff$ $1s_nTTT$ $2s_nT_dT_dT_d$ $3P_0P_0P_0$ $4PPPP$ $5appp$ $6RRRt_R$ $7wwW_1W_2$ $8N_hC_LC_MC_H$ $9GGgg$

(2) 전문의 해석

위의 전문을 해석하면 다음과 같다.

1) 전문의 종류와 위치 표시부(section 0)

· $M_iM_iM_jM_j$: 전문의 종류와 부분의 인식 부호로서 종관 육상 기상 전문인 경우는 AAXX로 표시된다.

· YYGG : 날짜와 관측시각(UTC)을 의미한다.

· i_w : 풍속단위를 나타낸다. 0 : m/s이며 추정값, 1 : m/s이며 관측값, 2 : 노트이며 추정값, 3 : 노트이며 관측값을 의미한다.

· IIiii : 구역 고유번호(II)와 구역 내 관측소 고유번호(iii)를 나타낸다.

2) 공통자료부(section 1)

· i_R : 강수 자료 포함 여부

　　0 : section 1과 3에 모두 포함

　　1 : section 1에만 포함

　　2 : section 3에만 포함

　　3 : 무강수로 불포함

　　4 : 결측으로 불포함

· i_x : 관측소 운영 형태와 과거일기, 현재 일기 포함여부 표시

　　유인관측소인 경우 : 1(포함), 2(악기상이 없어서 생략), 3(결측으로 생략)

　　무인관측소인 경우 : 4(포함), 5(악기상이 없어서 생략), 6(결측으로 생략)

· h : 최하층 구름 밑면의 지상고도

　　0 : 0-50 m, 1 : 50-100 m, 2 : 100-200 m, 3 : 200-300 m,

　　4 : 300-600 m, 5 : 600-1,000 m, 6 : 1,000-1,500 m,

　　7 : 1,500-2,000 m, 8 : 2,000-2,500 m, 9 : 2,500 m 이상 또는 구름이 없는 경우,

　　／ : 하늘이 안 보이는 경우

· VV : 지상의 시정

　　00 : 0.1 km 미만, 01-50 : 0.1 km 단위, 51-55 : 사용하지 않음

　　56-80 : 50을 뺀 km 단위, 81-88 : 35-70 km, 89 : 70 km 이상

· N : 전운량([표 14-2] 참조)

[표 14-2] 전운량을 나타내는 숫자와 부호

숫자	N	전 운 량
0	◯	0 (구름이 한점도 없음)
1	◑	1 이상, 그러나 0은 아님
2	◔	2~3
3	◷	4
4	◐	5
5	⊖	6
6	◕	7~8
7	◉	9~10 (9 이상, 그러나 10은 아님)
8	●	10 (틈새가 없음)
9	⊗	안개나 기타 기상현상에 의하여 하늘이 가려 알 수 없는 경우

· dd : 관측시각 전 10분간의 10° 단위의 평균 풍향

00 : 고요	11 : 105-114	22 : 215-224	33 : 325-334
01 : 5-14	12 : 115-124	23 : 225-234	34 : 335-344
02 : 15-24	13 : 125-134	24 : 235-244	35 : 345-354
03 : 25-34	14 : 135-144	25 : 245-254	36 : 355-4
04 : 35-44	15 : 145-154	26 : 255-264	99 : 풍향의 방향을
05 : 45-54	16 : 155-164	27 : 265-274	정하기 어려운
06 : 55-64	17 : 165-174	28 : 275-284	경우
07 : 65-74	18 : 175-184	29 : 285-294	
08 : 75-84	19 : 185-194	30 : 295-304	
09 : 85-94	20 : 195-204	31 : 305-314	
10 : 95-104	21 : 205-214	32 : 315-324	

· ff : 관측시각 전 10분간의 평균 풍속(단위는 i_w에서 미리 결정됨)

· 1 : 기온 인식 숫자

· Sn : 온도의 부호

  0 : 영 또는 영상, 1 : 영하

· TTT : 기온(0.1 ℃ 단위)

(예) 235 = 23.5 ℃

· 2 : 이슬점 온도 인식 숫자

· Sn : 이슬점 온도의 부호

· $T_dT_dT_d$: 이슬점 온도(0.1 ℃ 단위)

(예) 024 = 2.4 ℃

· 3 : 관측소 기압의 인식 숫자

· $P_0P_0P_0P_0$: 천 단위를 생략한 0.1 hPa 단위)

(예) 0234 = 1023.4 hPa

· 4 : 해면기압의 인식 숫자

· PPPP : 천 단위를 생략한 0.1 hPa 단위)

(예) 0134 = 1013.4 hPa

· 5 : 기압 변화의 인식 숫자

· a : 3시간 전 관측 이후의 기압 변화 경향([표 14-3] 참조)

[표 14-3] 기압 변화 경향을 나타내는 숫자와 부호

숫자	a	관측시전 3시간 동안의 기압변화 경향	
0	╱	상승 후 하강 : 현재 기압은 3시간 전의 기압과 같거나 높음	
1	⌐╱	상승 후 일정, 상승 후 완상승	현재기압은 3시간 전의 기압보다 높음
2	╱	일정하게 상승, 변동상승	
3	✓	하강 후 상승, 일정 후 상승, 상승 후 급상승	
4	───	일정 : 현재의 기압은 3시간 전의 기압과 같음	
5	╲	하강 후 상승 : 현재의 기압은 3시간 전의 기압과 같거나 또는 낮음	
6	╲_	하강 후 일정, 하강 후 완하강	현재기압은 3시간 전의 기압보다 낮음
7	╲	일정 하강, 변동하강	
8	╲	일정 후 하강, 상승 후 하강, 하강 후 급하강	

· ppp : 3시간 전 관측 이후의 현지 기압 변화량(0.1 hPa 단위)

(예) 003 = 0.3 hPa

· 6 : 강수량 인식 숫자

· RRR : 강수량(mm 단위)

001-988 : 1 mm 단위로 표시, 989 : 989 mm 이상, 990 : 흔적,

991-999 : 990을 뺀 값에 0.1 mm 단위를 곱한 것

(예 1) 005 = 5 mm, (예 2) 995 = 0.5 mm

· tR : 강수량 측정을 위한 집수 시간

1 : 6시간, 2 : 12시간, 3 : 18시간, 4 : 24시간, 5 : 1시간,

6 : 2시간, 7 : 3시간, 8 : 9시간, 9 : 15시간

· 7 : 일기 인식 숫자

· ww : 현재 일기([표 14-4] 참조)

[표 14-4] 현재 일기

	0	1	2	3	4	5	6	7	8	9
00	구름 없음	구름 소멸/감소중	하늘상태 변화없음	구름 생성/발달중	연기 화산재포함	연무	공중먼지 광범위함	풍진/물보라	관측소부근 회오리 관측전 시간내	시계내풍진 관측전 시간내
10	박무	단과상낮은안개 육2m/해10m이하	다소연속낮은안개 육2m/해10m이하	번개 뇌성없음	시계내의 강수 지면도달안함	시계내의 강수 5km이상발	시계내의 강수 5km내	뇌전 강수 없음	시계내스콜 관측전 시간내	시계내깔대기구름 관측전 시간내
20	이슬비 관측전시간내 그침	비 관측전시간내 그침	눈 관측전시간내 그침	진눈깨비 관측전시간내 그침	얼비/얼이슬비 /우빙발생 관측전시간내그침	소나기 관측전시간내 그침	소낙눈/소낙 진눈깨비 관측전시간내그침	우박 관측전시간내 그침	안개 관측전시간내 그침	뇌우/뇌전 관측전시간내 그침
30	약/보통풍진·풍사 감소중	약/보통풍진·풍사 변화없음	약/보통풍진·풍사 증가중	강한풍진·풍사 감소중	강한풍진·풍사 변화없음	강한풍진·풍사 증가중	약/보통 낮은비설 (시정0.5km이상)	강한 낮은비설 (시정0.5km미만)	약/보통 높은비설 (시정0.5km이상)	강한 높은비설 (시정0.5km미만)
40	시계내 안개 관측소에는 없음	단과상 안개	안개, 하늘보임 엷어짐	안개, 하늘안보임 엷어짐	안개, 하늘보임 변화없음	안개, 하늘안보임 변화없음	안개, 하늘보임 짙어짐	안개, 하늘안보임 짙어짐	안개, 하늘보임 무빙발생	안개, 하늘안보임 무빙발생
50	약한이슬비, 단속 (시정1km이상)	약한이슬비, 계속 (시정 1km이상)	보통이슬비, 단속 (시정0.5~1km미만)	보통이슬비, 계속 (시정0.5~1km미만)	강한이슬비, 단속 (시정0.5km미만)	강한이슬비, 계속 (시정0.5km미만)	약한얼이슬비 우빙발생	보통/강한얼이슬비 우빙발생	약한비섞인 이슬비	보통/강한비 섞인 이슬비

	0	1	2	3	4	5	6	7	8	9
60	약한비, 단속 (매시 3mm이하)	약한비, 계속 (매시 3mm이하)	보통비, 단속 (매시 3.1~15.0mm)	보통비, 계속 (매시 3.1~15.0mm)	강한비, 단속 (매시 15.1mm이상)	강한비, 계속 (매시 15.1mm이상)	약한얼비 우빙발생	보토/강한얼비 우빙발생	약한 진눈깨비	보통/강한 진눈깨비
70	약한눈, 단속 (시정1km이상)	약한눈, 계속 (시정1km이상)	보통눈, 단속 (시정 0.2~1km미만)	보통눈, 계속 (시정0.2~1km미만)	강한눈, 단속 (시정0.2km미만)	강한눈, 계속 (시정0.2km미만)	세빙 안개 유/무	가루눈 안개 유/무	섬상단독 결정눈 안개 유/무	동우(언비)
80	약한소나기	보통/강한 소나기	격심한소나기	약한소낙 진눈깨비	보통/강한 소낙진눈깨비	약한소낙눈	보통/강한 소낙눈	약한 소낙싸라기눈/ 싸락우박	보통/강한 소낙싸라기눈/ 싸락우박	약한 우박 뇌성은 없음
90	보통/강한 우박 뇌성은 없음	약한비 관측전시간내 뇌전그침	보통/강한비 관측전시간내 뇌전그침	약한눈,진눈깨비 /우박 관측전시간내뇌전그침	보통/강한눈, 진눈깨비/우박 관측전시간내뇌전그침	약/보통뇌우 싸락눈·우박	약/보통 뇌우 싸락눈·우박동반	강한뇌우 싸락눈·우박없음	뇌전 풍진/풍사동반	강한뇌우 싸락눈·우박동반

· W_1W_2 : 과거 일기. 0000, 0600, 1200, 1800 UTC 관측시는 6시간 전의 과거 일기, 0300, 0900, 1500, 2100 UTC에는 3시간 전의 과거 일기를 나타낸다. 과거 일기가 둘 이상 있었던 경우는 큰 숫자에 해당하는 현상을 W_1에, 그 다음 큰 숫자를 W_2에 표시한다. 과거 일기가 하나뿐인 경우에는 W_1과 W_2를 같이 나타낸다.

· 8 : 구름 인식 숫자

· N_h : 하층 구름의 운량. 하층 구름이 없는 경우는 중층 구름의 운량을 표시. 만일 중층 구름의 운량도 없는 경우에는 0으로 표시

· C_L : 하층 구름의 모양([표 9-1] 참조)

· C_M : 중층 구름의 모양([표 9-2] 참조)

· C_H : 상층 구름의 모양([표 9-3] 참조)

· 9 : 관측 지연 시각 인식 숫자

· GGgg : 표준 관측 시각과 10분 이상 차이가 날 때 관측시간과 분을 나타낸다.

14.5.2 고층 기상 실황전문 형식

(1) 전문의 형식

고층 기상 실황 전문은 기구에 매달아 올리는 라디오존데, 레윈존데나 비행기에서 떨어뜨리는 드롭존데(dropsonse)에 의하여 그 지점 상공의 기상 상태를 연직으로 관측하여 보고하는 전문이다. 전문은 각각 4 부분으로 구성되어 있다. 지상에서부터 100 hPa까지의 자료는 Part A와 B의 형식이고 100 hPa 이상의 고도 자료는 Part C와 D의 형식을 따른다. 일반적으로 많이 사용되는 것은 Part A로서 표준 등압면은 1,000, 925, 850, 700, 500, 400, 300, 250, 150, 100 hPa 면이다. 전문 형태는 [표 14-5]와 같이 구성된다.

[표 14-5] 고층 기상 전문의 구성

Section	Part	인식숫자	내 용
1	A,B,C,D	--	식별 자료와 관측지점 위치
2	A,C	--	표준등압면의 자료
3	A,C	88	권 계면 고도의 자료
4	A,C	66 또는 77	최대풍 고도와 수직 wind shera 자료
5	B,D	--	온도와 상대습도의 유의고도 자료
6	B,D	21212	바람 유의고도자료
7	B	31313	측정장치, 비양시각자료
8	B	41414	구름자료
9	B,D	51515 59595	} 지역 별사용 전문군
10	B,D	61616 69696	} 국가 별사용 전문군

일반적으로 고층 기상 전문의 주요 부분은 section 1과 section 2인데, 식별부와 표준등압면의 자료부이다. 여기서 사용되는 전문의 형식은 다음과 같다.

section 1 :

$M_iM_iM_jM_j$ $YYGGi_d$ IIiii

section 2 :

$99P_0P_0P_0$ $T_0T_0T_{a0}D_0D_0$ $d_0d_0f_0f_0f_0$ $P_1P_1h_1h_1h_1$ $T_1T_1T_{a1}D_1D_1$ $d_1d_1f_1f_1f_1$ …………$P_nP_nh_nh_nh_n$ $T_nT_nT_{an}D_nD_n$ $d_nd_nf_nf_nf_n$

(2) 전문 해석
위의 전문을 해석하면 다음과 같다.

1) 전문의 종류와 위치 표시부(section 1)
· $M_iM_iM_jM_j$: 전문의 종류와 부분의 인식 부호로서 고층 기상 전문인 경우는 TTAA 표시된다.
· YYGG : 날짜와 관측시각(UTC). 풍속이 노트로 표시되는 경우에는 날짜에 50을 더한다.
· i_d : 바람이 보고 되는 마지막 표준등압면의 기압을 나타냄.
  Part A인 경우 : 1 : 100 또는 150 hPa, 2 : 200 또는 250 hPa,
                3 : 300 hPa, 4 : 400 hPa, 5 : 500 hPa, 6 : 사용 안 함,
                7 : 700 hPa, 8 : 850 hPa, 9 : 925 hPa,
                0 : 1,000 hPa, / : 표준 등압면 바람 자료가 없는 경우
· IIiii : 구역 고유번호(II)와 구역 내 관측소 고유번호(iii)

2) 표준 등압면 자료부(section 2)
· 99 : 관측소 고도 자료의 인식 숫자
· $P_0P_0P_0$: 관측소 고도에서의 정수 단위의 현지기압
  (예) 015 = 1,015 hPa
· T_0T_0 : 상 고도의 기온의 정수부
· T_{a0} : 소수이하의 근사치와 부호 표시. 홀수이면 영하를 표시
  (예) $T_0T_0T_{a0}$(235) = -23.5 ℃
· D_0D_0 : 이슬점편차
  1~5 : 0.1 ℃ 단위, 51~55 : 사용 안 함, 56~99 : 50을 뺀 값의 정수값
  (예 1) 49 = 4.9 ℃, (예 2) 77 = 77-50 = 27 ℃
· d_0d_0 : 지상의 풍향. 0 또는 5°로 처리되고 끝수는 $f_0f_0f_0$의 첫 자리에 더해짐.
  (예) 285 = 28 그리고 5는 $f_0f_0f_0$의 첫 자리에 더해짐.

· $f_0f_0f_0$: 지상의 풍속

· P_1P_1 : 1,000 hPa 등압면

  (예) 00 = 1,000 hPa 등압면

· $h_1h_1h_1$: 표준등압면의 지오퍼텐셜 고도

  (예) 025 = 25 gpm(1,000 hPa 등압면인 경우)

· T_1T_1:1,000 hPa 등압면에서의 정수 부분의 섭씨온도의 절대값

· T_{a1}:소수이하의 근사치와 부호 표시

· D_1D_1 : 이슬점편차

· d_1d_1 : 1,000 hPa 등압면에서의 풍향

· $f_1f_1f_1$: 1,000 hPa 등압면에서의 풍속

이와 같은 방법으로 다른 등압면에도 적용한다.

14.5.3 전문 기입 모델

(1) 지상 일기도 기입

지상 종관기상 실황 전문을 해석하여 일기도에 기입하는 모델(〈그림 14-10(a)〉)에 따라 기입된 예(〈그림 14-10(b)〉)를 〈그림 14-10〉에 나타내었다.

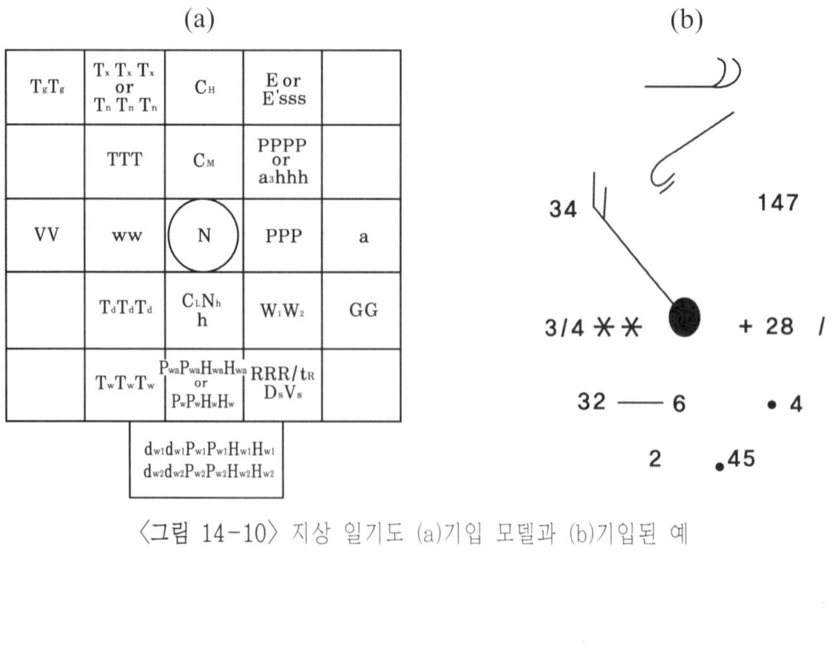

〈그림 14-10〉 지상 일기도 (a)기입 모델과 (b)기입된 예

(2) 상층 일기도 기입

　고층 기상 실황 전문을 해석하여 해당 표준 등압면의 자료를 찾아 〈그림 14-11(a)〉와 같은 요령으로 기입한다. 풍향과 풍속은 지상 일기도 기입 요령과 동일하게 처리한다. 〈그림 14-11(b)〉는 이런 요령으로 기입한 예이다.

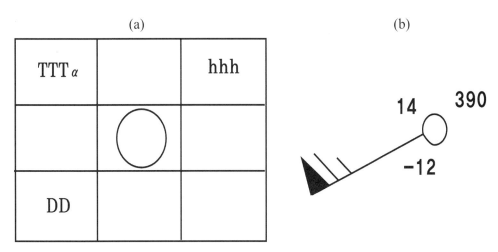

〈그림 14-11〉 상층 일기도 ⒜기입 모델과 ⒝기입된 예.

* 과학자 탐방 *

빌헬름 비야크네스(Vilhelm Frimann Koren Bjerknes, 1862~1951)

노르웨이의 물리학자, 기상학자.

종관 기상학의 창시자인 빌헬름 프리만 코런 비야크네스는 노르웨이의 크리스티아니아(현재 명칭은 오슬로이다)에서 1862년 3월 14일에 출생하였다. 그의 아버지인 칼 안톤 비야크네스(Carl Anton Bjerknes, 1825~1903)는 크리스티아니아(Christiania) 대학교의 응용수학과 전임강사(lecturer)였다. 그는 1880년 노르웨이에서 대학교를 마친 후, 빌헬름 비야크네스는 파리에서 고전역학과 전자기학을 수학하였고 프랑스의 유명한 수학자인 쥘 앙리 푸앵카레(Jules Henri Poincaré, 1845~1912)의 교실에서 공부하였다. 프랑스 파리에서 독일 본(Bonn)으로 이사하였고 유명한 물리학자 하인리히 헤르츠(Heinrich Hertz, 1857~1894)의 조수가 되어 전자기파의 연구를 도왔다. 1885년 스톡홀름 대학교의 응용역학과 수리물리학 교수가 되고 나서 대기와 해양의 대규모 운동에 적용할 수 있는 유체역학과 열역학을 종합한 순환 이론을 발견했는데, 이 이론은 현대 날씨 예보에 필수적인 대기 이론이 되었다. 1902년에는 지구물리학으로 전공을 바꾸었다. 1894년부터 1907년까지 스톡홀름의 호스콜라(Högskola) 대학의 응용공학부와 스톡홀름 대학교의 교수를 겸임하였다.

그의 대부분의 업적은 1917년부터 1926년까지 세계에서 가장 중요한 기상 연구를 수행한 "베르겐 지구물리학 연구소(Bergen Geophysical Institute)"의 교수로 있으면서 이루어졌다. 1921년에 발표한 《대기 소용돌이와 파동 운동에 적용되는 원형 소용돌이의 역학에 관하여》라는 유명한 저서도 이 시기에 쓰였다. 이제는 고전이 되어 버렸지만, 이 책에서 그의 연구의 중요한 부분들을 상세히 기술하고 있다. 비야크네스는 그래프 방법을 도입하여 날씨 예보의 문제를 실용적인 형태로 조사하였다.

빌헬름 비야크네스는 1926년 오슬로 대학의 교수로 지내며 1932년 은퇴할 때까지 그곳에서 연구를 하였다. 그의 아들 야코브 비야크네스와 그의 조수인 할보르 쉴베르그와 토르 베르셰론과 함께 기상학의 "베르겐 학파(Bergen School)"를 구축하였다. 이 학파는 현대 종관 기상학의 발달에 기여하였다. 빌헬름 비야크네스는 1951년 4월 9일 오슬로에서 사망하였다.

실습일자	년　월　일	학과　　　　번	성 명	

실 습 보 고 서

【실습 문제】

1. 지상 일기도에 기입된 기상 요소들의 값을 해석하시오.

(1)

28　　　　　　　　024

-61

1) 기압 :

2) 기온 :

3) 이슬점 온도 :

(2)

170　　　　　　　998

155

1) 기압 :

2) 기온 :

3) 이슬점 온도 :

4) 전운량 :

5) 현재 일기 :

(3)

61   117

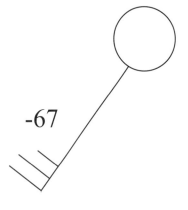

17/
    1) 기압 :

    2) 기온 :

    3) 이슬점 온도 :

    4) 전운량 :

    5) 풍향 :

    6) 풍속 :

    7) 전 3시간 동안의 기압 변화량 :

    8) 기압 경향 :

(4)

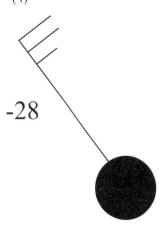

-28   997

    1) 기압 :

    2) 기온 :

    3) 이슬점 온도 :

    4) 전운량 :

-11\
    5) 현재 일기 :

    6) 풍향 :

    7) 풍속 :

    8) 전 3시간 동안의 기압 변화량 :

-67   .31   9) 기압 경향 :

2. 아래 지점들의 지상 종관기상 실황전문을 아래 그림에 기입하시오.

AAXX 07004

47105 11435 83201 10045 20038 30180 40213 57001 69902 76062 8672/
47108 11530 80707 10063 20048 30082 40190 57006 60162 76166 8672/
47115 32568 82003 10070 20051 39960 40234 57008 8662/
47138 11658 82901 10077 20059 30207 40212 57005 69902 76062 8672/

3. 아래 전문은 고층 종관기상 실황전문이다. 아래 그림에 기입하시오.

TTAA 07231 54997 99017 02256 32003 00156 01857 33010 92778 02361 34513 85446 04764 30013 70960 11366 26029 50546 26968 27035 40703 39759 27042 30895 51159
21037 25011 26958 26035 20153 54959 26552 15338 53560 26542 10598 57159 26536 88258 56358 26035 77193 26553

(1) 850 hPa 면

(2) 700 hPa 면

(3) 500 hPa 면

(4) 300 hPa 면

4. 아래 그림과 같이 저기압이 동북쪽으로 움직이고 있다. 이 저기압은 하루 동안 1,000 km 속도로 그림의 화살표 방향을 따라 움직인다고 가정한다. 아래 물음에 답하시오.

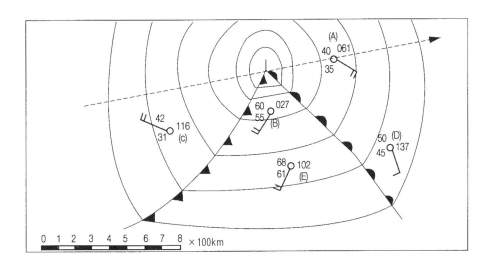

(1) 24시간 동안, A 지점에서의 기압은 어떻게 변화하겠는가?

(2) 48시간 동안, A 지점에서의 풍향은 어떻게 변화하겠는가?

(3) 저기압의 중심이 A 지점에 도달하는 시간은?

(4) 24시간 동안, B 지점에서의 온도는 어떻게 변화하겠는가?

(5) 24시간 동안, B 지점에서의 기압은 어떻게 변화하겠는가?

(6) 24시간 동안, B 지점에서의 운량은 어떻게 변화하겠는가?

(7) B 지점에서 현재로부터 몇 시간 후에 급격한 온도 강하가 일어날 것인가?

(8) 24시간 동안, E 지점에서의 온도는 어떻게 변화하겠는가?

(9) 24시간 동안, E 지점에서의 기압은 어떻게 변화하겠는가?

(10) 24시간 동안, E 지점에서의 풍향은 어떻게 변화하겠는가?

(11) 24시간 동안, D 지점에서의 온도는 어떻게 변화하겠는가?

(12) 24시간 동안, D 지점에서의 기압은 어떻게 변화하겠는가?

(13) 24시간 동안, D 지점에서의 풍향은 어떻게 변화하겠는가?

(14) 60시간 동안, D 지점에서의 풍향은 어떻게 변화하겠는가?

(15) 저기압의 평균 이동 속도를 km/h 으로 표시하시오.

【복습과 토의】

1. 기상관측의 종류에 대해 설명하시오.

2. 수치예보(Numerical Weather Prediction)에 대해 설명하시오.

3. 일기예보가 100 % 적중하지 못하는 이유는 무엇인가?

4. 정지 기상위성은 극궤도 기상위성과 어떻게 다른가?

제15장 세계 기후

15.1 목 적

기후 구분을 통해 세계 기후의 분포를 살펴보고 왜 기후가 다르게 나타나는지 알아보고자 한다.

15.2 기 후

기후(climate)란 어느 지점에서 장기간에 걸친 대기의 평균 상태를 말한다. 여기에서는 기후를 나타내는 기본요소인 기후요소, 기후요소를 조절하는 기후인자에 대해서 알아보고자 한다.

15.2.1 기후 요소

기후를 구성하는 기후 요소에는 다양한 요소들이 존재한다. 이들 기후 요소들을 편의상 세 가지 형태로, 즉 '측정 요소', '유도 요소', 그리고 '대리 요소'로 나눌 수 있다.

측정 요소란 계측기를 사용하여 직접 측정되는 요소이다. 여기에는 기온, 강수량, 증발량, 풍향과 풍속, 습도, 구름, 일사량 그리고 일조시간 등이 포함된다. 이러한 자료들을 장기간(보통 30년)에 걸쳐 평균하여 기후값(예년값)으로 사용하고 있다. 여기에는 평균값, 최대최소값 그리고 극대극소값 등으로 표현된다.

유도 요소는 실제로 측정되는 측정요소에 부가하여 유도되는 것을 말한다. 주어진 기간의 어떤 문턱 값(threshold) 이상 온도의 적산 값인 난방 또는 성장 계절도일, 강설이 도시를 마비시킬 수 있는 확률 그리고 얼마큼 추워야 사람이 느끼는가를 정량적으로 추정하는 풍한 지수 등이 유도 요소의 좋은 예가 되겠다.

대리 요소란 보통 대기 조건을 빗대어 나타낼 수 있는 것으로서 일반적으로 계측기 기록 이전 시대의 과거 기후 조건을 유추하는 데 사용된다. 나이테(tree ring), 꽃가루(pollen), 호수연층(lake values) 그리고 농사 일지로부터 포도 수확의 날짜들을 예로 들 수 있다.

15.2.2 기후 인자

기후 요소는 수많은 요인들에 의해서 영향을 받고 있다. 기후 인자란 기후 요소의 지리적 분포에 영향을 직접 미치는 것이다. 기후 인자에는 위도, 해발 고도, 해륙의 분포, 해류 그리고 지리적 위치 등이 있다.

위도는 지구상의 기온 분포와 아주 밀접한 관계를 가진다. 왜냐하면 기온은 일사량과 직접적으로 관련되기 때문이다. 일사량이 많은 적도 지방의 기온은 높고 일사량이 적은 극지방은 기온이 낮다.

대류권 내에서는 해발 고도에 따라 기온과 수증기량이 감소하기 때문에, 해발 고도는 특성적인 산악 기후를 형성하는 인자가 된다. 강수량은 산의 규모에 따라 다르게 나타나나 보통 해발 고도 1,500~2,000 m까지는 증가하고 그 이상에서는 감소한다. 일사량은 해발고도에 따라 증가한다.

바다와 육지는 물리적 성질이 다르기 때문에 기온의 연 변화와 연교차는 다르게 나타난다. 또한 강수량과 습도도 다르게 나타난다. 대륙이 많이 분포하는 북반구와 해양이 많이 분포하는 남반구는 여러 면에서 차이가 난다.

동일한 위도에 위치한 해안 지방이라 하더라도, 난류의 영향을 받는 경우와 한류의 영향을 받는 경우에는 현격한 기후 차이를 보인다. 보통 대륙의 서쪽 해안은 난류의 영향을 받으나 동쪽 해안은 한류의 영향을 받는다.

지리적 위치에 따라 기후 요소들도 변화한다. 예를 들면, 도시의 중심에 위치하는 곳과 시골에 위치하는 경우에는 서로 상이한 기후 형태를 나타낸다. 그러므로 도시는 특징적인 도시기후를 형성한다.

15.3 기후 구분

지구상에는 기후의 다양성이 무한히 존재하기 때문에, 어떤 장소는 다른 장소와는 어떤 국면에서도 약간 다르게 존재하게 된다. 결과적으로 지역 기후학을 개발하는 첫째 단계는 기후의 주요한 차이 또는 어느 국면에서 뚜렷한 차이를 느낄 수 있는 기후 구분 방법의 개발이다. 과학의 한 분야로서 기후 구분을 생각한다면, 기후 구분 방법은 지각력과 이해를 향상시키기 위해 변동을 단순화시키고 명백하게 하는 데 목표를 두어야만 한다. 기후 구분 방법은 일련의 기후형(climate type)의 생성을 자동적으로 이끌어낸다. 구분 방법은 기후형을 처리하기 쉬운 숫자들을 유도하도록 제공되기 때문에, 이들을 사용하면 기후지역을 생산하기 위한 기후도를 작성할 수 있다. 기후 구분 방법을 개발하는 데 있어 주된 문제점은 기후를 정의하는 데 있다. 여기에는 많은 기후 요소들이 포함된다. 만약 하나의 요소만 사용한다면, 비록 단일 요소의 지역 분포가 많은 유용한 정보를 제공할 수 있다 하더라도 기후 구분의 의미는 상실된다. 반대로, 만약 우리가 모든 기후 요소들을 사용한다면, 합성적인 복잡성이 존재하기 때문에 간단하고 명백한 기후 구분의 목적에 어긋나게 된다. 이러한 이유 때문에 보통 둘 또는 세 개의 요소들이 사용된다.

15.3.1 기후 구분의 방법

기후 구분은 편리상 대기 역학을 강조하는 발생학적 방법과 관측된 기후 예년값을 강조하는 경험적 방법으로 나누어질 수 있다.

발생학적 기후 구분(genetic climatic classification)은 대기 대순환의 활동성과 효과들에 의존된다. 그렇기 때문에 발생학적 기후 구분은 기후를 생성시키는 기후 조절의 역할과 다양한 지역 표현법을 강조하고 있다. 기후 인자들의 강조는 기후를 이해하는 것, 자연을 탐측하는 개측기의 개발, 기후 변화의 이해에 매우 유용하다. 그러나 기후의 역학적인 면만을 너무 강조하는 태도는 지역 기후를 간단명료하게 요약할 수 없게 만든다. 또한 이 구분은 기후지역 사이의 경계를 분명하게 하지 못하는 단점을 가지고 있다. 발생학적 기후 구분의 예로는 1957년 독일 기후학자인 헤르만 플론(Hermann Flohn, 1912~1997)이 만든 것을 들 수 있다. 그는 기후대(climatic zone)를 적도대, 습윤 및 건조 열대, 편서풍대, 한대 편동풍대로 구분하였다(〈그림 15-1〉).

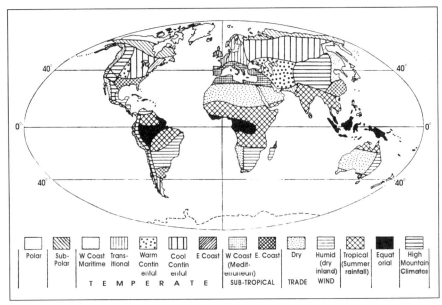

〈그림 15-1〉 발생학적 세계기후의 구분(Flohn, 1957)

　　경험적 기후 구분(empirical climatic classification)의 목적은 정량적으로 정의된 일련의 지역기후를 만들기 위한 것이다. 기후 구분에 대한 논의는 주로 경험적 기후 구분에 관련되어 진행된다. 가장 빈번하게 사용되는 매개변수들은 온도와 강수량 또는 증발산 또는 토양 수분들과 같은 이들의 변동이다. 결과들은 둘 또는 세 가지 변수들에 의존되는 엄격하게 정의되는 분류방법이다. 이 형태의 기후 구분은 오랜 전통을 가지고 있으며 지중해 기후 또는 습윤 대륙성 기후와 같은 일부 기후지역에 주어지는 이름은 널리 알려져 있고 특정 조건을 환기시킨다. 실제로, 이런 기후 구분 방법의 주된 장점은 전달될 수 있는 정보의 양이 아주 많을 경우에 일목요연하게 나타낼 수 있다는 것이다. 덧붙여 합리적이고 명백한 경계선이 확립될 수 있다.

15.3.2 쾨펜 기후 구분

　　쾨펜 기후 구분(Köppen climatic classification)은 가장 광범위하게 알려진 기후 구분 방법이다. 1900년 독일의 기후학자인 블라디미르 쾨펜(Wladimir Peter Köppen, 1846~1940)에 의해서 개발된 것으로 이것은 1931년 그에 의해서 대대적으로 수정되었다. 쾨펜은 그의 구분에 식생을 필요조건으로 삼았다. 예를 들면 그는 여름철 10 ℃ 등온선을 나무 성장의 극방향으로의 한계값으로 삼았고, 18 ℃ 등온선을 많은 열대 식물의 한계 최저온도라고 생각하였다. 그의 이론은 그 후 여러 연구자들에 의해서 변형되고 일반화되었다. 비록 쾨펜 구분이 아직 완벽한 것은 아니지만 그것은 경험적인 기후 구분 이상으로 광범위하게 받아들여진다. 월 및 연평균기온과 총강수량의 예년값들이 입력 변수들이다. 쾨펜 기후 구분은 기후요소들을 일련의 범주들로 나눈다. 경계 값은 문턱 값에 기초되는 어떤 식생으로 표현한다. 각 지역은 일련의 둘 또는 세 문자를 사용하여 기초 형태로 분류된다([표 15-1]). 첫째 문자는 먼저 습윤 기후로부터 습윤도를 구분하고 그 다음은 기온을 기준으로 분류한다. 둘째 문자는 건조기후에 대한 건조도와 습윤 기후에 대한 강수량의 시간분포를 정의하여 결정된다. 마지막 문자는 중위도와 고위도 기후들에 대한 계절변동을 특성화시키기 위해서 사용된다.

[표 15-1] 수정된 쾨펜 기후 구분에서 주요 기후형을 구분하는 기준
　　　　　(mm 단위인 강수량과 ℃로 표시되는 온도들의 연 및 월평균값을 기준으로 삼음)

기　호			설　　　명
첫째	둘째	셋째	
A			가장 추운 달의 평균 기온이 18 ℃ 이상
	f		가장 건조한 달의 강수량이 60 mm 이상
	m		가장 건조한 달의 강수량이 60 mm 미만이지만 (100-r)/25 보다 크거나 같은 경우
	w		가장 건조한 달의 강수량이 (100-r)/25보다 적은 경우
B			연 강수량의 70 % 이상이 온난한 6개월(북반구에서는 4월에서 9월까지)내에 떨어지거나 r/10이 2t + 28 보다 적은 경우
			연 강수량의 70 % 이상이 한랭한 6개월(북반구에서는 10월에서 다음해 3월까지)내에 떨어지거나 r/10이 2t 보다 적은 경우
			어떤 경우라도 6개월 동안의 연 강수량이 70 % 이상이 되지 않고 r/10이 2t +14보다 적은 경우
	W		r이 B에서 적절하게 요구하는 양의 상한의 반 미만인 경우
	S		r이 B에서 적절하게 요구하는 양의 상한의 반 이상인 경우
		h	t가 18 ℃ 이상인 경우
		k	t가 18 ℃ 미만인 경우

기 호			설 명
첫째	둘째	셋째	
C			가장 온난한 달의 평균 기온이 10 ℃이고 가장 한랭한 달의 평균 기온이 18 ~ -3 ℃ 사이인 경우
	s		6개월 동안 여름철 가장 건조한 달의 강수량이 40 mm 미만이고 가장 습윤한 겨울 달의 강수량의 1/3보다 적은 경우
	w		6개월 동안 겨울철 가장 건조한 달의 강수량이 가장 습윤한 여름 달의 강수량의 1/10보다 적은 경우
	f		s 와 w 어디에도 해당되지 않는 경우
		a	가장 더운 달의 평균 기온이 22 ℃ 이상인 경우
		b	더운 달 4개월의 각 평균 기온이 10 ℃ 이상이고 가장 온난한 달의 평균 기온이 22 ℃ 미만인 경우
		c	평균 기온이 10 ℃ 이상인 경우가 한 달에서 세 날까지이고 가장 온난한 달의 평균 기온이 22 ℃ 미만인 경우
D			가장 온난한 달의 평균 기온은 10 ℃ 이상이고 가장 한랭한 달의 평균 기온이 -3 ℃ 미만인 경우
	s		C의 경우와 동일
	w		C의 경우와 동일
	f		C의 경우와 동일
		a	C의 경우와 동일
		b	C의 경우와 동일
		c	C의 경우와 동일
		d	가장 한랭한 달의 평균 기온이 -38 ℃ 미만인 경우
E			가장 온난한 달의 평균 기온이 10 ℃ 미만인 경우
	T		가장 온난한 달의 평균기온이 10 ~ 0 ℃ 사이인 경우
	F		가장 온난한 달의 평균 기온이 0 ℃ 미만인 경우
H			온도의 기준은 E와 같으나 고도에 따라 다르게 나타난다(보통 해발고도 1500 m 이상)

* 식에 사용된 t는 연평균 기온(℃)이고, r은 연평균 강수량(mm)를 나타낸다.

쾨펜 기후 구분의 간단한 예로서 'Cfa' 기후를 선택하였다. 간단히 말하면 이 기후는 고온 여름을 가진 온화한 습윤 기후이지만 건기는 없다. 즉 강수량이 증발량을 초과하는 기후이다. 식물학적 견지에서 1차 근사를 거치면 이것은 자연 식생으로 나무 성장에 대한 충분한 수분이 존재한다는 것을 뜻한다. 'C' 기후는 가장 한랭한 달의 평균 기온이 -3 ℃와 18 ℃ 사이에 존재하고 적어도 한 달의 평균기온이 10 ℃ 이상인 경우로 정의된다. 그러므로 뚜렷한 여름과 겨울이 존재한다. 마지막 'a'는 가장 온난한 달의 평균 기온이 22 ℃ 이상이라는 것을 지적한다. 중간 'f'는 가장 건조한 달의 강수량이 30 mm를 초과하여 건기가 존재하지 않는 기후라는 것을 표현한다.

쾨펜 기후 구분을 사용하게 되면 지구의 주요 지역기후를 보여주는 기후도(〈그림 15-2〉)를 작성하는 것이 가능하다. 기후도를 살펴보면 기후 유형들이 대륙에서부터 대륙까지 반복된다는 것을 알 수 있다.

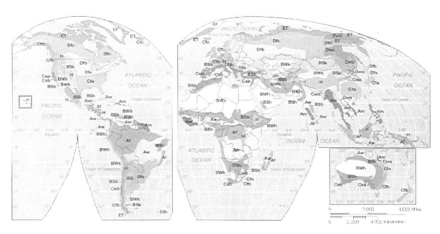

〈그림 15-2〉 쾨펜 기후 구분에 의한 세계 기후의 분포

15.4 쾨펜의 세계 기후형

쾨펜의 기후 구분에 의하면, 세계 기후는 다음의 5가지 유형으로 구분된다.

15.4.1 A 기후(열대 기후)

열대 기후(tropical climate)는 보통 여름과 겨울 사이에 실제 기온 구별이 존재하지 않는 곳의 기후로서 특성지워진다. 열대 기후는 보통 30°N와 30°S 사이에서 발생한다. 이

열대 지역을 두 개의 뚜렷한, 그러나 서로 연결되어 있는 기후형으로 분리하는 것이 대단히 편리하다. 첫째는 해들리 세포 순환이 연중 지배적인 지역에 존재한다. 여기에는 열대 습윤(열대 우림) 기후(Af)와 열대 습윤 및 건조(열대 사바나) 기후(Aw) 형이 있다. 둘째는 어떤 계절에 몬순(계절풍) 순환이 중요한 지역으로 열대 몬순(Am) 기후형을 나타낸다.

15.4.2 B 기후(건조 기후)

건조 기후는 연중 강수량이 부족하고 증발산이 강수량을 초과하는 특성을 가진다. 세계의 주요 건조 지역은 2개의 범주로 나눌 수 있다. 첫 번째는 위도 5~30°의 아열대 지역으로서 아열대 고기압의 침강 공기로 대체로 맑은 날씨를 형성한다. 이 지역에는 ITCZ의 영향을 거의 받지 않는 지역인 해들리 순환의 바깥 가장자리 지역과 일부 ITCZ가 강우량과 관련되는 지역으로 구분된다. 전자의 지역에는 사막기후 또는 건조기후(Bw)형을 나타내고 후자의 지역은 스텝기후 또는 반건조 기후(BS)형을 나타낸다. 두 번째는 중위도의 내륙지역이다. 이곳은 수분 발원지로부터 멀리 떨어진 지역으로 비 그늘 효과를 발생하는 산맥 때문에 건조도가 가중된다.

사막기후와 스텝기후는 연평균 온도에 따라 더 세분된다. 연평균 기온이 18 ℃ 이상인 아열대 지역은 h(heiss : 더움을 뜻함)로 구분하고 연평균 기온이 18 ℃ 미만인 중위도 내륙 지방은 k(kalt : '차다'를 뜻함)로 구분된다.

15.4.3 C 기후(중위도 아열대 습윤기후)

중위도의 기후 지역 분석들은 특정 지역에 미치는 이동하기 쉬운 개개 현상들의 영향의 빈도와 계절 특성을 고려함으로써 접근할 수 있다. 일반적으로 로스비 파는 매일매일 위치가 크게 변하기 때문에 어떤 시기에는 한대 기단을 적도쪽으로 침투하도록 하고 다른 시기에서는 열대기단이 극쪽으로 올라오도록 한다. 이러한 이동 시기동안에는 지표면과 에너지 교환이 존재하기 때문에, 최종 결과 또는 '평균' 조건들은 다소간 중위도를 횡단하여 정규적인 극쪽으로 온도감소를 가져온다. 로스비 파들은 여름보다는 겨울에 적도에 더 근접하기 쉽다는 것을 알기 때문에, 이에 따라 한대 공기는 여름보다는 겨울에 더 적도쪽으로 쉽게 침투할 수 있어 계절 대조가 더 뚜렷하게 나타나도록 한다.

중위도 아열대 습윤기후는 뚜렷한 여름과 겨울 계절을 나타낸다. 특히 온화한 겨울을 가진다. 강우량은 충분해 건조기후와 대조된다. 주요 기후형은 아열대 습윤기후(Cfa), 서해안 해양 기후 또는 아열대 해양기후(Cfb), 지중해 기후 또는 여름 건조 아열대 기후(Cs)이다.

15.4.4 D 기후(습윤 대륙기후)

습윤 대륙기후는 서늘한 여름과 추운 겨울 기후를 나타낸다. 왜냐하면 큰 땅덩어리의 영향을 받기 때문이다. 따라서 이러한 기후는 북반구에만 존재하게 된다. 이 기후는 유라시아 대륙의 40~70° 지역과 북미 대륙에서 형성된다. 주요 기후형은 여름이 고온인 습윤 대륙기후(Dfa, Dwa), 여름이 서늘한 습윤 대륙기후(Dfb, Dwb), 여름이 짧고 겨울은 매우 추운 아한대 기후(Dfc, Dfd, Dwc, Dwd)이다.

15.4.5 E 기후(한대기후)

한대기후(polar climate)는 물론 한랭한 기후이다. 쾨펜 시스템 내에서 그들은 가장 따뜻한 달의 평균 온도가 10 ℃ 이상이 아닌 곳의 기후로서 정의된다. 그러나 이런 제한요소가 있다 하더라도, 장소에 따라 이 기후 내에서도 변동이 존재한다. 특히, 대륙도(continentality) 효과가 발생하며 온도의 연교차가 내륙지방에서는 크게 된다. 일중 온도 변화는 중위도와 비슷하지만, 뚜렷하지는 않다. 주된 이유는 낮 동안의 태양 천정각 변화가 비교적 적게 나타나기 때문이다. 실제로 극점에서는 어떤 주어진 24시간 주기 동안에 태양 천정각 변화는 없다. 낮의 길이가 6개월 된 후에는 동일한 6개월 동안은 긴 밤이 따르게 된다. 이런 이유로 온도가 절대로 0 ℃ 이상이 되지 않는 날인 '결빙일'은 겨울이 되더라도 해양 지역 내에서 비교적 흔한 일이 아니다. 그러나 겨울철 육지 지역 내에서는 연속적으로 결빙점 이하로 내려가는 날이 많이 나타난다. 주요 기후형은 툰드라 기후(ET)와 빙설기후(EF)이다.

15.4.6 H 기후(고산기후)

고도의 급변으로 기후형에 뚜렷한 차이를 보이는 산악지형의 기후를 고산기후라 한다.

기온은 고도에 따라 감소하기 때문에 고도 300 m 차에서 발생하는 기온 차는 위도가 북쪽으로 약 3° 이동할 때 발생하는 기온 차와 대략 비슷하다. 따라서 고산을 등반할 때 비교적 단거리에서 여러 기후형을 만나게 된다.

15.5 우리나라의 기후

우리나라의 기후는 유라시아 대륙의 동안한 반도로서 대륙과 해양의 영향을 동시에 받고 있다. 우리나라의 기후는 쾨펜의 기후 구분에 의하면 대체로 남부 지방과 동해안 일부 지방만 C 기후형이고 나머지 지방은 D 기후형으로 구분된다.

우리나라의 기후의 특색은 봄에는 건조하여 산불 발생이 빈번하고 중국으로부터의 황사 현상이 발생한다. 초여름에는 장마전선에 의한 호우 발생과 이에 따른 홍수가 일어난다. 한여름에는 무더위와 태풍 내습이 2~3개 정도 영향을 미친다. 9월 초에 가을 장마가 발생하기도 하나 대체로 온난하다. 겨울에는 한파와 폭설이 주로 발생하며 삼한사온 현상이 일어난다.

우리나라의 연평균 기온은 7~16 ℃로 비교적 온난한 기온을 보이나 지역적인 차이가 심하고 연교차도 매우 크게 나타난다(〈그림 15-3〉). 따라서 여름에는 고온 다습한 북태평양 기단의 영향으로 가장 따뜻한 달인 8월의 평균 기온은 25 ℃로 나타난다. 반면 겨울은 차갑고 건조한 시베리아 기단의 영향으로 가장 추운 달인 1월의 평균 기온은 -0.7 ℃로 나타난다. 봄과 가을은 양쯔강 기단의 영향으로 아주 온화한 기후를 형성한다.

연 강수량은 남부 지방이 1,500 mm, 중부 지방이 1,300 mm 정도이나 경북 내륙 지방은 1,000 mm로 나타난다(〈그림 15-4〉). 강우량 분포를 살펴보면 남쪽과 동쪽 지방은 강우량이 많고 서쪽 지방에는 적게 나타나는 것을 볼 수 있다. 우리나라의 강수 특성은 여름에 전체 강수량의 50~60 %가 차지한다는 것이다. 반면 겨울 강수는 5~10 % 정도로 건조하다. 장마는 6월 하순에 남해안 지방에서 시작하여 점차 중부 지방에 이르며 장마 기간은 약 30일 정도이다. 그리고 9월 상순 전후에 가을장마가 있을 때도 있다.

여름에는 남서 계절풍이, 겨울에는 북서 계절풍이 뚜렷하게 나타난다. 일반적으로 북서 계절풍은 남서 계절풍 보다 강하게 분다. 상대습도는 여름이 80~90 %로 가장 높고 겨울과 봄은 30~40 %로 낮게 나타난다. 그러나 가을은 75 % 정도로 쾌적한 상태를 나타낸다.

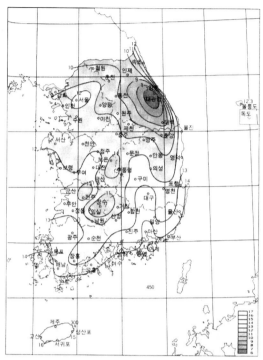

〈그림 15-3〉
1971년부터 2000년까지 30년 동안의 연평균 기온(℃)(기상청, 2001)

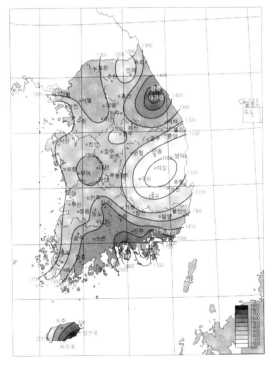

〈그림 15-4〉 1971년부터 2000년까지 30년 동안의 연평균 총강수량(mm)(기상청, 2001)

* 과 학 자 탐 방 *

하인리히 빌헬름 도베(Heinrich Wilhelm Dove, 1803~1879)

독일의 기상학자·물리학자.

하인리히 빌헬름 도베는 1803년 6월 10일 리그니츠(Liegnitz; 현재 폴란드의 레브니차(Lebnica))에서 태어났다. 리그니츠에 소재한 나이트 아카데미(knight academy)에서 철학, 문학, 그리스어를 공부하였고 브레슬라우(Breslau)에서는 자연과학을 공부하였다. 기상학에 대한 불같은 관심으로 1824년 파울 에르만(Jean-Paul Ermann)과 함께 물리학을 공부하였다. 그는 1826년에 박사학위를 취득하였다. 1829년에 대학교수자격취득(Habilitation)을 위하여 쾨니히스베르크(Königsberg)으로 갔으나 그해에 베를린으로 되돌아왔다. 대학에서 강사 생활을 하고 베르더(Werder)의 프리드리히 고등학교에서 학생들을 가르쳤다. 1844년에 물리학 교수가 되었고 1845년 프로이센 과학 아카데미의 회원이 되었다.

도베의 주된 공헌은 기상학 영역이다. 기상학 연구는 훔볼트의 조수 시절부터 시작되었으며, 훔볼트와 함께 통계적인 연구를 확장하였다. 1827년 도베는 한대와 적도 기류를 분석하여 국지기후를 설명하였고 1837년 폭풍의 이론을 공식화하였으며 대기 중의 한대 기류와 열대 기류의 조우에 대한 개념을 개발하였다. 그의 저서 《기상학 연구(Meteorologische Untersuchungen)》는 구름양, 비, 날씨의 특성을 기압 변화와 연관지어 설명한 것이다. 1853년 영국학술원에 제출한 논문 「The Distribution of Heat over the Surface of the Globe, illustrated by Isothermal, Thermic Isabnormal, and Other Curves for Temperature」에서 그는 월별 등온선과 열적 평균 등온선을 도입하여 영국학술원이 수여하는 코플리 메달을 수상하였다. 1849년 프로이센 왕립 기상 연구소의 소장이 되어 많은 새로운 관측소를 창설하였고 날씨 전문들을 국제적으로 통용시켰다. 1862년 「The Law of Storm s Considered in Connection with the Ordinary Movements of the Atmosphere. With Diagrams and Charts and Charts of Storms」란 논문에서 그는 그가 발견한 폭풍의 법칙을 설명하였다. 도베의 가장 빛나는 업적인 이 논문은 날씨 변화를 일으키는 시스템에 관한 것이었다. 1879년 『네이처(Nature)』지에 ring-back signal에 관한 논문을 게재하여 '기상학의 아버지'로 불리게 되었다.

실습일자	년 월 일	학과 번	성 명	

실 습 보 고 서

【실 습 문 제】

1. 아래의 표는 어떤 관측소(위도 : 38°50N, 경도 : 77°00W, 고도 : 20 m)에서 30년간 관측된 월평균 기온과 강수량 자료이다. 아래 그림은 월별 평균기온과 강수량을 표시한 것 클라이모그래프(climograph)이다. 아래 물음에 답하시오.

	1	2	3	4	5	6	7	8	9	10	11	12
T(℃)	2.7	3.2	7.1	13.2	18.8	23.4	25.7	24.7	20.9	15.0	8.7	3.4
P(cm)	7.7	6.3	8.2	8.0	10.5	8.2	10.5	12.4	9.7	7.8	7.2	7.1

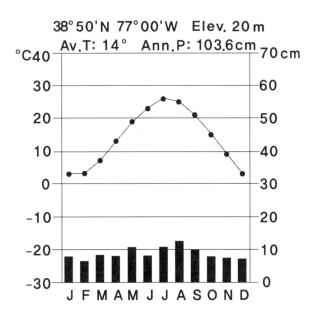

(1) 이 관측소의 기후값을 계산하시오.

 1) 연평균 기온은 얼마인가?

 2) 연교차는 얼마인가?

 3) 연강수량은 얼마인가?

(2) 위의 그래프에서 이 관측소는 뚜렷한 우기가 존재하는가?

(3) [표 15-1]을 이용하여 이 관측소의 기후는 쾨펜 기후 구분에서 어떤 기후형을 나타
     내는가?

 (4) (3)에서 결정한 기후형의 특성에 대해서 설명하시오.

2. 아래에 제시한 3개의 클라이모그래프에 대해서 월평균 기온과 강수량의 패턴과 교차
   에 대해서 설명하시오. 또한 어느 지역(열대, 중위도, 한대)에 해당하는지 지적하시오.

(1)

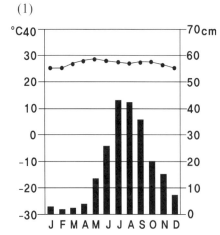

1) 기온 패턴을 설명하고 연교차를 계산하시오.

2) 강수 패턴을 설명하고 연교차를 계산하시오.

3) 어느 지역이라 생각되는가? 그 이유는?

(2)

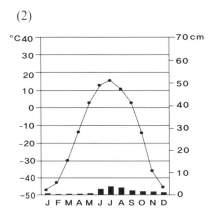

1) 기온 패턴을 설명하고 연교차를 계산하시오.

2) 강수 패턴을 설명하고 연교차를 계산하시오

3) 어느 지역이라 생각되는가? 그 이유는?

(3)

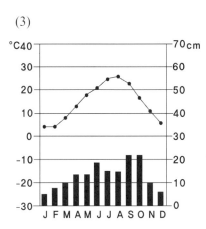

1) 기온 패턴을 설명하고 연교차를 계산하시오.

2) 강수 패턴을 설명하고 연교차를 계산하시오.

3) 어느 지역이라 생각되는가? 그 이유는?

(4) 위의 3개의 그래프에서 위도가 증가하면 연교차가 큰 이유는 무엇인가?

(5) 위의 3개의 그래프에서 위도가 증가하면 강수량이 감소하였다. 그 이유는 무엇인가?

3. 아래 2개의 클라이모그래프는 위도는 거의 비슷하나 한 지점은 해양에 가깝게 위치하고 다른 지점은 내륙 깊숙이 위치하여 기온과 강수량의 변동이 다르게 나타난다. 물음에 답하시오.

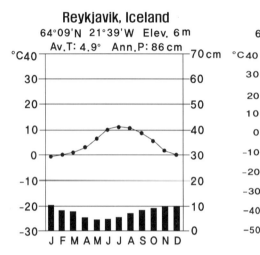
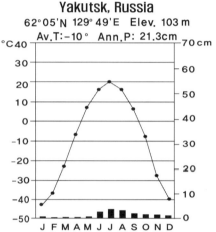

(1) 두 지점의 기온의 연교차를 구하시오.

(2) 두 지점의 기후가 다르게 나타나는 이유에 대해서 설명하시오.

4. 아래 클라이모그래프는 Af 기후형을 나타내는 지점을 나타낸 것이다.

Mbandaka, Congo(Zaire)
0°01'N 18°17'E Elev. 21m
Av.T: 24° Ann.P: 167.5cm

(1) 위의 그래프에서 기온의 연교차가 적은 이유는 무엇인가?

(2) 3-4월보다 9-11월의 월 강수량이 거의 2배가 되는 이유는 무엇인가?

5. 아래 표는 인도네시아 자카르타(위도 : 6°S, 경도 : 107°E, 고도 : 8m)의 기후값이다.

	1	2	3	4	5	6	7	8	9	10	11	12
T(℃)	26.1	27.2	27.2	27.2	27.2	27.2	26.7	27.2	27.2	27.2	26.7	26.7
P(cm)	300	300	211	147	114	97	64	43	66	112	142	203

(1) 자카르타의 연평균 기온과 연 강수량을 계산하시오.

(2) 자카르타의 기후형은 어디에 해당하는가? [표 15-1]을 사용하여 결정하고 그 특성을 설명하시오.

(3) 자카르타의 기후 자료를 이용하여 클라이모그래프를 작성하시오.

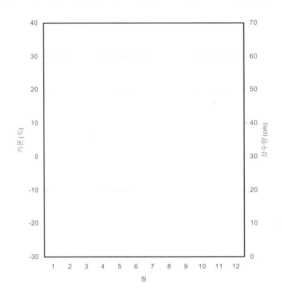

6. 아래 클라이모그래프는 필리핀 마닐라의 경우이다.

Manila, Philippines
14°37'N 121°00'E Elev. 14 m
Av.T: 27.2° Ann.P: 208.3cm

(1) 여름에 강수가 많고 겨울에 강수가 적은 이유는 무엇인가?

(2) 5월의 기온이 6, 7, 8월보다 약간 높은 이유는 무엇인가?

(3) 5의 인도네시아 자카르타의 기후와 다른 점을 설명하시오.

7. 아래 두 개의 클라이모그래프는 이라크의 바그다드와 미국의 덴버를 나타낸 것이다.
   두 지역을 비교하여 아래 물음에 답하시오.

(1)   (2)

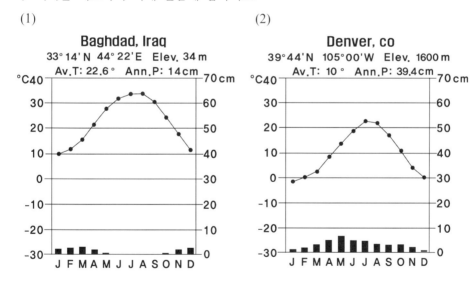

1) 두 지역의 기후 특성을 비교·설명하시오.

2) 이라크의 바그다드인 경우 겨울에 강수가 있는 이유는 무엇인가?

3) 미국의 덴버인 경우 비교적 건조한 이유를 나타내는 기후인자는 무엇인가?

4) [표 15-1]을 이용하여 두 지점의 기후형을 결정하시오.

8. 아래 클라이모그래프에 해당하는 도시를 선택하고 기후형을 제시하시오.

밴쿠버, 캐나다 : 위도 49°11′N, 경도 123°06′W, 고도 0 m
매디슨, 미국 : 위도 43°05′N, 경도 89°24′W, 고도 264 m
로마, 이탈리아 : 위도 41°52′N, 경도 12°37′W, 고도 3 m
베르코얀스크, 러시아 : 위도 67°33′N, 경도 133°23′W, 고도 137 m

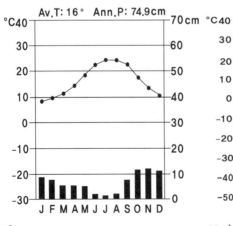

도시명 : _____   도시명 : _____

기후형 : _____   기후형 : _____

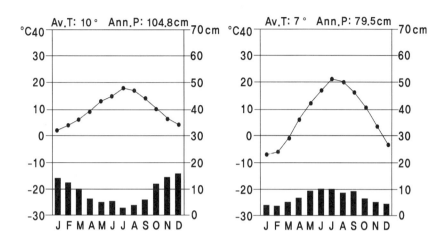

도시명 : _____   도시명 : _____

기후형 : _____   기후형 : _____

9. 아래 표들은 서울, 대전, 대구, 부산 광주, 제주 지방의 기후값이다. 이들 자료를 이용
   하여 물음에 답하시오.

서울(위도 : 37°34′N, 경도 : 126°58′E, 고도 : 85.5 m)

	1	2	3	4	5	6	7	8	9	10	11	12
T(℃)	-2.5	-0.3	5.2	12.1	17.4	21.9	24.9	25.4	20.8	14.4	6.9	0.2
P(cm)	21.6	23.6	45.8	77.0	102.2	133.3	327.9	348.0	137.6	49.3	53.0	24.9

대전(위도 : 36°22′N, 경도 : 127°22′E, 고도 : 68.3 m)

	1	2	3	4	5	6	7	8	9	10	11	12
T(℃)	-1.9	0.2	5.4	12.4	17.6	22.0	25.3	25.5	20.3	13.8	6.8	0.7
P(cm)	29.5	36.4	60.5	87.2	97.0	174.3	292.2	296.5	141.5	56.9	51.7	30.1

대구(위도 : 35°53′N, 경도 : 128°37′E, 고도 : 57.6 m)

	1	2	3	4	5	6	7	8	9	10	11	12
T(℃)	0.2	2.1	7.1	13.8	18.7	22.5	25.7	26.1	21.3	15.4	8.6	2.5
P(cm)	21.6	27.1	51.6	75.2	75.3	140.7	206.7	205.8	129.6	42.0	37.1	15.2

부산(위도 : 35°06′N, 경도 : 129°02′E, 고도 : 69.2 m)

	1	2	3	4	5	6	7	8	9	10	11	12
T(℃)	3.0	4.3	8.3	13.4	17.4	20.5	24.2	25.7	22.1	17.3	11.3	5.6
P(cm)	37.8	44.9	85.7	136.3	154.1	222.5	258.8	238.1	167.0	62.0	60.1	24.3

광주(위도 : 35°10′N, 경도 : 126°54′E, 고도 : 70.5 m)

	1	2	3	4	5	6	7	8	9	10	11	12
T(℃)	0.5	1.9	6.5	12.9	17.8	22.0	25.5	26.1	21.4	15.4	8.7	2.8
P(cm)	38.0	43.9	64.5	95.3	97.3	190.3	281.9	276.0	137.7	55.3	55.4	32,.4

제주(위도 : 33°31′N, 경도 : 126°32′E, 고도 : 20.0 m)

	1	2	3	4	5	6	7	8	9	10	11	12
T(℃)	5.6	6.0	8.9	13.6	17.5	21.2	25.7	26.5	22.7	17.8	12.6	8.0
P(cm)	63.0	66.9	83.5	92.1	88.2	189.8	232.3	258.0	188.2	78.9	71.2	44.8

(1) 위의 각 지방들의 연평균 기온과 연 강수량을 계산하시오.

(2) [표 15-1]을 사용하여 각 지방들의 기후형을 결정하고 그 특성을 설명하시오.

【복습과 토의】

1. 기후 구분의 목적은 무엇인가?

2. 중위도 사막과 아열대 사막의 차이점은 무엇인가?

3. 아한대 기후에는 침엽수림이 형성되어 있다. 아한대 기후는 기온이 낮고 강수량이 적은데 어떻게 침엽수림이 살아날 수 있을까?

4. 지역에 따라 다른 기후를 나타내는 이유는 무엇일까?

5. 우리가 살고 있는 지역의 기후를 설명해 보자.

참고문헌

기상청, 1995, 장마백서, 동진문화사, 345 pp.

기상청, 1996, 태풍백서, 동진문화사, 261 pp.

기상청, 2001, 한국기후표, 동진문화사, 632 pp.

민경덕, 민기홍, 2009, 대기환경과학(5판), 시그마프레스, 440 pp.

박종길, 윤일희, 조원근, 이부용, 이기호, 김조천, 빅문기, 이병규, 진병일, 2003, 일기쉬운 대기오염학, 동화기술, 491 pp.

윤일희, 2003, 미기상학개론 2판, 시그마프레스, 428 pp.

윤일희, 2004, 현대기후학, 시그마프레스, 498 pp.

윤일희, 2006, 스토리기상학, 경북대 출판부, 346 pp.

윤일희, 김종석, 1999, 기초대기과학 및 실습, 시그마프레스, 242 pp.

한국기상학회, 1999, 대기역학, 시그마프레스, 533 pp.

한국기상학회, 2003, 개정판 대기과학개론, 시그마프레스, 405 pp.

홍성길, 1995, 기상분석과 일기예보, 교학연구사, 530 pp.

Ahrens, C. D., 1998, Essentials of Meteorology Today-An Invitation to the Atmosphere-, 2nd ed., West Publishing Company, 443 pp.

Ahrens, C. D., 1994, Meteorology Today, fifth ed., West Publishing Company, 591 pp.

Butz, Stephen D., 2008, Science of Earth Systems 2nd ed., Thomson Delmar Learning, 746 pp.

Carbone, G., 1995, The Atmosphere-Laboratory Manual with IBM Disk, Prentice Hall, 228 pp.

Carbone, G., 2001, Exercises for Weather and Climate, fourth ed., Prentice Hall, 244 pp.

Chelius, C. R. and Frentz, Henry J., 1978, A Basic Meteorology Exercise Manual, Kendall/Hunt Publishing Company, 181 pp.

Flohn, H., 1957, Large-scale concepts of the "summer monsoon" in South and East asia. Journal of the Meteorological Societyof Japan, 75th annual volume, 11, 180-186.

Henderson-Sellers, A. and P. J. Robinson, 1987, Contemporary Climatology, Longman Scientific & Technical, 439 pp.

Hidore, J. J. and J. E. Oliver, 1993, Climatology-An Atmospheric Science-, MacMillan Publishing Company, 423 pp.

Lutgens, F. K. and E. J. Tarbuck, 1986, The Atmosphere–An Introduction to Meteorology–, third ed., Prentice Hall,   492 pp.

Lutgens, F. K. and E. J. Tarbuck, 1995, The Atmosphere–An Introduction to Meteorology–, sixth ed., Prentice Hall, 462 pp.

Paul, R. A., 1986, Meteorology–exercise manual and study guide–, MacMillan Publishing Company, 262 pp.

Sorbjan, Z., 1996, Hands–on Meteorology, American Meteorology Society, 306 pp.

Strangeways, Ian C., 1996, Back to basics : The 'met. enclosure' : Part 2(a) – Raingauges, Weather, 51(8), 274–279.

_____, 1996, Back to basics : The 'met. enclosure' : Part 2(b) – Raingauges, their errors. Weather, 51(9), 298–303.

_____, 1998, Back to basics: The 'met.enclosure': Part 3 – Radiation. Weather, 53, 43–49.

_____, 1999, Back to basics: The 'met.enclosure': Part 4 – Temperature. Weather, 54, 262–269.

_____, 2000, Back to basics: The 'met.enclosure': Part 5 – Humidity, Weather, 55(10), 346–352

_____, 2001, Back to basics: The 'met.enclosure': Part 6 – Wind, Weather, 56(5), 154–161

_____, 2002(a), Back to basics: The 'met.enclosure': Part 8(a) – Barometric pressure, mercury barometers. Weather, 57, 132–139

_____, 2002(b), Back to basics: The 'met.enclosure': Part 8(b)–Barometric pressure, aneroid barometers. Weather, 57, 204–209.

저자 | 윤일희(尹一熹)

경북대학교 사범대학 과학교육과(지학전공) 졸업(이학사)
서울대학교 대학원 기상학과 졸업(이학석사)
서울대학교 대학원 대기과학과 졸업(이학박사)
호주 CSIRO 대기연구소 Post-Doc.
현) 경북대학교 사범대학 과학교육학부
　　지구과학교육전공 교수

저서 | 『대기환경 무엇이 문제인가』(2008, 경북대학교출판부)
　　　『D-Day 예보에 참여한 기상학자들』(2007, 북스힐)
　　　『스토리기상학』(2006, 경북대학교출판부)
　　　『대기과학의 기본과 실습』(2006, 경북대학교출판부)

역서 | 『천재들의 과학노트-대기과학-』(2007, 일출봉)
　　　『현대기후학』(2004, 시그마프레스)
　　　『미기상학개론』(2003, 시그마프레스)
　　　『대기오염기상학』(1998, 시그마프레스)

대기과학의 기본과 실습

초판 1 쇄　　2006년 3월 2일
개정 2 쇄　　2016년 6월 29일

지 은 이　　윤일희
펴 낸 이　　손동철
펴 낸 곳　　경북대학교출판부
출판등록　　1973년 10월 10일 ㉣97호
주　　소　　대구광역시 북구 대학로 80
전　　화　　053-950-6741~3
팩　　스　　053-953-4692
E-mail　　press@knu.ac.kr
Homepage　http://knupress.com

정 가　17,000원

ISBN　089-7180-167-0 93450